中南财经政法大学出版基金资助出版

中南财经政法大学
青年学术文库

专利制度伦理问题研究

刘鑫 著

法律出版社 LAW PRESS·CHINA
北京

图书在版编目(CIP)数据

专利制度伦理问题研究 / 刘鑫著. -- 北京 : 法律出版社, 2022
ISBN 978-7-5197-6465-4

Ⅰ. ①专… Ⅱ. ①刘… Ⅲ. ①专利制度－研究 Ⅳ. ①G306.3

中国版本图书馆 CIP 数据核字(2022)第033666号

专利制度伦理问题研究
ZHUANLI ZHIDU LUNLI WENTI YANJIU

刘 鑫 著

责任编辑 宋丽娜 吴 昉
装帧设计 贾丹丹

出版发行 法律出版社
编辑统筹 法律教育出版分社
责任校对 晁明慧
责任印制 刘晓伟
经　　销 新华书店

开本 A5
印张 11.125　**字数** 275千
版本 2022年5月第1版
印次 2022年5月第1次印刷
印刷 北京盛通印刷股份有限公司

地址:北京市丰台区莲花池西里7号(100073)
网址:www.lawpress.com.cn
投稿邮箱:info@lawpress.com.cn
举报盗版邮箱:jbwq@lawpress.com.cn

销售电话:010-83938349
客服电话:010-83938350
咨询电话:010-63939796

书号:ISBN 978-7-5197-6465-4　**定价**:45.00元

凡购买本社图书,如有印装错误,我社负责退换。电话:010-83938349

序

刘鑫博士的这本著作，是其在博士学位论文的基础上修改完成的，凝聚了其数年来的学术思考与研究成果。作为刘鑫硕士及博士阶段的指导老师，我见证了本书从选题设计、框架构思到具体写作的整个过程。如何辨析好法律与伦理之间的复杂关系是刘鑫博士在创作中时刻都要面对的"世界性难题"，但他并没有因此退缩，反而积极迎难而上，以踏实严谨的研究态度突出重围，对专利制度中所蕴含的伦理难题进行了较为全面且相对深入的剖析，并结合本土专利制度实践提出了从"科技向善"到"专利向善"的中国方案，为我国专利制度的完善与优化提供重要参考。

本书涉及法学与伦理学两大学科范畴的跨学科研究，具有较高的学术创新价值。专利法律制度作为促进与保护技术创新活动的一项特殊制度安排，虽与伦理分属于不同的学科框架，但其与伦理之间的联系却涉及制度理论与运行实践的方方面面。这一联系不仅仅表现为伦理学思想与路径对专利制度的影响，更多地则呈现在专利制度的具体制度安排之中。从制度基础架构的设计到制度运行实践的发展，专利制度的伦理性无处不在。尤其是随着科学技术的飞速进步与经济社会的持续发展，专利制度被越来越广泛地应用于新兴技术的成果保护与相关技术的市场交易之中，社会对专利制度的重视程度日益提升，但在人们为专利制度的积极效用而欢呼的同时，与专利制度相关伦理难题也日渐增多，从新兴技术发展所带来的专利伦理挑战到市场运营异化所引发的专利伦理风险，科技变革与产业革新的不断推进使专利制度面临着伦理层面的“不能承受之重”。

本书能够从当前专利制度设计与实践中所暴露出的典型性伦理困境与道德风险入手，采用制度伦理研究方法，对专利制度伦理挑战的具体表现及其理论缘由与实践诱因展开深入剖析，并分别从理论与实践层面挖掘出专利制度正当性基础的伦理界定方式，以及专利制度运行中伦理难题与争议的化解方法，无疑是具有较强理论意义和实践效用的。在对专利制度伦理问题的分析阐释中，本书以当前“科技向善”的伦理倡议为视角，从基因技术、人工智能技术等新兴技术成果专利保护的伦理争议着手，广泛吸收国际最前沿、最权威的研究资料展开论证，得出了令人信服的研究结论。更难能可贵的是，本书对于专利制度伦理问题的探究，没有仅仅拘泥于制度本体，其能够充分结合我国专利制度的独特发展状况，立足本土国情，提出符合中国需要、具有中国特色的专利制度伦理方略。

本书作者刘鑫博士作为一名青年学者，在当前浮躁的社会氛围下，能够沉下心去完成这样一部很费功夫的著作，是非常值得褒扬的。这不仅是他广阔研究视野与良好学术素养的关键展现，同时更是他不畏困难、积极探索的优秀科研精神的重要体现。在今后漫长的学术生涯中，希望刘鑫博士能够一如既往地沉下心来做研究，明确目标，坚持不懈，以饱满的热情为我国知识产权强国建设贡献自己的智慧与力量，抒写新一代知识产权学人的光荣与梦想。

是为序。

中南财经政法大学学术委员会主任、文澜资深教授

目　　录

导　论

人们对于伦理的关注无非源于“知识的兴趣”与“实践的焦虑”之两途。[1] 在专利制度设计与运行中，人们的伦理聚焦则更多地来自后者，即由制度实践中伦理问题的“实践焦虑”所触发。作为一种特殊的财产权制度类型，专利制度不仅在产权安排中包含着深刻的伦理内涵，相应产权关系的协调也需要道德的有力调节。[2] 虽说法律制度的设计与运行大多是一种经验性的安排，专利制度当然也并不例外，正如美国的霍姆斯大法官所说，“法律的生命不在于逻辑，而在于经验”，但在依赖经验的同时，法律制度也必须仰仗理性，因为法律既是通过理性发展起来的经验，又是被经验证实了的理性，[3]而伦理理性无疑是法律制度理性的基础与前提。然而，作为哲学范畴的伦理却并不具备法律一般的确定性与强制性，其中各种概念错综复杂，各家学说林立，为此，如何明晰包含专利制度在内各种法律制度伦理理性的具体内涵也就成为一个重要的课题。若无法确定伦理理性的追求与取向，势必会使专利制度的价值难以获得恰当的伦理昭示，同时专利制度的运行也难以获得恰当的伦理指引，尤其是在当今科学技术日新月异、经济社会飞速发展的时代背景下，专利制度实践中不可避免地会出现制度设计与伦理基础相脱

---

〔1〕 参见何怀宏：《伦理学是什么》，北京大学出版社 2015 年版，第 3－5 页。

〔2〕 参见罗能生：《论产权伦理的内涵和构成》，载《求索》2003 年第 2 期。

〔3〕 参见［美］罗斯科·庞德：《法的新路径》，李立丰译，北京大学出版社 2016 年版，第 19 页。

离、制度运行与道德指引相背离的伦理难题与争议，因而探索应对这些专利制度伦理问题的法律策略与措施便成为专利制度伦理的关键与重点。鉴于此，有必要从伦理视角出发，运用伦理分析的方法对专利制度及其存在的伦理问题展开剖析，探究专利制度伦理问题的法律应对方法。同时，为保证相关研究工作的有序展开，本书也将在导论中事先对专利制度伦理问题法律应对这一研究的基本目的、研究方法、框架结构等内容予以明确，避免出现概念界定、方法选择、逻辑判断等方面的冲突与误解。

一、研究目的：专利理论与实践的伦理因应

从自然法学派与分析法学派关于法律与道德兼容抑或分立的论争开启以来，法律制度与伦理道德的关系问题历久弥新，一直是法学界所关注的热点话题。[1] 作为众多法律规范中的重要类型，专利制度也无出其右，从产生之初便一直饱受制度正当性的伦理诟病。随着知识革命的深化，新技术、新产业不断涌现，专利制度急剧扩张，[2]制度的运行风险日益暴露，伦理层面的道德拷问不绝于耳，尤其是基因技术等生物技术的出现，更是引发了能否给予人体组成物质以专利保护的伦理诘问，将专利制度的伦理质疑推向高潮。[3]

然而，面对日渐严重的伦理挑战，专利制度却缺乏相应的伦理规训。人们对专利制度的思考也大多专注于法律规则本身，对与之

---

〔1〕 参见沈宗灵：《现代西方法理学》，北京大学出版社 1992 年版，第 12－26 页。

〔2〕 See Moufang R., *Patenting of Human Genes, Cells and Parts of the Body? —The Ethical Dimensions of Patent Law*, 25 IIC; Int. Rev. Ind. Prop. Copyr. Law 487 (1994).

〔3〕 See Ned Hettinger, *Patenting Life: Biotechnology, Intellectual Property, and Environmental Ethics*, 22 Boston College Environmental Affairs Law Review 267 (1995).

相关且与之区分的伦理道德则在所不同。[1] 尤其是在当下以经济利益为核心的价值导向下，无论是专利制度本身，还是专利制度的运行过程，都难以实现与伦理追求的有机统一，甚至在实践中还出现了制度与伦理渐行渐远的专利制度"伦理最小化"思潮。[2] 而一项法律制度的创设与运转，离不开法律规则与伦理道德的有效互动，即"以法律规范覆盖道德领域，并使既存规范吻合一个合理的道德体系的要求"[3]。当下，专利制度中往往存在伦理基础模糊、伦理指引薄弱等伦理问题，而这也必将引发专利制度价值异化、运行混乱等一系列与实践相脱节的伦理风险，进而造成专利制度的伦理迷失。

鉴于此，有必要从专利制度的伦理困境与风险出发，以专利制度的本质目标和体系架构为基础，对其进行伦理分析，并从如下两个方面着手，以期实现专利制度的伦理回归：

第一，明确专利制度价值的伦理基础。专利制度是促进与保护技术创新的法律规范。创新贯穿于整个制度演进的过程，也是其时代使命的重要彰显。但是，创新只是专利制度的一种目的价值，并不能概括专利制度的全部价值，安全、公平、效率、秩序等法律价值属性同样也是专利制度的价值诉求。从制度的价值位阶来看，包括专利制度在内的各项法律制度都是以正义作为首要制度价值的，其他制度价值实质上是制度正义在不同层面的具体体现。[4] 长期以来，洛克"财产权劳动学说"、黑格尔"财产权人格学说"等以自然权利伦理思想，以及以经济激励为核心的功利主义伦理观点，常常被

---

[1] 参见[美]富勒：《法律的道德性》，郑戈译，商务印书馆2005年版，第5页。

[2] See Matthias Herdegen, *Patents on Parts of the Human Body: Salient Issues under EC and WTO Law*, 5 The Journal of World Intellectual Property 151 (2002).

[3] [美]罗斯科·庞德：《法律与道德》，陈林林译，中国政法大学出版社2003年版，第45页。

[4] 参见[美]约翰·罗尔斯：《正义论》，何怀宏等译，中国社会科学出版社1988年版，第3-4页。

学者们援引,为专利制度提供正义佐证。[1] 而上述伦理思想与观点能否切实证成专利制度的正当性,则取决于专利制度与这些伦理基础的契合程度以及社会对它们的认可程度。[2]

第二,建构专利制度运行的伦理指引。专利制度的运行过程涉及专利权从产生到消灭的整个生命周期,包含着专利权审查、专利权归属、专利权交易等不同的制度运行环节。各个制度运行环节分别对应着不同的专利法律关系,相应地,也都潜藏着不同的制度运行风险。[3] 因而,在制度正义的伦理价值导向下,专利制度在不同运行环节中正义价值的实现需求无疑也各不相同,如在专利的审查环节中,制度正义主要表现为授权决定之社会安全风险最小化与产业发展效益最大化;[4] 而在专利的许可环节中,制度正义则往往体现为以专利技术的许可使用实现市场竞争与技术垄断之间的平衡。[5] 由此,为实现专利制度的正义价值目标,在制度运行过程中,应当根据不同运行环节的不同价值诉求,给出具有不同价值导向的伦理指引,以保证专利制度的有序运行。

从制度价值的伦理基础到制度运行的伦理指引,伦理问题贯穿专利制度设计与运行的各个层面。伦理面向的选择,直接关系到专利制度的设计模式与实施政策。一旦出现伦理上的偏差与错位,必将引发规则设计或实施效果与制度宗旨的背离,造成专利制度的伦

---

〔1〕 See Robert P. Merges, Peter S. Menell & Mark A. Lemley, *Intellectual Property in the New Technological Age*, 6th edition, Aspen Publishers, 2012, p.6－8.

〔2〕 参见万俊人:《制度伦理与当代伦理学范式转移——从知识社会学的视角看》,载《浙江学刊》2002 年第 4 期。

〔3〕 参见吴汉东:《知识产权的制度风险与法律控制》,载《法学研究》2012 年第 4 期。

〔4〕 See Beth Simone Noveck, *Peer to Patent: Collective Intelligence, Open Review, and Patent Reform*, 20 Harvard Journal of Law & Technology 123 (2006).

〔5〕 See John M. Murray, *Antitrust and Patent License Agreements: A New Look at the Grantback Clause in High Technology Markets*, 3 Case Western Reserve Journal of Law, Technology & the Internet 299 (2012).

理迷失。为此,本书以《专利制度伦理问题研究》为题,从专利制度伦理基础模糊与伦理指引薄弱所衍生的制度伦理问题出发,力求在研究中从法律层面找出应对专利制度伦理问题的策略与举措,觅得专利制度与伦理道德之间的连接点,从而构建起符合专利制度本质特征与发展需要的伦理框架体系,使专利制度的设计安排与运行实践都有较为具体的伦理价值支撑与伦理规范保障,充分彰显专利制度的伦理性。

中国专利制度发轫于清末的变法与新政,虽然在近代历史进程中形成了《奖励工艺品暂行章程》《奖励工艺品暂行条例》等具有专利制度雏形的法律规范,但其却并未发挥出专利制度的基本效用。[1] 社会的动荡不安无疑是造成这一情况的重要原因,但中国传统观念中专利制度伦理价值基础的缺失则是其根本原因。直到1984年,中国才真正颁布了第一部现代意义上的《专利法》,并于随后的近40年里进行了四次修改,但从立法动机上看,中国专利法的制定与历次修改都或多或少地受到国际社会的影响。“速成式”的专利制度生成模式,使中国偏重于制度体系与框架的设置,较少顾及制度背后的伦理建构,忽视了伦理理性。[2] 随着中国科技创新能力的不断提升,专利技术在本土发展与国际竞争中的作用与日俱增,新技术、新产业所带来的专利制度伦理挑战等超越专利制度本身的制度伦理问题日益凸显,逐渐成为制约中国专利制度合理适用的现实阻碍。因此可以说,探索专利制度伦理困境的法律应对方式是中国专利制度发展的必由之路,对中国专利制度未来的路径选择具有非凡意义。

---

〔1〕 参见徐海燕:《中国近现代专利制度研究(1859~1949)》,知识产权出版社2010年版,第143-180页。

〔2〕 参见吴汉东:《中国知识产权法律变迁的基本面向》,载《中国社会科学》2018年第8期。

二、研究方法:制度伦理研究路径的适用

在专利制度伦理问题法律规制策略与措施的探究过程中,伦理学分析方法无疑是最核心的研究方法,即以专利制度的具体设计与实施过程为基础,依据伦理学的原则与要求,展开专利制度基础架构与运行效果合伦理性的反省与思辨。[1] 进一步从伦理学研究的基础范式来看,包含专利伦理在内的知识产权伦理属于应用伦理的范畴,具有很强的实践性,必须时刻面对科学技术发展与社会关系变化所带来的新的挑战。[2] 在现行应用伦理研究的框架下,专利伦理并没有被作为一个专门的研究领域,因而国内外学者对专利制度所引发伦理问题的研究往往参考科技伦理、法律伦理及经济伦理的基本原则与要求展开。但是,无论是科技伦理、法律伦理,还是经济伦理,都只能从一个层面对专利制度中的相关伦理问题进行分析,并不能涵盖专利制度本身及其各运行环节中出现的全部伦理问题。由此,若想对专利制度中的伦理问题展开全面分析,势必需要从制度层面出发确立新的应用伦理方法论,而 20 世纪中后期以约翰·罗尔斯《正义论》为起点的制度伦理研究则恰好与之契合。[3] 为此,不妨将制度伦理研究路径作为分析方法,厘清专利制度中伦理难题的根本来由,并以此明晰专利制度所面临的伦理困境,发掘相关专利制度伦理问题的应对策略。

所谓制度伦理,是指以社会制度、结构和秩序的伦理维度为中

---

〔1〕 参见[美]弗兰克·梯利:《伦理学导论》,何意译,广西师范大学出版社 2002 年版,第 14 页。

〔2〕 参见彭立静:《知识产权伦理的学说体系构建》,载《求索》2008 年第 11 期。

〔3〕 20 世纪下半叶,约翰·罗尔斯《正义论》的出版是现代伦理研究的一个关键性的转折,它使伦理研究的重点由元伦理学转向规范伦理学,同时也开启了规范伦理学框架下制度伦理的研究进程。See Jurgen Habermas, *Reconciliation Through the Public Use of Reason: Remarks on John Rawls's Political Liberalism*, 92 The Journal of Philosophy 109 (1995).

心的社会性伦理价值、规范和体系。[1] 制度伦理的出现，源自制度范畴在伦理学研究中的引入以及伦理分析向制度问题研究的渗透，是科学研究视阈和方法交叉与综合的重要体现。[2] 学界对制度伦理的认知，存在“制度伦理化”与“伦理制度化”两种基本思路，前者是以伦理为中心的，强调制度本身的伦理属性与伦理价值；后者则是以制度为中心的，主张将伦理价值与伦理原则上升为社会制度。[3] 但是，制度伦理所研究的问题并不仅仅局限于“制度”与“伦理”之间的辩证关系，其主要作用在于论证现有制度设计是否具有道德上的合理性，分析一定社会共同体对其公共生活领域的自我组织方式或者有关社会整体运行模式的规定及安排是否合理。[4] 进言之，制度伦理的重点在于对制度的伦理分析，其核心是揭示制度的伦理属性及其伦理功能，其主旨指向“什么是善的制度”“一个善的制度应当是怎样的”“何以可能”“有何伦理价值”等问题。[5] 而这些问题也构成了制度伦理研究的主要内容，涉及“制度的伦理”和“制度中的伦理”两个层面，其中，前者即“制度的内在伦理”，主要体现为对制度的正当、合理与否的伦理评判，而后者则为“制度的运行伦理”，往往呈现为制度中所蕴含的伦理追求、道德原则和价值判断。[6]

对专利制度来说，制度伦理的研究也包含“制度内在伦理”和“制度运行伦理”两个层面，既涉及制度本身伦理正当性评判的内在

---

〔1〕 参见万俊人：《制度伦理与当代伦理学范式转移——从知识社会学的视角看》，载《浙江学刊》2002 年第 4 期。

〔2〕 参见李仁武：《制度伦理研究——探寻公共道德理性的生成路径》，人民出版社 2009 年版，第 1 页。

〔3〕 参见覃志红：《制度伦理研究综述》，载《河北师范大学学报（哲学社会科学版）》2002 年第 2 期。

〔4〕 参见彭定光：《论制度伦理的立论基础》，载《哲学研究》2011 年第 2 期。

〔5〕 参见高兆明：《制度伦理与制度“善”》，载《中国社会科学》2007 年第 6 期。

〔6〕 参见方军：《制度伦理与制度创新》，载《中国社会科学》1997 年第 3 期。

伦理阐释,又涵盖了制度实践中伦理价值判断的运行伦理探究。相应地,当前由新技术迸发、新产业涌现所带来的专利制度伦理问题,在"制度内在伦理"和"制度运行伦理"两个层面也都有具体映射。如图0-1所示,专利制度伦理问题在"制度内在伦理"和"制度运行伦理"两个制度伦理研究角度上,分别映射为专利制度正当性层面的伦理基础模糊和专利制度实践过程中的伦理指引薄弱两个不同维度的具体问题。由此,在制度伦理研究方法的导引下,有必要分别对专利制度的内在伦理问题和运行伦理问题予以剖析,探寻技术与产业变革中专利制度伦理桎梏的根本来由,从而找出专利制度内在伦理问题的克服之法与运行伦理问题的破解之道,实现专利制度"实然"伦理状况与"应然"伦理形态的有机统一。[1]

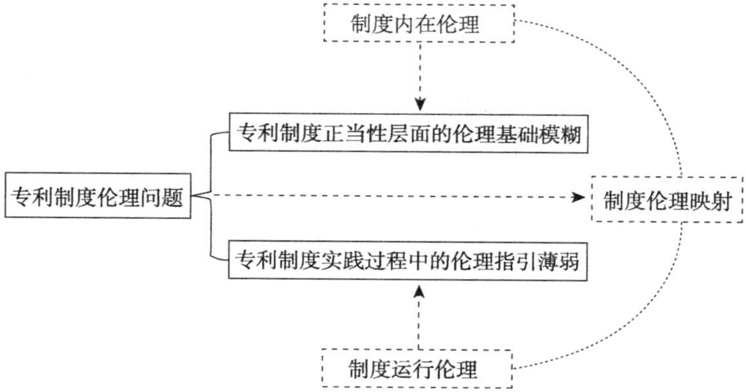

图0-1　专利制度伦理问题的制度伦理映射

在此基础上,为实现对专利制度伦理问题的全面认识,还应运用历史研究与实证研究的方法,从专利制度自身的发展历程归纳其中伦理价值的演变,从现实中新技术对专利制度的影响挖掘其中存

---

〔1〕参见[美]弗兰克·梯利:《伦理学导论》,何意译,广西师范大学出版社2002年版,第14页。

在的伦理问题,并按照专利制度从基本设计到运行实践、从授权审查到权益分配的时间结构进一步展开分析,[1]即从专利制度的体系设计与实施框架两个阶段入手,分别归纳总结出专利制度在制度基础判断与制度运行考察两个对应层面上所面临的伦理风险与难题并找出其成因,结合专利制度的伦理定位与伦理诉求进行逐个击破。具体方法如下:首先,对专利制度的体系设计中的伦理基础判断,应从基础的规范伦理框架出发,在义务论与目的论两种伦理正当性理论下,找寻专利制度的伦理基础,并通过"道义论"与"功利论"下专利制度伦理基础的不同价值导向与证成进路的比较,进行专利制度正当性的伦理衡量,实现对专利制度基础的伦理判断;[2]其次,对专利制度的实施框架中的伦理价值考察,应从人道、公平、福利等最低限度的伦理原则出发,在以制度正义作为制度"善"之根本标准的价值追求下,分析专利制度中权利审查、权利归属、权利许可等运行环节的伦理价值取向,使专利制度的各个运行环节都能够在最契合制度正义的伦理价值的指引下有序运转,充分发挥专利制度对人类社会的进步和发展的根本性的保障作用。[3]

三、研究框架

在以制度伦理研究路径为核心的方法论指导下,本书将以"提出问题—分析问题—解决问题"的基本研究范式展开,具体研究路径如图 0-2 所示。首先,在"提出问题"阶段,阐明专利制度与伦理之间的关系,并在此基础上从理论与实践两个层面入手,厘清专利

[1] 参见[德]卡尔·拉伦茨:《德国民法通论》(上册),王晓晔等译,法律出版社 2003 年版,第 259 页。

[2] 参见[美]史蒂文·卢坡尔:《伦理学导论》,陈燕译,中国人民大学出版社 2008 年版,第 22 页。

[3] 参见袁泽清:《知识产权法律制度的基本伦理原则》,载《贵州社会科学》2018 年第 8 期。

制度伦理基础模糊所带来的价值迷失和伦理指引薄弱所引发的运行乱象，明确专利制度伦理问题的表现与成因。其次，在“分析问题”阶段，一方面从“道义论”与“功利论”伦理路径下的理论学说入手，探析专利制度正当性的伦理基础；另一方面从专利授权审查实践与专利权益分配的实践情况出发，探究专利制度实践中伦理问题的表现与由来。最后，在“解决问题”阶段，从对专利制度伦理正当性学说与实践的伦理问题分析中，确立专利制度正当性的伦理路径以及专利制度实践中伦理难题与争议的化解之法，并在此基础上，结合我国专利制度实践，针对我国专利制度所存在的伦理难题，分别从宏观和微观两个层面给出相应的应对策略。

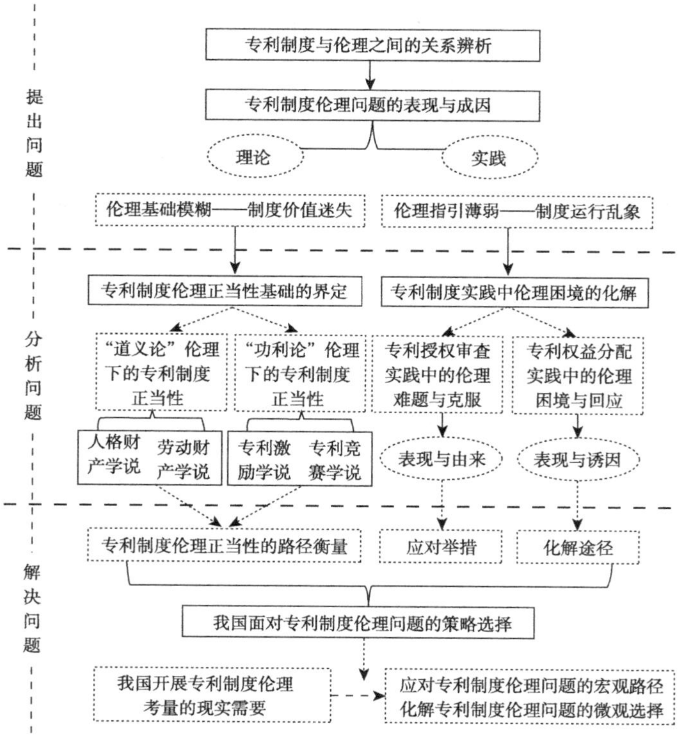

图 0-2　专利制度伦理问题研究路径

在上述研究路径的指引下，本书为实现对专利制度中伦理问题的全面分析，将划分为六章：

第一章是对专利制度与伦理之间关系的辨析。本章旨在厘清专利制度与伦理道德之间的关系，梳理出与专利制度相关的伦理范畴，并从制度安排与制度演进两个方面明确专利制度的强烈伦理诉求，为专利制度设计与运行中伦理问题的深入分析及相应困境克服策略与措施的有效提出奠定基础。

第二章主要讨论专利制度伦理问题的主要表现及其成因。本章旨在明晰专利制度伦理问题的形态与由来，即从科技变革与产业革新两个层面入手来呈现专利制度设计与实践中的伦理问题，并从理论与实践两个方面出发，探求专利制度价值迷失与运行乱象背后的伦理基础模糊与伦理指引薄弱的具体诱因，从伦理困境与道德风险的视角归纳总结出专利制度中所存在的各种伦理问题。

第三章从理论层面出发，展开专利制度正当性的伦理界定。本章以“道义论”伦理观与“功利论”伦理观的分异为基础，展开对专利制度正当性基础的合理界定。在具体的分析过程中，本章以专利制度正当性层面的伦理共识为起点，将论证专利制度正当性的理论基础分别纳入道义论与功利论的伦理观念下，运用伦理学的正当性分析模式，展开对专利制度基础的伦理判断，找出专利制度的伦理正当性路径，明确专利制度的伦理基础。

第四章与第五章从专利制度实践中的伦理问题入手，分别对专利授权审查实践与专利权益分配实践中的伦理问题予以梳理、归因并逐一进行攻破。其中，第四章从专利授权审查实践中伦理难题的基本由来出发，对公序良俗条款被日渐忽略与伦理例外规则被不断突破的情况予以具体呈现，并有针对性地提出了相关伦理难题的应对举措；而第五章则从专利权益初次分配与再次分配过程中所凸显的伦理争议着手，分别探求了二者的具体形成诱因，并以此为基础给出专利权益分配实践中相关伦理争议的化解途径。

第六章立足于我国专利制度的基本制度设计与运行实践状况，旨在探究我国专利制度的伦理关联和其中所存在的伦理难题及其应对策略。本章从我国专利制度缺失本土性伦理土壤与体系性的伦理指引的实际情况出发，明确我国开展专利制度伦理考量的现实需要，并以此为基础梳理出我国应对专利制度伦理问题的宏观面向与指引，以及化解专利制度伦理问题的微观制度安排，从而为我国专利制度设计与实践中所呈现出的伦理难题与争议提供行之有效的应对方法。

第一章　专利制度与伦理之间的关系阐释

作为促进与保护创新的制度选择，专利制度一般被认为是技术与法律相交合而形成的一种规范体系，与伦理分别隶属不同科学范畴，相互之间不存在直接的概念勾连。但是，这并不能完全否定专利制度的伦理关联。古希腊哲学家亚里士多德在《尼各马可伦理学》中开宗明义地谈到，“每种技艺与研究，同样地，人的每种实践与选择，都以某种善为目的”[1]。当然，专利制度也不例外，其在具体的规则框架设计和运行模式选择上也必然有伦理层面“善”的依据。随着科学技术对人类社会影响力的不断扩大，为科学技术提供法律保障的专利制度日益强化，其不仅成为企业利用技术优势换取市场竞争优势的法律武器，更是演变为国家调控和引导科技创新的政策工具。然而，专利制度的伦理问题也由此更为凸显。从制度本源上的权利排他与知识共享之间的伦理冲突，到技术革新中私人权利与公共利益之间的伦理争持，再到权利初次分配及再分配中各利益主体对于权利独占的伦理纠葛、技术实施的伦理诉求，伦理问题贯穿专利制度本身及制度运行的始终。鉴于此，为厘清专利制度与伦理之间的关系，应当从伦理学的基本框架出发，找出与专利制度相关的伦理学范畴，并以专利制度的实践过程为基础，昭示专利制度基

---

〔1〕［古希腊］亚里士多德：《尼各马可伦理学》，廖申白译注，商务印书馆2003年版，第3页。

本架构中的伦理关联以及演进历程中的伦理转向，明确伦理对专利制度的巨大反作用，从而为专利制度相关伦理问题的分析与化解奠定基础。

第一节　专利制度相关的伦理学范畴

"伦理"(ethics)一词，源自古希腊语中的"*ethos*"，最初意为"习惯""风俗"，并引申为人的"品格""气质"，随后罗马人将其写成拉丁语的"*ethikos*"，形成了英文中"ethics"的雏形。[1] 随着概念架构日臻完善，有关善恶、义务的道德原则、道德评价和道德行为被逐渐体系化并成为一门新的科学，即"伦理学"，拉丁语又称之为"philosophia moralis"，英文中"道德哲学"(moral philosophy)的称谓也由此而来。[2] 而伦理学与道德哲学称谓的通用，则是由于人们长期以来对"伦理"与"道德"在含义上同一性的认识。[3] 但是，在实际研究中，"伦理"与"道德"还是存在细微差异的，相比"道德"，"伦理"应当是更具客观性，也更具有普遍性的。[4] 因而，并非所有道德问题都属于伦理学的研究范畴，伦理学所研究的也应当是一切社会中普遍存在的道德问题。[5]

专利制度作为当今世界一项国际通行的法律规范，不仅是各国规制技术研发与应用的普遍选择，同时还是国际贸易规则的关键组成部分。但随着新技术的涌现以及技术创新与转化模式的演进，专利制度的伦理道德风险日益暴露，一系列与专利制度相关的道德问

[1] 参见彭萍:《翻译伦理学》,中央编译出版社 2013 年版,第 26 页。

[2] 参见[美]弗兰克·梯利:《伦理学导论》,何意译,广西师范大学出版社 2002 年版,第 3 - 8 页。

[3] 参见龚群:《现代伦理学》,中国人民大学出版社 2010 年版,第 4 - 5 页。

[4] 参见[德]黑格尔:《法哲学原理》,范扬、张企泰译,商务印书馆 2011 年版,第 188 - 189 页。

[5] 参见王海明:《伦理学原理》(第 3 版),北京大学出版社 2009 年版,第 1 - 2 页。

题,也成为世界各国所共同面临的重要伦理课题。而要寻求专利制度伦理难题的解决方式,则首先需要以伦理学分析的理论与实践体系为基点,明确与专利制度相关的伦理范畴,即从规范伦理和应用伦理两个层面出发,厘清专利制度的伦理关联。其中,规范伦理是道德哲学的实质部分,其目的是给人类提供生活和行动的指南,主要探讨道德判断的内容;[1]而应用伦理则是在规范伦理的指引下,运用道德原则分析解决现实生活中具体的、有争议的道德问题。[2]由此可见,与专利制度相关的伦理问题,无疑是属于应用伦理范畴的。然而,对专利制度来说,目前尚未形成体系化的应用伦理分析路径,当前较为成熟的科技伦理、法律伦理、经济伦理等应用伦理路径虽都与其密切相关,但却都不能涵摄专利制度的伦理全貌。为此,首先需要回归规范伦理,在规范伦理范畴中搜寻专利制度的伦理连接点,并从应用伦理层面,分辨科技伦理、法律伦理、经济伦理等应用伦理路径与专利制度伦理问题的交互关系,以确定专利制度的伦理映射,从而为应对相关的专利制度伦理挑战提供有效的理论依据与方法论指引。[3]

一、专利制度与规范伦理的思想关联

规范伦理属于理论伦理的范畴,它与元伦理共同构成了伦理学的基本理论框架。相比元伦理对伦理本身地位与性质的关切,规范伦理则在元伦理的概念基础上进一步注重"人们应当或必须做什么"及"什么使生活尽可能地好"等道德规范与道德判断问题。[4]

---

〔1〕 参见程炼编著:《伦理学关键词》,北京师范大学出版社2007年版,第3页。

〔2〕 参见卢风主编:《应用伦理学概论》(第2版),中国人民大学出版社2015年版,第2页。

〔3〕 刘鑫:《专利制度相关的伦理范畴之辨析》,载《中国发明与专利》2020年第11期。

〔4〕 参见[美]史蒂文·卢坡尔:《伦理学导论》,陈燕译,中国人民大学出版社2008年版,第17页。

简言之,规范伦理所探讨的内容为决定行为对错、事物善恶的基本道德标准。[1] 然而,在长期的历史演进中,规范伦理却并未形成统一的道德规范模式与评判基准,伦理学家们从不同的规范路径出发,提出了各具特色的规范伦理思想,并逐步形成了“道义论”与“功利论”两种规范伦理的价值导向。[2] 其中,道义论的规范伦理思想侧重规则、权利和行动本身的善;功利论的规范伦理思想则关注规则、权利和行动最终后果的善。[3] 但是,在复杂多样的道德悖论面前,无论“道义论”,还是“功利论”,都存在自身理论不能自洽的极限。由此,在运用规范伦理思想对某一具体的规则、权利或行动进行道德评判与规制时,“道义论”与“功利论”并不是非此即彼的对立关系,而是互相补充、互相配合的关系。这是因为对特定的规则、权利或行动来说,本身的善和最终后果的善同等重要,忽视二者中的任何一个都无法实现该规则、权利或行动的伦理理性。而专利制度作为规范伦理的评判对象,“道义论”与“功利论”的规范伦理思想也必然共存其中,并分别从制度本身的善和制度后果的善两个方面,昭示着专利制度的伦理理性。

(一)“道义论”规范伦理思想与专利制度的关联

“道义论”规范伦理思想发端于古希腊时期的自然法,柏拉图、亚里士多德等先贤的基础自然法思想是“道义论”伦理的雏形。[4] 17~18 世纪,随着政治理论的发展,由自然法所衍生的契约主义的

---

[1] See Shelly Kagan, *The Structure of Normative Ethics*, 6 Philosophical Perspectives 223 (1992).

[2] 参见[美]休·拉福莱特主编:《伦理学理论》,龚群主译,中国人民大学出版社 2008 年版,第 7 页。

[3] See Elizabeth Howe, *Normative Ethics in Planning*, 5 Journal of Planning Literature 123 (1990).

[4] 参见杨盛军:《从自然法到正义论——关于道义论的历史流变》,载《唯实》2009 年第 6 期。

"道义论"规范伦理思想盛行起来。[1] 契约主义将道德规则的本源、社会秩序的基础和政治统治的依据，归溯为自由与平等的行为主体在一种虚拟的初始状态下所签订的契约，并以契约维护个人基本利益与自主意志，实现社会成员的普遍认可。[2] 易言之，作为证成国家合法性的契约主义伦理，是以个人在初始状态下的充分自由为前提，并以个人利益或个人权利的实现为基础的。卢梭在《社会契约论》——"人是生而自由的，但却无往不在枷锁之中"的经典论断便是契约主义伦理强调初始状态下个人自由的明证。[3] 霍布斯和洛克则分别以初始状态下人与人之间为争夺资源的互相杀伐中的"先发制人的自保之道"[4]和"本人同意而置于天生的自由、平等、独立状态之外"[5]为基础，提出通过契约形式让渡权利，实现对个人利益和个人权利的保护。在契约主义伦理的基础上，康德进一步将"道义论"的规范伦理从政治哲学中剥离出来，以更为纯粹的康德式的术语界定伦理概念，[6]形成了由普遍性道德法则生成绝对命令式道德义务的康德主义。[7] 20世纪下半叶，美国学者约翰·罗尔斯则更是在洛克、卢梭、康德等哲学家的规范伦理思想影响下，创建出以正义为首要价值的伦理体系与架构。[8] 就专利制度而

---

〔1〕 参见［美］休·拉福莱特主编：《伦理学理论》，龚群主译，中国人民大学出版社2008年版，第290页。

〔2〕 参见甘绍平：《论契约主义伦理学》，载《哲学研究》2010年第3期。

〔3〕 参见［法］卢梭：《社会契约论》，何兆武译，商务印书馆1980年版，第8页。

〔4〕 ［英］霍布斯：《利维坦》，黎思复、黎廷弼译，商务印书馆1985年版，第12－15页。

〔5〕 ［英］洛克：《政府论》（下篇），叶启芳、瞿菊农译，商务印书馆1996年版，第59页。

〔6〕 参见［美］阿拉斯代尔·麦金太尔：《伦理学简史》，龚群译，商务印书馆2003年版，第253页。

〔7〕 参见［德］康德：《道德形而上学的奠基》（注释本），李秋零译注，中国人民大学出版社2013年版，第31－41页。

〔8〕 See John Rawls, *A Theory of Justice*, Revised edition, The Belknap Press of Harvard University Press, 1999, p. 10.

言，无论是自然法思想、契约主义或康德主义思想，还是罗尔斯的正义论思想，都在其中有重要体现。具言之，在论证专利制度正当性的过程中，学者往往从基础的自然法思想中寻找依据，并将包括专利权在内的知识产权界定为源自人创新本能的自然权利。[1] 在专利制度的具体规则设计中，决策者往往以契约主义思想为导引，将专利视为发明人与社会公众之间利益交换的契约，即以发明人向社会公开其技术为对价，由政府代表公众授予发明人以一定期限的使用技术排他权。[2] 而随着专利技术经济效用与社会影响的不断增强，罗尔斯的正义论思想也逐步被用于分析发明人之间、发明人与社会公众之间以及全球视野下国家与国家之间的专利分配正义。[3]

（二）"功利论"规范伦理思想与专利制度的关联

"功利论"规范伦理思想肇始于古希腊伊壁鸠鲁等在《致梅瑙凯信》中的快乐主义，即将身体无痛苦、灵魂无烦恼的快乐作为首要、天生的善，作为幸福生活和一切事情的终极目的。[4] 19 世纪以来，随着哲学风气由形而上学向实证主义的转变，契约主义所主导的"道义论"规范伦理思想逐步被趋利避害的"功利论"规范伦理思想取代。[5] 功利论者强调，当且仅当某一行为、规则最大化了社会的善，或者说，它促进了最多人的最大利益，该行为、规则才是正确的，符合伦理理性的。[6] 边沁以快乐和痛苦作为支配人们言行之

---

〔1〕 See Hugh Breakey, *Intellectual Liberty: Natural Rights and Intellectual Property*, Routledge, 2016, p. 43 – 74.

〔2〕 参见和育东：《专利契约论》，载《社会科学辑刊》2013 年第 2 期。

〔3〕 See Peter Drahos, *A Philosophy of Intellectual Property*, ANU eText, 2013, p. 199 – 230.

〔4〕 参见［古希腊］伊壁鸠鲁、［古罗马］卢克来修：《自然与快乐——伊壁鸠鲁的哲学》，包利民等译，中国社会科学出版社 2004 年版，第 30 – 34 页。

〔5〕 参见姚大志：《公平与契约主义》，载《哲学动态》2017 年第 5 期。

〔6〕 参见程炼编著：《伦理学关键词》，北京师范大学出版社 2007 年版，第 53 页。

是非标准为基础，提出最大多数人的最大幸福原则。[1] 密尔则进一步将快乐进行质与量的划分，[2]并以人的永久利益为依据实现功利论对个人自由的证成。[3] 进言之，功利论的实质，即将行为的后果或遵循行为规则的后果能否有助于所有当事人的快乐、利益、幸福与福利等功利指征之总量的最大化视为其是否合乎道德的标准。[4] 功利论的规范伦理思想对功利最大化的强调，为资本主义的发展提供了直接的理论支撑，但其对利益与福利的过分追求，却往往会使社会衍生出僭越正义、忽视公平的恶果。[5] 20 世纪中后期，随着"功利论"负面效应的日益凸显，快乐、利益、幸福、福利等指标在规范伦理中的权重不断降低，以罗尔斯正义论为代表的规范伦理思想更是逐步将正义、公平等指标放在最高的价值位阶，以超越理论对立方式，运用"道义论"下正义要旨实现"功利论"的福利追求。[6] 而专利制度作为近代资本主义商品经济发展的产物，功利论的规范伦理思想是其生成与发展的重要理论依据与运行指引。最大多数人的最大化利益的功利论伦理原教旨贯穿于专利制度的整个过程，专利制度通过赋予发明人以一定期限的独占权，实现对发明人的经济回报，并以这种方式激励技术创新，为社会创新投入的持续增加提高市场驱动力。[7] 正如亚伯拉罕·林肯所言，专利

---

〔1〕 参见[英]边沁：《道德与立法原理导论》，时殷弘译，商务印书馆2000年版，第57－58页。

〔2〕 参见[英]约翰·穆勒：《功用主义》，唐钺译，商务印书馆1936年版，第7－8页。

〔3〕 参见[英]约翰·密尔：《论自由》，许宝骙译，商务印书馆2005年版，第10－12页。

〔4〕 参见甘绍平：《功利主义的当代价值》，载《中国社会科学院研究生院学报》2010年第3期。

〔5〕 参见万斌、顾金喜：《功利主义与公共政策伦理：如何从冲突走向和谐》，载《浙江大学学报（人文社会科学版）》2009年第2期。

〔6〕 参见姚大志：《罗尔斯与功利主义》，载《社会科学战线》2008年第7期。

〔7〕 See Robert P. Merges, Peter S. Menell & Mark A. Lemley, *Intellectual Property in the New Technological Age*, 6th edition, Aspen Publishers, 2012, p. 131.

制度通过提供必要的"利益之油",有效地激发了创造性劳动,也就是"天才之火"。[1] 然而,专利制度在"功利论"规范伦理的主导下,也出现以损害他人平等的创造能力、文化资源或科学知识获取机会为代价,掌控排他权利并攫取经济利益等有悖制度正义的情况。[2] 为此,专利制度逐渐开始重视权利的分配与再分配中的公平正义,以罗尔斯正义论等新型道义论思想为参照,在传统物质性激励的专利功利论伦理中强化道义论伦理的正义表达诉求,探索"功利论"与"道义论"两种规范伦理思想在专利制度中的并行机制。[3]

二、专利制度与应用伦理的交互关系

应用伦理与规范伦理不同,应用伦理属于实践伦理的范畴,是将规范伦理方法应用于现实社会生活而形成的具体的伦理规范与准则,是道德知识与专业知识在公共伦理问题中的一种"联袂演出"。[4] 应用伦理研究勃兴于20世纪下半叶,经过几十年的发展,形成了诸如生命伦理、生态伦理、经济伦理、制度伦理、政治伦理、法律伦理、科技伦理、媒体伦理等越来越多的专门领域。[5] 而在不同的应用伦理领域中,往往存在各不相同的价值诉求和论证选择,因而有必要对它们加以鉴别、作出取舍、进行排列,从而在每一特定领

---

〔1〕 参见[美] Martin J. Adelman, Randall R. Rader, Gordon P. Klancnik:《美国专利法》,郑胜利、刘江彬主持翻译,知识产权出版社2011年版,第6页。

〔2〕 See Wendy J. Gordon, *A Property Right in Self – Expression: Equality and Individualism in the Natural Law of Intellectual Property*, 102 Yale Law Journal 1533 (1993).

〔3〕 See Jeanne C. Fromer, *Expressive Incentives in Intellectual Property*, 98 Virginia Law Review 1745 (2012).

〔4〕 参见傅鹤鸣:《应用伦理学学科立场的确立:实践题材、程序方法与应用属性》,载《湖南师范大学社会科学学报》2018年第4期。

〔5〕 参见卢风主编:《应用伦理学概论》(第2版),中国人民大学出版社2015年版,第4页。

域中都创制出适当的应用伦理路径。[1] 专利制度作为科技与法律相结合的财产权制度类型,不仅具备促进与保护科技创新的现实作用以及规范科技创新活动的法律功能,同时也具有营造良好社会创新氛围的制度效果。相应地,科技伦理、法律伦理、经济伦理等应用伦理路径也与专利制度中的伦理问题密切相关。其中,科技伦理所解决的是伴随科学和技术进步而必然出现的种种专利制度中相关规范和原则的不明确问题;[2] 法律伦理所涉及的是专利法的道德论证、反思和批判,并以此确定专利法的伦理正当性以及专利法律实践中应遵循的伦理准则;[3] 经济伦理所关注的则是人们在对专利技术成果市场化、产业化等相关经济活动中经济行为的伦理正当性以及经济关系的善恶与是非。[4] 为此,有必要分别从科技伦理、法律伦理、经济伦理的基本路径出发,明确专利制度与应用伦理的交互关系,为专利伦理框架的建构奠定基础。

(一)科技伦理与专利制度的交互关系

科技伦理的准确称谓为"科学和技术伦理",其不同于政治伦理,并没有悠久的历史,随着科学技术的革新于20世纪40年代发轫。[5] 所谓科技伦理,并非科技与伦理这两个语词的简单相连,而是源于人们对当代科技发展之特点认识所形成的,在科学研究、技术探索过程中的伦理。[6] 具体来说,科技伦理大体包括三个方面的要求,即科学研究的伦理要求、技术创新与开发的伦理要求和技

[1] 参见甘绍平:《应用伦理学的论证问题》,载《中国社会科学》2006年第1期。
[2] 参见[德]阿明·格伦瓦尔德主编:《技术伦理学手册》,吴宁译,社会科学文献出版社2017年版,第6页。
[3] 参见曹刚:《伦理学、应用伦理学和法伦理学》,载《学习与探索》2007年第3期。
[4] 参见龚天平、李海英:《经济伦理内涵的反思——意识、规范与实践的统一》,载《中南财经政法大学学报》2013年第1期。
[5] 参见张岂之:《论环境伦理、科技伦理与法律伦理》,载《西安交通大学学报(社会科学版)》2001年第2期。
[6] 参见甘绍平:《科技伦理:一个有争议的课题》,载《哲学动态》2000年第10期。

术成果使用的伦理要求。[1] 在当前风险观念的影响下,科技伦理的讨论更为深入,其不仅揭示了科学技术社会后果的价值异化,而且还揭露出科学技术与社会发展的诸多现实矛盾。[2] 专利制度作为规制科技创新活动的一项重要法律制度,其效力范围涉及从技术研发到利用的整个过程。科技伦理中对技术创新与开发以及技术成果使用的伦理要求无疑也是对专利制度设计与运行的伦理要求,不仅如此,科技后果的价值异化、科技进步与社会发展的现实矛盾在专利制度实践中也同样难以避免,甚至会衍生为专利制度中的伦理风险。因此,为应对新技术发展所引发的伦理难题,科技伦理中尊重与无害、客观与福祉的指标性伦理原则,以及责任与审慎、自由与诚信、公正与关怀、共享与传播的实践性伦理原则,也应被视为专利制度所必须遵循的伦理准则。[3] 因此可以说,科技伦理的要求和原则与专利制度的伦理诉求是完全契合的,但是,必须格外注意的是,由于科技伦理本身的局限性,只有与技术变革相关的专利制度伦理问题才能被囊括其中,诸如权利配置中的伦理困境等其他专利制度伦理问题则不属于科技伦理的调整范畴。

(二)法律伦理与专利制度的交互关系

法律伦理的概念在我国最早由何勤华教授于 1984 年在《文汇报》上撰文提出。而学者们真正把法律伦理学归到应用伦理学研究领域,将其视为法学和伦理学的一个交叉学科并得到繁荣发展则是从 20 世纪 90 年代中期开始的。[4] 所谓法律伦理,是把法律看作

---

[1] 参见庄友刚:《科技伦理讨论:问题实质与理论自觉》,载《观察与思考》2017 年第 3 期。

[2] 参见崔伟奇:《科技伦理:在风险观念的语境中》,载《江海学刊》2008 年第 3 期。

[3] 参见段伟文:《科技伦理:从理论框架到实践建构》,载《天津社会科学》2008 年第 4 期。

[4] 参见李建华、周灵方:《法律伦理学研究的时代使命——国内法律伦理学 30 年研究综述及展望》,载《中南大学学报(社会科学版)》2009 年第 5 期。

一种社会行为和社会现象，把伦理看作一种价值标准和价值依据，进而探讨的是法律赖以产生的伦理底蕴和法律所要遵循的伦理原则。[1] 进言之，法律伦理分析的核心，在于理顺法和道德的关系，找出从立法、执法、司法到守法的整个法律运行过程中所包含与涉及的各种伦理关系和道德问题，揭示其本质的规律性，为法律的创制和实施提供价值评价的依据和标准。[2] 专利制度作为知识产权法律制度的重要组成部分，在制度设计与实施的过程中也必然与伦理道德之间存在交互关系，无论是专利立法，还是专利司法，专利法律制度运行的每一个阶段都有相应的伦理体现与伦理要求。例如，在专利立法过程中，社会伦理道德中的诚实信用、公序良俗等观念无疑影响了制度设计，因而，这些伦理道德原则也就不可避免地体现在专利制度之中。[3] 而诚实信用、公序良俗等内容也正是富勒对道德划分中的"义务的道德"，即能够上升为法律的道德，它们使专利制度能够符合最根本的伦理要求。[4] 与此同时，在专利司法过程中，对具体案件事实的分析及其法律后果的判断，也同样需要伦理原则的指引，因此需要将立法者的伦理观念融入具体法律规则的适用中。[5] 当然，这并不意味着要将道德的逻辑代替法律的逻辑，用伦理的标准代替法律的标准，[6] 而是意味着在严格依据法律规定的前提下充分展开伦理考量，连通专利法律伦理的应然和实然，以专利法律伦理行为之需要来判断专利法律伦理行为之事实，

---

〔1〕 参见时统君：《法律的伦理和伦理的法律》，载《东岳论丛》2004 年第 1 期。

〔2〕 参见文正邦：《法伦理学研究的战略意义》，载《探索》1988 年第 5 期。

〔3〕 参见[美]E. 博登海默：《法理学：法律哲学与法律方法》，邓正来译，中国政法大学出版社 1999 年版，第 376－377 页。

〔4〕 参见[美]富勒：《法律的道德性》，郑戈译，商务印书馆 2005 年版，第 8 页。

〔5〕 参见[德]伯恩·魏德士：《法理学》，丁晓春、吴越译，法律出版社 2003 年版，第 63 页。

〔6〕 参见孙笑侠、麻鸣：《法律与道德：分离后的结合——重温哈特与富勒的论战对我国法治的启示》，载《浙江大学学报（人文社会科学版）》2007 年第 1 期。

实现专利法律与伦理之间的沟通与交融。[1]

(三)经济伦理与专利制度的交互关系

经济伦理可以被定义为"经济活动和经济行为中的伦理"或者"符合伦理的经济活动和经济行为"。[2] 作为独立学科的经济学在本质上是从伦理学中发轫,一旦脱离了伦理的价值基础与原则指引则势必会使经济学的内容变得贫乏,而这些伦理价值基础与原则指引也正是经济伦理的主要研究范畴。[3] 但在实践中,要想实现经济活动的合伦理性,就必须寻求制度支持,单纯依靠经济主体的自律机制和社会的舆论作用等非强制性方式,只可能使之被搁置乃至虚化,并不能确保经济主体在伦理允许的范围内进行经济行为。[4] 在专利制度运行过程中也是同样,需要行之有效的制度安排来实现专利财产权运作的经济伦理契合性。这是因为对经济主体来说,专利往往是其获取技术优势、赢得市场竞争的一种战略工具,而产权制度则是对主体行为最有效的激励和约束机制。此外,必须格外注意的是,具备保障相关经济活动合伦理性功能的专利制度,在本质上也是一把"双刃剑",其既具有激励创新的制度之"善",同时也存在阻碍发展的制度之"恶"。[5] 因而在实践中,就必须努力避免专利制度赋予发明人或利益相关人以排他性独占权的这种设计转化为权利人对特定技术、产品,乃至整个市场的一种周期性的垄断。

---

〔1〕 参见李光辉、文学平:《实然与应然——法律伦理之可能》,载《现代法学》2004年第5期。

〔2〕 参见强以华、杨海军:《论经济伦理的内涵和本质》,载《道德与文明》2013年第4期。

〔3〕 参见[印度]阿马蒂亚·森:《伦理学与经济学》,王宇、王文玉译,商务印书馆2018年版,第59页。

〔4〕 参见龚天平、王泽芝:《制度安排与经济伦理》,载《北京大学学报(哲学社会科学版)》2016年第5期。

〔5〕 See Mark A. Lemley, *Reconceiving Patents in the Age of Venture Capital*, 4 Journal of Small and Emerging Business Law 139 (2000).

若权利人超越专利经济活动的基本伦理规范不当行使其专利财产权利，则势必引发相关经济活动的伦理迷失，不仅会对后续的正常技术创新与市场交易形成阻滞，更会诱发“专利围墙”“专利蟑螂”等一系列以专利技术为外衣的机会主义行为。

第二节　专利制度安排上的伦理映射

专利制度作为促进与保护技术创新活动的一项特殊制度安排，其与伦理之间的关系，不仅仅表现为伦理学思想与路径对专利制度的影响，更多的联系则呈现在专利制度的具体制度安排之中。从制度基础架构的设计到制度运行效果的演变，专利制度的伦理性体现在制度安排的方方面面。[1] 具言之，在制度设计层面，专利制度以财产权利的排他性构造，并辅之以技术方案的公开性要求，实现了自由创造与知识传播之间的伦理契合，即通过赋予发明人以一定期限的独占权来激发创造力，并以技术的公开保证知识共享，促进后续创新，提升社会福利。[2] 而在制度演进层面，专利制度则随着社会分工的不断细化以及市场竞争的不断深化，衍生了伦理价值的泛化与转变，技术研发与实施的分离使其规范技术创新的基础伦理预设被不断突破，市场导向性的竞争工具价值日益凸显。[3] 由此，为进一步厘清专利制度的伦理关联，有必要分别从制度的基础架构和演进历程出发展开深入探究，在挖掘专利制度基础架构中的伦理意蕴的同时，理顺专利制度演进历程中的伦理转向。

---

〔1〕 参见刘鑫：《专利制度安排的伦理映射之阐释》，载《中国发明与专利》2020年第12期。

〔2〕 See Jeanne C. Fromer, *Patent Disclosure*, 94 Iowa Law Review 545 (2009).

〔3〕 参见梁志文：《专利价值之谜及其理论求解》，载《法制与社会发展》2012年第2期。

一、专利制度架构设计中的伦理意蕴

就专利制度的架构设计而言,“权利独占”与“技术公开”的基本制度安排无疑是激励技术创新与促进知识传播两大制度功能的实现保障,与此同时,也是伦理理性的重要体现,二者分别彰显专利制度的技术革新之“善”与技术普惠之“善”。一般来说,制度的设立总是以一定的道德为前提,道德要为制度提供伦理支持,[1]专利制度也不例外。其中,专利权利私人占有的制度选择,有助于激发私人创新活力,进而提升社会福利,此即专利制度的技术革新之“善”;而专利技术充分公开的制度安排则有利于保证技术信息共享,进而推动社会进步,此乃专利制度的技术普惠之“善”。[2] 进言之,在专利制度中,“权利独占”与“技术公开”虽看似对立,但却相互依存、互为前提,并在创新与竞争的复杂关系中,实现知识独占与传播之间的伦理平衡以及私人权益与公共利益之间的伦理协调,[3]使专利制度的技术革新之“善”和技术普惠之“善”都得到充分的发挥,从而达到专利制度之“善”的最大化。由此,为进一步明晰专利制度基础架构设计的伦理内核,有必要从专利制度“权利独占”与“技术公开”的基本制度设计出发,分别阐释二者所蕴含的伦理理性。

(一)专利制度架构中“权利独占”的伦理理性

“权利独占”的制度构造,是实现专利制度技术革新之“善”的

[1] 参见李仁武:《制度伦理研究:探寻公共道德理性的生成路径》,人民出版社2009年版,第284页。

[2] See Willian R. Cornish, David Llewelyn & Tanya F. Aplin, *Intellectual Property: Patents, Copyrights, Trade Marks and Allied Rights*, Sweet & Maxwell, 2010, p. 144 – 145.

[3] See Mark A. Lemley, Carl Shapiro, *Probabilistic Patents*, 19 Journal of Economic Perspectives 75 (2005).

重要保证。包括专利制度在内的知识产权制度,乃至整个财产权制度,其伦理价值的核心在于对人们正当财产权益的尊重与维护。[1] 而排他性则是财产权制度伦理的基本确立依据,因为只有财产权具有排他效力才能保证财产权的不可侵害性和自主性,进而使人们的正当财产权益得到应有的保障。[2] 不仅如此,专利制度对"权利独占"这一制度设计的特别强调,更是由其权利客体非物质性的独特属性所决定的。不同于所有权等传统物权制度的物质性客体,专利制度所保护的客体,即发明创造,其本身作为一种知识类型,并不具有自然对抗他人的排他性,某一个体对某项技术占有也并不能排除他人同样拥有该项技术的可能。[3] 此外,发明创造物质形态的缺失性,也使其不得不附着于特定物质性的载体,但又与物质性载体相分离,因而,人们对技术产品的"占有"也不是像所有权人一样的具体的控制,而是一种特殊的认识与利用。[4] 由此,为实现对发明创造之上发明人等相关人利益的区分与保障,专利制度中专门设置了一定期限的权利私人独占以保证权利人对技术方案的有效占有与充分使用。与此同时,这一以专利财产权设定为基础的发明的利益区分,也为相关伦理道德的形成与完善创造了条件,使人们之间以发明创造为客体的专利财产关系拥有了相应的伦理价值与原则指引。[5] 质言之,若没有专利制度这一"权利独占"的制度设计,权利人则只能以技术秘密的方式维持自身对发明创造的占有与使用,并不具有排除他人占有与使用相同发明创造的对抗效力,一旦该发

---

〔1〕 参见罗能生:《产权伦理学论纲》,载《湖南师范大学社会科学学报》2001 年第 6 期。

〔2〕 参见彭立静:《伦理视野中的知识产权》,知识产权出版社 2010 年版,第 18 页。

〔3〕 参见李扬主编:《知识产权的合理性、危机及其未来模式》,法律出版社 2003 年版,第 10 - 11 页。

〔4〕 参见吴汉东:《无形财产权基本问题研究》(第 3 版),中国人民大学出版社 2013 年版,第 63 页。

〔5〕 参见罗能生:《产权伦理初论》,载《道德与文明》2001 年第 1 期。

明创造在之后被其他人完成,或者该发明创造被他人得知乃至公开传播,该发明创造便失去了价值。[1] 如此一来,发明创造之上的利益区分也就难以有效实现,以专利财产权为基础的伦理道德更是无从谈起。而发明创造一旦缺少了排他的专利保护,将落入共有之范畴,发明人费尽心血研发的发明创造并不专属其自身,而是由其他人所平等地享有,对于其他人无偿分享成果的要求,发明人也当然没有拒绝的理由。[2] 这无疑会制约人们参与发明创造活动的积极性,进而严重阻碍技术革新与社会进步的进程。因此,可以说,专利制度架构中"权利独占"的伦理理性,在于为专利伦理道德准则的产生提供制度根基,使专利制度的技术革新之"善"得以充分发挥。

(二)专利制度架构中"技术公开"的伦理理性

"技术公开"的制度构造,是实现专利制度技术普惠之"善"的重要途径。专利制度中的"技术公开"是发明创造获得专利保护后即向社会公开技术内容的制度设计,其不仅是专利授权的交换条件,更是促进技术扩散、强化技术溢出、减少重复研发、实现发明创造之上私人权利与公共利益相协调的关键所在。[3] 这是因为专利制度所保护的发明创造是一种非物质性的客体类型,其本身具有公共产品属性,可以在一定时空条件下为不同主体同时使用。[4] 但在专利保护下,发明创造的"权利独占"使原本社会公众所共有的技术知识为私人所"专享",若不要求专利权人披露发明创造的技术特征,社会公众将难以及时获取相关知识。不仅如此,在专利权人保

---

〔1〕 See Amy L. Landers, *Understanding Patent Law*, Matthew Bender & Company, 2008, p. 12 – 14.

〔2〕 See Tom G. Palmer, *Are Patents and Copyrights Morally Justified—The Philosophy of Property Rights and Ideal Objects*, 13 Harvard Journal of Law & Public Policy 817 (1990).

〔3〕 参见梁志文:《论专利公开》,知识产权出版社 2012 年版,第 144 – 152 页。

〔4〕 参见吴汉东:《知识产权本质的多维度解读》,载《中国法学》2006 年第 5 期。

有技术知识的情况下,后续的发明与创新也会受到阻滞,因为发明创造在很大程度上是基于对现存知识的扩展,其本身就是一个累进过程,没有最新的专利技术信息,后续的技术研发举步维艰。[1] 为此,专利制度在"权利独占"的基本财产权制度设计之上,增加了"技术公开"的特别规定,要求专利权人披露其发明创造的技术特征,使具有一般知识的专业技术人员能够实施该技术方案,从而保证社会相关公众对相关技术的了解与知晓,为技术后续创新工作的迅速展开创造条件。一般来说,专利制度对"技术公开"披露信息在形式与质量方面的严格要求,在科研工作中为科学家及研发人员提供了大量的有用技术信息,其作用远远超过科学期刊杂志上所发表的文献资料。[2] 然而,在实践中,也会出现一些专利公开不充分的情况,如专利权人有意规避某些重要技术特征、技术特征描述含糊、提供一些无意义的信息,以及权利主张多元和等同原则的影响等。[3] 与此同时,现今专利授权量的急剧上升,进一步增加了人们利用专利"技术公开"机制获得有效信息的难度。[4] 但是,我们并不能因此否认专利制度中"技术公开"这一制度设计的技术普惠之"善"。前述专利公开不充分以及披露信息不完整等情况,在一定程度上是由当前专利技术的高度商业化等问题所引起的。对此,有学者提出专利动态公开的设想,将专利信息披露的范畴从技术特征的公开延伸到运用情况的公开,将专利权人自身对专利技术使用的情况、许可他人使用的情况,以及其他产品中包含该专利技术的情况

---

[1] See Wilfred Schoenmakers, Geert Duysters, *The Technological Origins of Radical Inventions*, 39 Research Policy 1051 (2010).

[2] See Lisa Larrimore Oullette, *Do Patents Disclose Useful Information?* 25 Harvard Journal of Law & Technology 566 (2012).

[3] See Alan Devlin, *The Misunderstood Function of Disclosure in Patent Law*, 23 Harvard Journal of Law & Technology 403 (2010).

[4] See Mark A. Lemely, *The Myth of the Sole Inventor*, 110 Michigan Law Review 744 (2012).

全部进行披露,使社会公众在充分了解专利技术特征的同时,还能够掌握专利技术的运用情况,从而进一步提升专利制度的技术普惠之“善”。[1] 因此,可以说,专利制度架构中“技术公开”的伦理理性,在于为社会公众提供受信赖的信息系统和信息可靠性的保障,消除专利制度中“权利独占”制度设计对发明信息的阻碍,保证后续创新活动的高效进行,使专利制度的技术普惠之“善”得以充分发扬。[2]

二、专利制度演进历程中的伦理转向

就专利制度演进历程而言,科学技术的进步与经济社会的发展一直是制度变革与完善的重要指征。与此同时,伴随专利制度的发展变迁,相应的伦理关系和道德观念也不断发生改变。[3] 据考证,知识财产概念最早出现在12世纪或13世纪的中世纪。[4] 在14世纪早期,威尼斯就已经出现了诸如对石磨设计授予专利权等零星的专利授权。随着专利授权的不断增多,威尼斯元老院于1474年颁布专门法案对专利授权予以规范,形成了专利制度的基本雏形。[5] 到了16~17世纪,随着工业革命的兴起,运用专利机制保护工业成果的需求也越发强烈,英国作为工业革命引领者,率先于1624年出

---

〔1〕 See Jeanne C. Fromer, *Dynamic Patent Disclosure*, 69 Vanderbilt Law Review 1716 (2016).

〔2〕 参见梁志文:《论作为创新信息系统的专利制度》,载《吉首大学学报(社会科学版)》2019年第1期。

〔3〕 参见罗能生:《产权与伦理关系的理性思考》,载《湖南大学学报(社会科学版)》2003年第4期。

〔4〕 See Pamela O. Long, *Invention, Authorship, Intellectual Property, and the Origin of Patents: Notes toward a Conceptual History*, 32 Technology and Culture 846 (1991).

〔5〕 参见[美]罗伯特·P. 墨杰斯等:《新技术时代的知识产权法》,齐筠等译,中国政法大学出版社2003年版,第100-101页。

台了世界上第一部具有现代意义的专利法，即《英国垄断法案》。[1] 该法案虽与当今专利制度的形式、体例相去甚远，但其所形成的专利含义却被沿袭至今。[2] 18 世纪后，英国专利制度进一步发展，实现了从对改良保护到对发明保护的转变。[3] 在此期间，美国、法国、德国分别于 1790 年、1791 年、1877 年颁布专利法，建立起各自的专利制度。与专利制度相关的伦理关系和道德观念也在这一时期随着各国专利法的相继出台而逐步形成。19 世纪中期以后，包括专利制度在内的知识产权法律制度开始独立并得到广泛承认。[4] 相关的伦理关系和道德观念也日益成熟、日臻完善。进入 20 世纪，科学技术和国际经济贸易的飞速发展使整个世界进入了新的知识经济时代，专利制度面临着空前的挑战，世界各国也纷纷"修纲变法"，进行专利制度变革。[5] 无独有偶，以专利制度为基础的相关伦理关系和道德观念也同样面临着与时代需要不契合的风险，亟须与专利制度进行同步革新。鉴于此，为进一步厘清专利制度演进历程中的伦理转向，有必要将专利制度的历史沿革划分为近代的制度成熟和现代的制度变革两个阶段，分别探究其中涉及的伦理关系和包含的道德观念，进而勾画出专利制度演进中的伦理发展

---

〔1〕 参见刘春田主编：《知识产权法》（第 4 版），中国人民大学出版社 2009 年版，第 149 页；吴汉东主编：《知识产权法》（第 3 版），法律出版社 2009 年版，第 128 - 129 页。

〔2〕 See Chris Dent, *Generally Inconvenient*: *The* 1624 *Statute of Monopolies as Political Compromise*, 33 Melbourne University Law Review 415 (2009).

〔3〕 参见约翰·N. 亚当斯：《论专利制度的历史》，载［日］竹中俊子主编：《专利法律与理论——当代研究指南》，彭哲等译，知识产权出版社 2013 年版，第 99 - 124、128 页。

〔4〕 参见［澳］布拉德·谢尔曼、［英］莱昂内尔·本特利：《现代知识产权法的演进：英国的历程（1760—1911）》，金海军译，北京大学出版社 2012 年版，第 113 - 114 页。

〔5〕 参见吴汉东：《知识产权基本问题研究（总论）》（第 2 版），中国人民大学出版社 2009 年版，第 74 页。

脉络。

(一)近代专利制度与伦理之间的互动

近代专利制度的发展历程,是专利制度本身从初步创立到相对成熟的过程。从中世纪以来的封建特许权到资本主义财产权,近代专利制度的演进实质上是与资本主义经济、文化、政治的发展同步进行的。首先,重商主义的经济发展理念为欧洲各国产业和贸易提供助力的同时,激发了资产阶级制造使用先进技术或机器以提升生产效率的变革活力,授予发明人排他特权(专利财产权)的做法也由此产生,这一时期力图通过给予个人权利以提升社会福利。[1] 其次,文艺复兴的人本主义重理性、反迷信的文化思潮,为近代资本主义科学技术的进步奠定了文化基础。[2] 不仅如此,对科学技术的私有财产权保护,即专利保护,也在文艺复兴人本主义的文化土壤中应运而生,从而以私有产权规则彰显以人为本的文化理性。最后,启蒙运动中思想家们批判宗教权力,致力于理解"社会"本身和影响公共舆论,创设了诸多独创性、丰富性的政治思想。[3] 例如,"主权在民""自由平等""私有财产神圣不可侵犯"等政治思想都是启蒙思想家所提出的,它们为资本主义政权的建立奠定了政治基础,也为专利制度的持续发展提供了有利的政治背景。此外,专利制度的国际合作也于近代起步,其中1883年《保护工业产权巴黎公约》是第一部涉及专利保护的国际公约,而该条约的缔结也标志着专利制度国际化发展进程的开启。[4]

---

〔1〕 See P. J. Federico, *Origin and Early History of Patents*, 11 Journal of the Patent Office Society 292 (1929).

〔2〕 参见刘景华:《文艺复兴时代科技与社会的互动——兼谈"李约瑟难题"》,载《经济社会史评论》2011年第1期。

〔3〕 参见[英]约翰·罗伯逊、关依然、周保巍:《启蒙运动的再思考》,载《华东师范大学学报(哲学社会科学版)》2017年第3期。

〔4〕 参见崔国斌:《专利法:原理与案例》(第2版),北京大学出版社2016年版,第38-40页。

专利制度在近代实现了从初创到健全的转变，逐步为世界各国所接受，并开始成为国际社会的通行规则。相应地，与专利制度相关的伦理关系和道德观念也在这一时期形成，并随着专利制度的不断完善而日渐成熟。由于专利制度在近代的发展演变是与资本主义商品经济、文化观念、政治思想相伴而生，相关的伦理关系和道德观念也都是在资本主义的价值下形成的。从重商主义的经济发展理念，到文艺复兴的人本主义文化思潮，再到启蒙运动中主权在民、自由平等的政治思想，促进专利制度发展的各种价值观念也深刻影响着专利制度相关的伦理关系和道德观念。具言之，专利制度赋予发明人对其发明创造的排他财产权，无疑是专利制度对发明人主体地位的确认，同时也保证了将“人”作为一切事物之中心的专利伦理基础的形成。[1] 而专利制度对“人”之核心地位的确认，则是进一步保障科技研发自由和技术交易自由的基础，因为对“人”这个一切事物的中心来说，自由与独立是最重要，也是最本质的东西。[2] 但是，自由不是绝对的，而是相对的，任何人的自由都是有限度的，都是只能存在于责任之中的。[3] 专利制度中的自由也不例外，发明人对自身权利的行使不得侵犯他人的自由与权益及社会公共利益，否则就要承担相应的法律责任。因此，可以说，近代专利制度与伦理之间的关系，是制度日臻完善、伦理积极回应的一种互动性的关系，而专利国际合作所带来的专利制度国际化趋势，则进一步使专利制度的伦理互动由人与人之间的交流上升到国与国之间的博弈。

---

〔1〕 参见［德］路德维希·艾哈德：《来自竞争的繁荣》，祝世康、穆家骥合译，商务印书馆 1983 年版，第 113 页。转引自单继刚、甘绍平、容敏德主编：《应用伦理：经济、科技与文化》，人民出版社 2008 年版，第 20 页。

〔2〕 参见陈泽环：《公民自由权利还是国家发展战略——中德经济制度论证初探》，载单继刚、甘绍平、容敏德主编：《应用伦理：经济、科技与文化》，人民出版社 2008 年版，第 16 - 28 页。

〔3〕 参见［德］朋霍费尔：《伦理学》，胡其鼎译，商务印书馆 2012 年版，第 225 页。

(二)现代专利制度与伦理之间的协调

现代专利制度的发展历程,是专利制度为适应20世纪以来科学技术飞速进步和经济社会蓬勃发展需要的制度变革过程。在科技革命与产业革新的双重驱动下,专利制度所保护的客体范畴被不断地扩张,原本严苛的限制条件也被相继突破,对生物技术和商业方法的专利保护便是其中的典型代表,凸显了现代专利制度发展的变革性。[1] 从19世纪末至20世纪初到第二次科技革命、20世纪中叶的第三次科技革命,再到20世纪七八十年代的第四次科技革命,不到一百年的时间里,科学技术的迅速发展,使人类社会发生了翻天覆地的变化,层出不穷的科技成果也不断挑战着专利制度的上限,如对基因技术的专利保护就打破了人们关于基因等生命物质是不具有可专利性的普遍认知。[2] 与此同时,经济社会的快速发展也带来了各种产业的革新升级,新兴的商业方法不断涌现,对商业方法进行专利保护的诉求也与日俱增。从美国1998年在State Street Bank案[3]中开启对商业方法的保护以来,各国陆续承认了商业方法的可专利性,专利制度对商业方法的保护限制也因此名存实亡,尤其是电子商务的发展,更使商业方法专利依托网络形成突破地域限制的权利扩张。[4] 除此之外,专利的国际化进程也得以持续推进,《专利合作条约》的签署使申请人可以通过一个申请获得多个成员国的专利授权,开启了专利审查的国际化进程。而《与贸易有关的知识产权协定》(以下简称《TRIPS协定》)的缔结则进一

---

〔1〕 参见付丽霞:《美国专利客体制度发展历程的回顾与疏解》,载《中国发明与专利》2019年第1期。

〔2〕 See Graham Dutfield, *Intellectual Property, Biogenetic Resources and Traditional Knowledge*, Earthscan Press, 2004, p.3.

〔3〕 See State Street Bank & Trust Co. v. Signature Financial Group, 149 F.3d, 1368 (Fed. Cir. 1998).

〔4〕 参见唐昭红:《美国商业方法专利制度正当性分析》,载《电子知识产权》2004年第3期。

协调。[1]

本章小结

专利制度与伦理分属不同的学科框架，二者之间本无必然联系。如何将这两种源自不同理论架构与实践模型的规范性体系连接起来，形成一个相互交融的整体，是展开专利制度伦理问题分析的基础条件，同时也是解决当下专利制度实践中各项伦理难题与争议的根本前提。

从伦理学的基本概念与类型出发，无论是侧重理论问题的规范伦理学，还是专注实践问题的应用伦理学，都与专利制度存在一定的关联，或为专利制度安排提供伦理依据，或为专利制度实践提供伦理指引。在规范伦理学的思想框架中，“道义论”与“功利论”两种不同的规范伦理面向均可以对专利制度的伦理理性进行证成，且二者并不是对立的非此即彼关系，而是分别从不同的角度给予专利制度以伦理基础。申言之，专利制度能够与“道义论”和“功利论”两种规范伦理思想相契合，归根结底，是由于二者对专利权等私人财产权利的容许。无论是契约主义等“道义论”规范伦理思想，还是快乐主义等“功利论”规范伦理思想，都不禁止个人追求利益，而且这些思想还有一个共性，即都努力将个人利益的追求引导到特定的轨道上去（更大的长远利益）。[2] 而在应用伦理的路径下，科技伦理、法律伦理、制度伦理等应用伦理类型都与专利制度密切相关，因为专利制度本身就是一种科技与法律相结合的制度类型，在制度实

---

〔1〕 参见魏森：《从“多哈宣言”看药品知识产权保护与公共健康利益间的平衡》，载《兰州学刊》2004 年第 2 期。

〔2〕 参见［德］克里斯托夫·吕特格：《市场经济和伦理：秩序伦理和企业伦理》，载单继刚、甘绍平等主编：《应用伦理：经济、科技与文化》，人民出版社 2008 年版，第 13 页。

践中所凸显出的伦理问题,无非也就是科技伦理问题、法律伦理问题以及制度伦理问题等。当然,随着未来专利制度的日臻完善,制度影响力的不断增强,创制专门的专利伦理也不无可能,但是在目前的专利制度作为知识产权制度所属内容的地位下,专利伦理并不足以成为一个独立的专门应用伦理路径。根据现有应用伦理框架下生命伦理、环境伦理、经济伦理、制度伦理、政治伦理、法律伦理、科技伦理等基本的分支领域的划分,[1]将不同层面的专利伦理问题纳入不同分支进行分析并探求相应的解决方案,无疑是最为科学,也是最为有效的一种策略选择。

就专利制度的基本制度安排而言,"权利独占"与"技术公开"是其中最为基础的两项制度设计,前者通过授予发明人对其发明创造的排他性财产权以保护和鼓励技术创新,实现专利制度的技术革新之"善";后者则通过对专利技术信息的充分披露,为社会公众提供持续创新的信息资源,达到专利制度的技术普惠之"善"。[2] 在专利制度的运行中,"权利独占"与"技术公开"这两项制度设计是缺一不可的,二者相互保障、相互制约,共同维护着以专利制度为核心的社会创新关系平衡。相应地,"权利独占"与"技术公开"分别凸显的技术革新之"善"和技术普惠之"善"两种伦理效用,也是相伴而生的,不可偏废。唯有如此,才能将专利制度的伦理效用发挥到极致,实现专利制度的技术革新之"善"与技术普惠之"善"的最大化。不仅如此,在"权利独占"与"技术公开"这两项基础制度设计之上,专利制度的历史演进也是不容忽视的问题。法的一切效力

---

〔1〕 参见卢风主编:《应用伦理学概论》(第2版),中国人民大学出版社2015年版,第4页;甘绍平、余涌主编:《应用伦理学教程》(第2版),企业管理出版社2017年版,第2页。

〔2〕 See Kali Murray, *A Politics of Patent Law: Crafting the Participatory Patent Bargain*, Routledge, 2012, p. 1-2.

都是当时历史总体状况的产物和缩影。[1] 专利制度作为科技、经济与法律相联结的产物,经历了从科学技术到知识产品再到财产权利的生命周期。[2] 在不同的历史时期,不同的科技、经济、社会背景也决定了专利制度的内容选择。[3] 相应地,与专利制度相关的伦理关系与道德观念也与所处的历史背景密切相关,并随专利制度的演进而不断转变。其中,近代专利制度的伦理互动主要表现为专利制度从初创到健全过程中,相关伦理关系与道德观念的同步形成;而现代专利制度的伦理协调则主要体现为专利制度由科技革命与产业革新所驱动的变革过程中,相关伦理关系与道德观念在随之转变的同时,为专利制度变革提供伦理保障,二者呈现出一种协调共生的良好关系。此外,专利制度演进中制度国际化水平的不断提高,也将专利制度相关的伦理关系提升至国际层面,需要通过国家间的磋商与协调,形成专利制度的伦理对话,达成专利制度的国际性伦理共识,从而实现专利制度与伦理之间的有机互动与充分协调。

---

〔1〕 参见[德]伯恩·魏德士:《法理学》,丁晓春、吴越译,法律出版社2013年版,第275页。

〔2〕 参见吴汉东:《科技、经济、法律协调机制中的知识产权法》,载《法学研究》2001年第6期。

〔3〕 参见刘磊:《专利制度演进的历史解读》,载《内蒙古大学学报(哲学社会科学版)》2017年第6期。

第二章 专利制度伦理问题的表现与成因

随着科学技术的飞速进步与经济社会的持续发展，专利制度被越来越广泛地应用于新兴技术的成果保护与相关技术的市场交易之中，成为技术创新与经济增长的重要制度保障。在世界各国科技和经济的竞争与较量中，专利技术，特别是科技含量较高的发明专利的拥有量，也成为衡量各国综合国力的关键指标。[1] 然而，在人们对专利制度的重视程度不断提升，并为其巨大积极效应而欢呼的同时，与专利制度相关的伦理难题也日渐增多，从新兴技术发展所带来的专利伦理挑战到市场运营异化所引发的专利伦理风险，科技与经济的巨大变革使专利制度面临着伦理层面的"不能承受之重"。专利制度中之所以会出现伦理问题，究其根本，是由于专利制度无法实现与新技术和新市场运营机制之间的伦理契合。毋庸置疑，科学技术更新换代之快与经济社会变革速率之高是造成这一情况的终极原因，但把专利制度伦理问题的产生直接归结到宏观上的科学技术与经济社会的进步和发展无疑是不适宜的，只有将归因范围限制在专利制度的理论框架与实践脉络之内才能找到真正的提供事实之理由。[2] 鉴于此，为明确专利制度伦理问题的成因，有必要从

---

〔1〕 参见胡倬：《初探专利制度对世界经济发展的贡献》，载《知识产权》2002 年第 5 期。

〔2〕 参见王一奇：《理由与提供理由的事实》，载谢世民主编：《理由转向：规范性之哲学研究》，台北，台湾大学出版中心 2015 年版，第 105 - 140 页。

专利制度中伦理问题的具体表现出发，详细梳理新兴技术发展所带来的专利伦理挑战和市场运营异化所引发的专利伦理风险，并以此为基础分别从制度正当性理论与具体制度运行实践两个层面着手，探寻专利制度伦理问题产生的理论缘由与实践出处。

第一节　科技革命与产业变革中的专利制度伦理问题

包括专利制度在内的整个知识产权制度是历经三百余年成长起来的制度文明典范，但也蕴含着潜在的制度风险。[1] 科技日新月异、经济节节攀升的当今社会在本质上是一个充斥着现代化挑战与全球化危机的风险社会，呈现出一种完全不同于传统社会稳定、固化状态的全新社会图景。[2] 在风险社会之中，专利制度也同样面临科技现代化与经济全球化的挑战，很多难以预计的制度风险会由此而来，现有的伦理准则与道德限制也会因此失效。[3] 在科技现代化过程中，新技术的不断增多致使专利制度的保护范围持续扩张，甚至突破了专利制度的伦理底线，而在经济全球化进程中，专利价值的与日俱增也带来了专利市场运营的工具性异化。这往往会有悖专利制度的基本伦理预设。一旦专利制度被人们以激励创新的名义无限滥用，形成对专利制度的盲目崇拜乃至迷信，在科技现代化与经济全球化中，专利制度对伦理准则与道德限制的突破之虞无疑会成为现实，专利制度的技术革新之“善”与技术普惠之“善”

---

〔1〕 参见吴汉东：《知识产权的制度风险与法律控制》，载《法学研究》2012年第4期。

〔2〕 参见［德］乌尔里希·贝克等：《风险社会与中国——与德国社会学家乌尔里希·贝克的对话》，邓正来、沈国麟等译，载《社会学研究》2010年第5期。

〔3〕 参见吴翠丽：《科技伦理：风险社会治理的应对之策》，载单继刚、甘绍平、容敏德主编：《应用伦理：经济、科技与文化》，人民出版社2008年版，第147页。

也都会为制度之“恶”所取代，甚至会引发远超过个人理解和掌控的风险范围的、威胁健康与安全的公共风险。[1]

在科技现代化过程中，科学技术的进步不仅深刻地改变着我们的生活，也影响着我们的行为以及态度，它带来一系列社会福利的同时，也引发了诸多的社会风险。[2] 作为科技研发与应用的重要保障机制，专利制度是技术福利充分发挥的法律工具，同时也是技术风险不断凸显的制度载体，尤其是20世纪中叶以来，新兴技术犹如雨后春笋一般层出不穷，由此而来的新兴技术专利保护问题使专利制度面临着巨大的变革压力。一般的制度滞后性问题通过法律修订或解释的方式可以克服，而新技术所引发的伦理性问题对专利制度而言则不是一个能够轻而易举解决的课题。从基因技术专利保护中的生命伦理争议[3]到人工智能自主发明创造专利保护中的人工智能能否作为“发明人”的伦理性讨论[4]，随着新技术的发展，相关的专利伦理难题接踵而至，虽掀起了激烈的社会论辩与学术争鸣，但却一直没有得出一个确切的答案。申言之，由新兴技术发展所带来的专利伦理难题，归根结底，是科技发展中的伦理问题在专利制度上的体现。无论是基因技术专利保护中的伦理问题，还是人工智能生成物专利保护中的伦理问题，都无出其右。就一项技术而言，伦理问题的核心在于其是否能够造福人类，推进人与自然及社会的协调发展，因而人们，尤其是科研人员在科学活动中也就

---

〔1〕 See Peter Huber, *Safety and the Second Best: The Hazards of Public Risk Management in the Court*, 85 Columbia Law Review 277 (1985).

〔2〕 See Daniel Berdichevsky, Erik Neuenschwander, *Toward an Ethics of Persuasive Technology*, 42 Communications of the ACM 51 (1999).

〔3〕 参见肇旭：《生物技术专利授权要件研究》，法律出版社2014年版，第10－11页。

〔4〕 See Erica Fraser, *Computers as Inventors—Legal and Policy Implications of Artificial Intelligence on Patent Law*, 13 Scripted: A Journal of Law, Technology & Society 305 (2016).

不可避免地面临着“能做什么”和“应做什么”的道德选择。[1] 而对专利制度来说，相应的道德选择也就是某项技术能否获得专利保护以及如何对其进行专利保护的伦理性考量。由此，为推进专利制度这一伦理性考量的有序开展，有必要以伦理问题较为突出的基因技术和人工智能技术为例，明晰专利制度在新兴技术发展中所面临的各种伦理挑战，以期从中挖掘出相关专利制度伦理问题产生的根本原因。

而在经济全球化进程中，专利制度作为促进与保护技术创新的关键性法律制度之一，在伦理层面突出表现为技术革新之“善”与技术普惠之“善”两项社会效用，但这并不是专利制度的全部功效，实现智力成果的市场化也是专利制度当仁不让的一大功能。[2] 因为无论是专利制度的技术革新之“善”，还是专利制度的技术普惠之“善”，都是以发明创造及技术成果充分实施并造福社会为根本目标。在市场竞争环境下，专利技术的转化运用无疑与经济利益直接挂钩，正如前世界知识产权组织总干事卡米尔·伊德里斯所说，“一项发明只有变得可具体实施并在市场推销时，它才具有经济价值”[3]。易言之，市场运营中专利制度的作用，在于保证发明创造与技术成果的可实施性，进而实现其在市场中的经济价值。专利制度与市场竞争间的密切关联，既是由专利制度推进技术实施的本质目标所决定，也是专利制度自身发展路径下的必然选择，因为专利制度萌发之初就是接近商事法律制度的，是商人自治和国家“重商

---

〔1〕 参见陈爱华：《科学伦理的哲学审思——基于认识论维度的追问》，载单继刚、甘绍平、容敏德主编：《应用伦理：经济、科技与文化》，人民出版社 2008 年版，第 107 页。

〔2〕 参见［日］富田彻男：《市场竞争中的知识产权》，廖正衡等译，商务印书馆 2000 年版，第 3 页。

〔3〕 ［苏丹］卡米尔·伊德里斯：《知识产权：推动经济增长的有力工具》，曾燕妮译，知识产权出版社 2008 年版，第 17 页。

主义”思维共同作用的产物。[1] 然而,实践中,市场上却往往充斥着许多企业不规范的专利运营行为,无论是否需要法律制裁,这些行为都并非专利制度本身所期冀的行为,而是由利用专利制度的方式所导致的行为。[2] 这些超越专利制度目标与宗旨的制度利用方式,是专利市场参与主体多元化、专利市场竞争激烈化的结果,其中很多是利益驱动下的投机行为,而它们则必将引发专利市场运营的异化,同时也会带来一系列的伦理问题。因为市场经济的伦理正当性在于它将道德与私利联系在一起,允许行为人同时遵守道德和有私利,而二者之间的平衡应有恰当的规则来保证。[3] 专利市场运营的异化无疑会致使协调道德与私利的市场规则出现失灵的情况,进而导致其中为追求私利而违反伦理道德的行为无法得到有效控制,加剧专利市场运营中的伦理风险。

一、基因技术专利保护中所凸显的伦理难题

基因技术作为现代生物技术的核心内容,为生物遗传密码的破解提供了关键的技术支撑,使人们能够从 DNA(脱氧核糖核酸)分子层面,以具有遗传效应的特定核苷酸序列为基础,认识和改良各种自然界中的生物体,甚至创造新的生物体。[4] 当下,基因技术正逐步由基因定序、分离纯化等基础研究向生物制药、基因治疗等临床应用发展,高昂的资金投入和巨大的市场风险促使人们开启了基

---

〔1〕 参见熊琦:《知识产权法与民法的体系定位》,载《武汉大学学报(哲学社会科学版)》2019 年第 2 期。

〔2〕 参见[日]竹中俊子主编:《专利法律与理论——当代研究指南》,彭哲等译,知识产权出版社 2013 年版,第 129 – 147 页。

〔3〕 参见[德]克里斯托夫·吕特格:《市场经济和伦理:秩序伦理和企业伦理》,载单继刚、甘绍平、容敏德主编:《应用伦理:经济、科技与文化》,人民出版社 2008 年版,第 7 页。

〔4〕 See Jocelyn E. Krebs, Elliott S. Goldstein & Stephen T. Kilpat – rick, *Lewin's Genes X*, Jones and Bartlett Publishers, 2009, p. 4.

因技术的专利保护尝试。[1] 从20世纪70年代“种子战争”(Seed Wars)所助推的《美国植物专利法案》修正案和《美国植物品种保护法案》最早将专利权扩展至有生命的物质开始,[2]美国以及德国、瑞士等欧洲国家相继在专利制度中接纳了基因技术,虽各国给予基因技术的保护范围与强度不尽相同,但大都承认了基因技术的专利客体地位,颠覆了一直以来理论界关于基因是全人类的共同遗产,不应当为专利权人所垄断的普遍认知。[3] 一般来说,人们为了获取某种特定的好处往往会决定容忍将来可能发生的风险。[4] 对基因技术的专利保护无疑也是基于这样的一种价值考量。但是,基因技术不同于一般的传统技术,具有高度的伦理相关性,人们为充分激励技术创造和分享技术福利,给予其以专利保护,相应地,人们也将面对一系列的伦理难题。其中不仅涉及生命伦理层面的工具化危险与优生学困境,还存在基因技术专利保护与基因者个人隐私保护、社会大众公共健康保护之间的伦理冲突。如不进行必要的控制,利用专利制度片面追求基因技术中所蕴含的福利与效益,必将引发基因技术专利保护中的伦理迷失,造成难以预测的社会危害与人类灾难。

(一)基因技术专利保护中的生命伦理挑战

专利保护为基因技术的研究与开发提供了有效的市场激励,使

---

〔1〕 参见李崇僖:《再探基因专利问题:美国经验省思》,载《月旦法学杂志》2014年第224期。

〔2〕 See Lara E. Ewens, *Seed Wars: Biotechnology, Intellectual Property, and the Quest for High Yield Seeds*, 23 Boston College International and Comparative Law Review 285 (2000).

〔3〕 See Adriane Scola, *Uncommon Genes, Unpatentable Subject Matter*, 34 Seattle University Law Review 909 (2011).

〔4〕 参见[德]格奥格·罗曼:《道德公正性和文化的特殊性——论道德责任的局限》,载单继刚、甘绍平、容敏德主编:《应用伦理:经济、科技与文化》,人民出版社2008年版,第293页。

基因技术的研发者能够将其研究成果投入市场并获得收益。巨大的经济利益则进一步诱发了基因资源产权化和生物繁殖工程化，使基因技术逐步向产业化的方向发展。但与此同时，在基因技术专利保护中，技术与伦理之间的冲突也日益凸显。在基因资源产权化的过程中，"人"不再是充满神秘感的主体，人体奥秘被逐步破解，如基因序列等从人体中分离出来的部分也被当作"物"来看待，甚至成为产权化的资产，日益呈现出"人"的工具化倾向；在生物繁殖工程化的过程中，优生学理论与基因技术等先进的生物技术相结合，使优生战略进入了新的阶段，同时也带来了一系列的伦理风险。

第一，基因资源产权化过程中的工具化危险，是指每一个人，即基因携带个体，都被当作基因专利技术不断发展进步的工具，为基因专利技术的研发提供必要的来源支持和物质保障。从医学角度讲，基因是人体中具有特定遗传效应的 DNA 分子的一个片段。[1]给予基因技术以专利保护，在很大程度上意味着将人体的部分授予专利，为权利人所独占。因而，在基因技术专利化趋势的影响下，人的工具化也就意味着个体已经变成了一个单纯的基因("好"基因或"坏"基因)携带者，其"价值"应当首先或者仅仅根据他对基因池质量的贡献加以度量。[2] 诚然"人"的工具化思想是激励基因技术创新、推进基因专利保护的基础与前提，但是，这种工具化思想也是极其危险的，一旦"人"的工具属性被绝对化了，就将突破生命伦理的底线，人类将无法有尊严地自由生活。进言之，绝对的"人"的工具化，意味着将"人"或者其组成部分作为"物"来对待，为推进技术进步和实现利益的最大化，对"人"的使用可以不受任何限制。这无疑是对生命伦理中"人"这一自然体的神圣性理念的颠覆，更是对宪

〔1〕 参见王卫国主编：《基础医学概论——基础医学课程的整合》，人民卫生出版社 2008 年版，第 53 页。

〔2〕 参见[德]库尔特·拜尔茨：《基因伦理学：人的繁殖技术化带来的问题》，马怀琪译，华夏出版社 2000 年版，第 283 页。

法所保障的“人”之基本权利的践踏。如果不加以限制，任由工具化趋势的蔓延，必将使人类长期发展中形成的生命伦理功能受到贬损，导致人失去在社会上生存与发展的伦理基础，从而无法获得应有的尊严与关爱。[1]

第二，生物繁殖工程化过程中的优生学困境，主要表现为产权化的基因技术所引起的优生战略异化。当前，传统的“消极优生学”理论正逐步被以基因技术为基础来增加体力或智力更佳者的出生率或改良人种的“积极优生学”理论取代。[2] 优生优育不再是一种预防性的消极行为，而是在基因技术等技术手段的积极干预下进行的积极行为。而技术手段的采用也使人类拥有了决定生命产生与否以及改善健康水平和智力水准等生命的具体状态的选择权。[3] 随着相关技术逐步为专利法所接纳，成为专利权的客体，优生战略的实施也很可能会受制于专利权人。然而，这并不是优生学所面临的最大危机，更严重的是别有用心者突破生命伦理的界限，以专利许可的形式推行片面的优生政策，这可能会给人类社会带来不可逆转的巨大损害。例如，纳粹德国以优生学为名所实行的种族灭绝政策与美国的绝育和歧视性的移民政策，都是一种片面的优生政策。[4] 而在专利技术的外衣下，滥用优生学理论的行为变得更加隐蔽和难以防范。此外，还需要特别注意的是，基因技术在人类生

---

〔1〕 参见刘鑫：《刍议基因技术专利化的伦理争议》，载《河北北方学院学报（社会科学版）》2016年第2期。

〔2〕 “消极优生学”是指防止有遗传疾病孩子出生的科学；“积极优生学”是指用医学遗传学技术改善后代遗传质量，增加体力或智力更佳者的出生率或改良人种的科学。参见王延光：《优生学与克隆技术研究的伦理争议》，载《哲学动态》2000年第8期。

〔3〕 参见［德］库尔特·拜尔茨：《基因伦理学：人的繁殖技术化带来的问题》，马怀琪译，华夏出版社2000年版，第21页。

〔4〕 参见蒋功成：《伪科学，坏科学？——优生学所受到的批判及其分析》，载《科学技术与辩证法》2007年第5期。

殖中的应用极可能会弱化父母子女的生物学基础，改变传统伦理道德中爱情与生殖统一的情形，甚至衍生出"技术父母"的概念。[1] 尤其在当下基因技术专利保护的背景下，生殖过程也在一定程度上被财产化了，这在很大程度上突破了人们固有的家庭伦理观念。

（二）基因技术专利保护中的伦理冲突问题

在当今"亲专利"（pro－patent）的时代背景下，基因技术的专利保护是一种必然的趋势。而基因技术相关产业研发投入高和仿制成本低的特征，也使之相比其他技术类型更加契合，也更加需要专利保护与专利激励。[2] 但是，基因技术与自然生命的高度相关性却造成了专利保护的伦理阻碍，一方面在技术研发中所收集与获取的基因资源和信息往往与基因者的个人隐私之间存在交集，难以将二者完全剥离开来，因而也就产生了基因技术专利保护与基因者个人隐私保护之间的伦理纠葛；另一方面在技术应用中基因技术一般会转化为基因检测、基因治疗、基因药品等实践形式，专利权人对基因技术的垄断也当然会演变为对基因技术各种实践形式的控制，影响基因治疗、基因药品对普通社会公众的可及性，进而造成基因技术专利保护与社会大众公共健康保护之间的伦理矛盾。

第一，基因技术专利保护与个人隐私保护之间的伦理纠葛，是基因技术专利保护与个人利益相冲突所引发的伦理问题。基因技术的发展给人们更深刻、更全面的认识自身的机会，也使人们自己的身体没有任何秘密可言，直接或间接地增加隐私权的侵权风险。基因技术的专利化则进一步催生了基因信息商品化和基因资源产权化。[3] 而基因却不只是一个"物"而已，它带有生命潜能（life

[1] 参见吴文新：《生殖医学的伦理目的和技术手段——兼论爱情、性行为与繁殖的统一》，载《北京电子科技学院学报》2004 年第 1 期。

[2] 参见肇旭：《Myriad 案与基因专利的未来》，载《河北法学》2014 年第 1 期。

[3] See Paul M. Schwartz, *Property*, *Privacy*, *and Personal Data*, 117 Harvard Law Review 2056 (2004).

potential),而且更重要的是它带有原基因者的基因信息(genetic information)。[1] 因而,在基因技术专利保护过程中,基因者的基因信息作为技术研发的基础资源,无疑会在一定程度上为专利权人所占用并为专利权人所公开,致使基因者的隐私权益受到影响。具言之,某一基因片段或序列要想获得专利保护,权利人必须主动将相关技术内容完全公开,给予其他人学习和了解先进技术的机会。[2] 而就其中包含的隐私信息而言,无论是主动公开还是被动公开,都将使隐私变成公知,以致隐私权所保护的法益不复存在。权利人主动公开隐私信息或同意他人公开其隐私信息,意味着权利人对隐私权的自愿放弃;[3] 未经允许公开他人隐私的行为是一种侵权行为,隐私本身就具有不被他人知晓的含义,一旦被公开,权益必将受到损害,且不可恢复。[4]

第二,基因技术专利保护与公共健康保护之间的伦理矛盾,是基因技术专利保护与公共利益相冲突所造成的伦理问题。长期以来,医疗、药品专利保护与公共健康维护之间存在难以调和的矛盾,在实践中相关专利往往为发达国家所拥有,公共健康问题则在广大发展中国家表现得更为突出,进而致使这一矛盾演变为发达国家与发展中国家之间的矛盾。由于发达国家在基因技术研发上的绝对优势,随着基因治疗、药品市场应用的不断增多,发达国家以基因专利为基础的垄断地位得到进一步增强。因而,为避免发展中国家采用制造和进口通用药品的方式规避专利保护,向其国民提供廉价药

---

〔1〕 参见颜厥安:《鼠肝与虫臂的管制——法理学与生命伦理探究》,北京大学出版社 2006 年版,第 25 页。

〔2〕 See Jason Rantanen, *Patent Law's Disclosure Requirement*, 45 Loyola University Chicago Law Journal 369 (2013).

〔3〕 参见[美]路易斯·D. 布兰代斯等:《隐私权》,宦盛奎译,北京大学出版社 2014 年版,第 11 页。

〔4〕 See James Q. Whitman, *The Two Western Cultures of Privacy: Dignity Versus Liberty*, 113 Yale Law Journal 1151 (2004).

品，以美国为首的发达国家在知识产权协定中设置了必须对医药产品和方法授予专利的国际义务。[1] 如此一来，发展中国家也就必须通过支付高昂的专利许可费来生产医药产品，而医药产品价格的上涨无疑会使发展中国家很多经济能力较弱的人无法获得治疗疾病所必需的医疗与药品，基因药品等高端药品对他们而言更加遥不可及，进而引发公共健康危机。诚然，随后的世界贸易组织多哈回合谈判为解决《TRIPS 协定》框架下基因专利与公共健康之间的矛盾提供了契机，该协定在药品专利保护中设置了公共健康的例外。[2] 但是，从民主决定正统化的危险性来看，由于基因技术等与制药相关的先进技术为少数发达国家所控制，在相关国际规则的制定与运行中，集中在少数发达国家、容易被组织化的突出利益，相对于分散在多数发展中国家、不易被组织化的普遍利益来说，往往更容易被反映出来。[3]

二、人工智能技术发展所带来的专利伦理困境

人工智能作为当今最为前沿的技术类型之一，动摇了人们长期以来对技术的工具性认知，即人工智能不仅仅是人类进行工作的辅助工具，它具备自主进行创造与研究的能力，呈现出代替人们进行工作的趋势。这种脱离人类控制与干预的自主性，是其与早先技术相比的根本区别所在，也正是这一特殊属性给予人工智能以代替人

---

〔1〕 参见冯洁涵：《全球公共健康危机、知识产权国际保护与 WTO 多哈宣言》，载《法学评论》2003 年第 2 期。

〔2〕 See Graham Dutfield, *Delivering Drugs to the Poor: Will the TRIPS Amendment Help*, 34 American Journal of Law & Medicine 107 (2008).

〔3〕 参见［日］田村善之：《知识产权法政策学初探》，载［日］田村善之：《田村善之论知识产权》，李扬等译，中国人民大学出版社 2013 年版，第 5－6 页。

类独立进行技术研发的能力。[1] 目前，人工神经网络、基因编程技术、智能机器人等主要的人工智能技术模型，都已具备了自动生成符合专利授权要求的发明创造的能力。美国泰勒（Thaler）博士在20世纪末以人工神经网络为基础所发明的人工智能“创意机器”（Creativity Machine），便可生成具有可专利性的技术方案；[2] 美国Koza博士以基因编程为基础发明的人工智能“发明机器”（Invention Machine），也独立生成了多项获得专利法保护的技术成果；[3] 美国国际商业机器（IBM）公司所研发的智能机器人“沃森”（Watson），更是能够完成个性化菜单生成等诸多可以被授予专利权的创造性工作。随着人工智能在实践中应用的不断增多，人工智能所生成的发明创造能否为专利法所接纳，无疑成为专利制度不得不面对的一个新的课题，但人工智能主体资格的缺失却使专利制度面临巨大的伦理障碍。人工智能作为人类创造物，本身即为法律客体，其所生成的发明创造，则为客体生成之客体，若要给予人工智能生成发明创造这一次级客体以专利保护，便会衍生出谁是适格的发明人以及谁又是相应专利权人等权责配置的伦理难题；若不给予其以专利保护，相关发明成果进入公有领域，也会引发有损专利效力的稳定性和技术创新的延续性的伦理风险。

---

[1] See Matthew U. Scherer, *Regulating Artificial Intelligence Systems: Risks, Challenges, Competencies, and Strategies*, 29 Harvard Journal of Law & Technology 363 (2016).

[2] Creativity Machine 所生成的技术方案已获得美国专利保护，如 U. S. Patent No. 5,659,666 (filed Oct. 13, 1994); U. S. Patent No. 5,852,815 (filed May 15, 1998)。为了避免专利申请不被驳回，Thaler 博士在前述两项专利中将自己作为发明人申请专利，并未披露“真正的发明人”—— Creativity Machine。See Ryan Abbott, *I Think, Therefore I Invent: Creative Computers and the Future of Patent Law*, 57 Boston College Law Review 1085 (2016).

[3] See John R. Koza, *Human – Competitive Results Produced by Genetic Programming*, 11 Genetic Programming & Evolvable Machines 251 (2010).

（一）伦理困境之根源：人工智能法律主体资格缺失的伦理争议

人工智能法律主体资格的缺失是制约其生成发明创造、获得专利保护的根本阻碍，也是相关伦理争议的焦点所在。一般来说，科技发明成果的创造，无论是研发模式的选择，还是具体步骤的确立，都离不开发明人等研发主体的筹划，这不仅是主体对"纯"事实亦即"是其所是"的抽象，而且是主体受所处的一定社会认识目的和价值机制亦即"应是其所是"影响所作出的选择。[1] 人工智能"数据＋算法"的运行模式使其能够脱离主体的筹划进行自主发明，但人工智能归根结底并不是"人"，只是一个人类创造物，其自身并不具有对其发明创造的目的和价值进行完全认知的自由意志。[2] 进言之，这种进行发明创造的自由意志不局限于自主创新的创造力层面，而是与道德责任、创造力、自尊和幸福等诸多因素相关的一种心理倾向。[3] 在此基础上，意志的自由与否则受到创新、道德等既有意识改写无意识心灵预置行为的影响，而这也是意志自由的心灵根基所在。[4] 人工智能本身并没有进行创造的自由意志，其生成发明创造是算法与数据共同作用的结果。[5] 进一步从人工智能生成发明创造的目的看，人工智能的工作运转是为满足人类的需求，而

---

〔1〕 参见陈爱华：《科学伦理的哲学审思——基于认识论维度的追问》，载单继刚、甘绍平、容敏德主编：《应用伦理：经济、科技与文化》，人民出版社 2008 年版，第 101 页。

〔2〕 参见刘鑫：《人工智能创造物知识产权保护的正当性释疑——黑格尔"财产权人格学说"下的理论证成与制度调适》，载《科技与法律》2020 年第 6 期。

〔3〕 参见董蕊、彭凯平等：《自由意志：实证心理学的视角》，载《心理科学进展》2012 年第 11 期。

〔4〕 参见费多益：《意志自由的心灵根基》，载《中国社会科学》2015 年第 12 期。

〔5〕 See Pamela Samuelson, *Allocating Ownership Rights in Computer - Generated Works*, 47 University of Pittsburgh Law Review 1195 (1986).

非人工智能自身的意志需要。[1] 这不仅有悖科学研究中怀疑态度上完全的精神自由的哲学基础,[2]也超越了专利制度框架下发明由“人”自由意志主导进行创造的伦理预设,形成了对传统民法理论下专利主体、客体框架的巨大冲击。[3]

诚然,随着科学技术功利目的增加,科学技术的工具理性不断膨胀,而价值理性日渐失落,[4]相应地,专利制度对发明生成方式的限制日益减少,伦理标准也逐步降低,尤其是在基因技术出现后,作为人体组成部分的基因序列也被纳入具有可专利性的主题之中,但是,专利制度保护人类努力所形成发明创造的主体性要求却一直没有改变。[5] 而人工智能法律主体资格的缺失性无疑为人工智能生成发明创造进入专利保护框架,构筑了高高的“伦理争议之墙”,严重制约着人工智能生成发明创造的有效法律规制。为此,国内外学者们纷纷提出创设一种新的人工智能法律人格的立法设想,直接将人工智能作为相关发明创造的发明人。[6] 以罗马法将多人组成之“社团”等同于人并赋予其以人之资格的法人制度为例,[7]社团

[1] See Tom G. Palmer, *Are Patents and Copyrights Morally Justified: The Philosophy of Property Rights and Ideal Objects*, 13 Harvard Journal of Law & Public Policy 817 (1990).

[2] 参见[法]克洛德·贝尔纳:《实验医学研究导论》,夏康农、管光东译,商务印书馆1991年版,第38-40页。

[3] 参见吴汉东:《人工智能时代的制度安排与法律规制》,载《法律科学(西北政法大学学报)》2017年第5期。

[4] 参见吴翠丽:《科技伦理:风险社会治理的应对之策》,载单继刚、甘绍平、容敏德主编:《应用伦理:经济、科技与文化》,人民出版社2008年版,第152页。

[5] See John R. Thomas, *The Patenting of Liberal Professions*, 40 Boston College Law Review 1139 (1999).

[6] See Colin R. Davies, *An Evolution Step in Intellectual Property Rights—Artificial Intelligence and Intellectual Property*, 27 Computer Law & Security Review 601 (2011).

[7] 参见[意]彼德罗·彭梵得:《罗马法教科书》(修订版),黄风译,中国政法大学出版社2005年版,第39页。

的法律人格并非真正存在的人格，而是一种法律拟制，但在这种法律拟制人格的背后实质上是蕴藏着潜在自然人人格的，从某种程度上说其无疑是自然人人格的一种延伸。针对人工智能自主创新模式创设相应的人工智能法律人格，虽为一种立法设想，但其同社团法人人格的拟制异曲同工，人工智能法人人格无疑也是其背后智能软件创造者、核心数据提供者等相关主体的法人人格或者自然人人格的一种特殊彰显。不仅如此，二者在功能上也具有高度相似性，即二者都是围绕一定的核心协议而建立的，社团法人表现为章程，人工智能则体现为算法。[1] 虽然人工智能主体资格缺失所带来的专利保护困境可以就此化解，但这一赋予人工智能法律人格的设想并未形成理论共识，对赋予人工智能法律人格仍有很多伦理层面的质疑与担忧，如就有学者曾提出将人工智能拟制为法律主体的设想缺乏现实必要性与可行性，并且会带来人的价值贬抑和物化、异化的伦理危险。[2]

（二）伦理困境之具象：人工智能生成发明成果专利保护的伦理难题与风险

人工智能主体资格缺失的特性，是对其生成发明成果予以专利保护之伦理争议的根源所在。而在具体的法律规制过程中，基于可专利性判断标准的技术导向性，这一伦理困境往往会以可专利性判断的肯定或否定结果为基础，演变为相关技术方案获得专利保护后权责分配的伦理难题，以及引发其进入公有领域后专利效力的稳定性不足和技术创新的延续性缺乏的伦理风险，下文将分述之：

在人工智能生成发明成果的可专利性判定中，若答案是肯定的，即意味着人工智能所生成的发明成果是专利法所保护的发明成

[1] 参见朱程斌：《论人工智能法人人格》，载《电子知识产权》2018 年第 9 期。

[2] 参见龙文懋：《人工智能法律主体地位的法哲学思考》，载《法律科学（西北政法大学学报）》2018 年第 5 期。

果，相应的权利人应当被授予一定期限的独占权利。然而，新的问题也由此产生，即人工智能生成发明成果专利权责分配的伦理难题。基于人工智能主体资格的缺失，人工智能生成发明成果的权责分配也就集中于编程者、使用者、数据提供者等对最终发明成果的生成做出了贡献的主体之间。虽然，相关主体做出的贡献都是最终发明成果顺利生成的必要条件，甚至缺一不可，但是，这些主体之中却没有任何一方完全参与智力成果的创造行为之中。进言之，无论是编程者、使用者，还是数据提供者，都具备成为人工智能生成智力成果专利权人的自身依据，但这都不足够充分，由此便产生了编程者、使用者、数据提供者等相关主体之间关于人工智能生成发明成果专利权归属的伦理争执。[1] 无独有偶，一旦人工智能所生成的发明成果存在专利侵权，编程者、使用者、数据提供者等各方主体之间的责任推诿也将是一大伦理难题。[2] 基于人工智能生成技术方案的自动性，在实践中若出现专利侵权问题，往往难以辨别是由哪一主体的工作纰漏所导致，也难以鉴别发明中组成部分的来源，进而加剧了侵权责任承担者的判断难度。[3] 概言之，编程者、使用者、数据提供者都不是专利侵权行为实施者，他们也都可以因此抗辩以拒绝承担侵权责任。

在人工智能生成发明成果的可专利性判定中，若答案是否定的，则意味着人工智能所生成的发明成果被排除在专利法的保护范围之外，进入公有领域，则沦为现有技术。但这并不意味着人工智能所生成的技术方案与专利法毫无关系，一旦公有领域中大量充斥

---

〔1〕 参见刘鑫：《人工智能对知识产权制度的挑战与破解——洛克“财产权劳动学说”视角下的路径选择》，载《云南社会科学》2020 年第 6 期。

〔2〕 参见曹建峰、祝林华：《人工智能对专利制度的影响初探》，载《中国发明与专利》2018 年第 6 期。

〔3〕 See Liza Vertinsky, Todd M. Rice, *Thinking About Thinking Machines: Implications of Machine Inventors for Patent Law*, 8 Boston University Journal of Science & Technology Law 596 (2002).

人工智能所生成的现有技术,势必会造成严重影响专利效力稳定性和技术创新延续性的伦理风险。具言之,大量人工智能生成的技术方案进入公有领域,会使专利法陷入不断增加的海量文献之中,无疑会降低已授权专利技术的创造性水平,引发专利技术的无效风险,[1]进而严重影响专利技术市场价值,减少专利权人在许可使用和侵权诉讼过程中的议价能力。[2] 不仅如此,人工智能生成技术方案进入公有领域后对专利效力稳定性的侵蚀,甚至还会引发恶意增加现有技术致使他人专利无效的机会主义行为,毕竟利用现有技术使一项专利技术无效的成本远小于研发一项新的专利技术的成本。[3] 此外,在市场主体利用人工智能生成防御性现有技术布局于其核心专利周边的过程中,会出现人工智能生成的相关现有技术虽进入公有领域,但由于和受保护的专利技术密切相关而无法为社会公众所自由使用的情况,造成对后续创新的巨大阻碍,严重背离了专利法的制度宗旨。[4] 因此,可以说,人工智能大量生成技术方案进入公有领域成为现有技术的情况,对专利制度而言也是一种巨大的伦理挑战,不仅会使专利市场竞争失序,还会带来专利制度成本增加,乃至专利制度价值扭曲等一系列法律运行难题与伦理风险。[5]

---

〔1〕 See Mark A. Lemley, Carl Shapiro, *Probabilistic Patents*, 19 Journal of Economic Perspectives 76 (2005).

〔2〕 See Alan C. Marco, Saurabh Vishnubhakat, *Certain Patents*, 16 Yale Journal of Law and Technology 106 (2013).

〔3〕 See Erica Fraser, *Computers as Inventors—Legal and Policy Implications of Artificial Intelligence on Patent Law*, 13 SCRIPTed: A Journal of Law, Technology and Society 305 (2016).

〔4〕 See Ben Hattenbach, Joshua Glucoft, *Patents in an Era of Infinite Monkeys and Artificial Intelligence*, 19 Stanford Technology Law Review 32 (2015).

〔5〕 参见吴汉东、张平等:《人工智能对知识产权法律保护的挑战》,载《中国法律评论》2018 年第 2 期。

三、专利技术市场运营乱象中隐含的伦理挑战

随着专利技术商业化、产业化程度不断提升，专利不仅是保护发明创造成果的法律机制，更是激励社会创新投入的一种市场驱动力。[1] 专利权人通过对特定发明创造财产权利的一定期限的排他占有，实现在某一或某些领域的持续性技术领先，并以此为基础取得降低成本、产品升级等相应的市场竞争优势。[2] 易言之，对某一技术领域中核心专利的独占意味着对相应产品或服务市场的掌控。由此，为了给予市场主体以更多的技术创新激励，专利制度对发明创造的保护日益泛化，也日渐强化。[3] 这既是技术领先者参与市场竞争的利益诉求，也是专利市场运营的必然结果。然而，在专利市场运营蓬勃发展的同时，负面影响也随之产生，即专利制度的市场竞争工具属性与日俱增，成为市场主体维护自身市场竞争地位和打压竞争对手的利器，存在影响正常市场竞争秩序的潜在风险。因为对市场中关键技术成果的过度专利控制，往往会制约该技术成果的转化运用以及在该技术成果基础上的后续创新。[4] 不仅如此，专利对于市场竞争秩序的影响还会因不同产业中创新模式的不同而有所差异。[5] 例如，在计算机、通信设备等“复合型产品产业”中，最终产品往往涉及多项专利技术，这些专利技术也往往由多个

---

〔1〕 See Robert P. Merges, Peter S. Menell & Mark A. Lemley, *Intellectual Property in the New Technological Age*, 6th edition, Aspen Publishers, 2012, p. 131.

〔2〕 See Mark A. Lemley, Carl Shapiro, *Probabilistic Patents*, 19 Journal of Economic Perspectives 75 (2005).

〔3〕 See Edmund W. Kitch, *The Nature and Function of the Patent System*, 20 Journal of Law & Economics 265 (1977).

〔4〕 See Arti Kaur Rai, *Evolving Scientific Norms and Intellectual Property Rights: A Reply to Kieff*, 95 Northwestern University Law Review 709 (2001).

〔5〕 See Mark A. Lemley, *Reconceiving Patents in the Age of Venture Capital*, 4 Journal of Small and Emerging Business Law 139 (2000).

市场主体分别掌控，市场主体间激烈的专利竞赛则往往会进一步引发以大量专利层叠为表现形式的“专利丛林”（Patent Thickets）困境；而在药品、化学产品等“分离型产品产业”中，最终产品往往是由单一专利所构成，相应的专利技术也由特定市场主体所独占，该市场主体往往会以该技术为中心构建“专利围墙”以阻挡替代产品产生，巩固自身在市场中的支配性地位，进而造成以技术片面独占为表现形式的“反公有地”（Anti – commons）悲剧。[1] 无论是“专利丛林”“反公有地”，还是其他专利市场运营中的乱象，无疑都是背离专利制度的目标与宗旨的。虽然在市场竞争过程中，专利权人不受外部限制的技术独占可以使其获得充分的市场竞争优势，并由此取得最大的利益，但这样的获益意味着专利制度伦理水准的倒退。[2] 若不对这些乱象加以控制，则必将使专利制度陷入更深的伦理窠臼，沦为阻挠技术革新与技术普惠的“恶”制度。

（一）“专利丛林”困境中的伦理隐患

“专利丛林”（Patent Thickets）是指两个或两人以上的发明人或相关人对某一技术或该技术的某一技术层面均享有专利权的情形。[3] “专利丛林”困境一般出现在“复合型产品产业”中，由于最终产品之上的诸多专利技术分属不同的市场主体，在市场竞争中各主体之间既相互掣肘，但又不得不相互依赖，专利劫持、反向劫持、

---

〔1〕 参见［美］J. M. 穆勒：《专利法》（第3版），沈超等译，知识产权出版社2013年版，第25页。

〔2〕 参见［德］鲁德格·霍内费尔德：《科学和伦理：面临生物学、基因技术和医学挑战我们肩负的责任》，载单继刚、甘绍平、容敏德主编：《应用伦理：经济、科技与文化》，人民出版社2008年版，第88页。

〔3〕 See Carl Shapiro, *Navigating the Patent Thicket: Cross Licenses, Patent Pools, and Standard Setting*, 1 Chapter in NBER book Innovation Policy and the Economy 119 (2000).

叠加许可等问题也频频发生。[1] 如图 2－1 所示，最终产品 P 中包含了分别属于甲、乙、丙、丁的 A、B、C、D 四项专利技术的全部和部分内容，因而在产品 P 的生产过程中，甲、乙、丙、丁必须相互实现专利技术的交叉许可，否则将构成专利侵权。而实践中，“专利丛林”困境的表现形式无疑会更加复杂，涉及的专利技术往往数以百计，很难取得专利权人的一致许可，而且众多专利权人之间很可能存在专利纠纷，这更增加了最终产品合法制造的难度。[2]

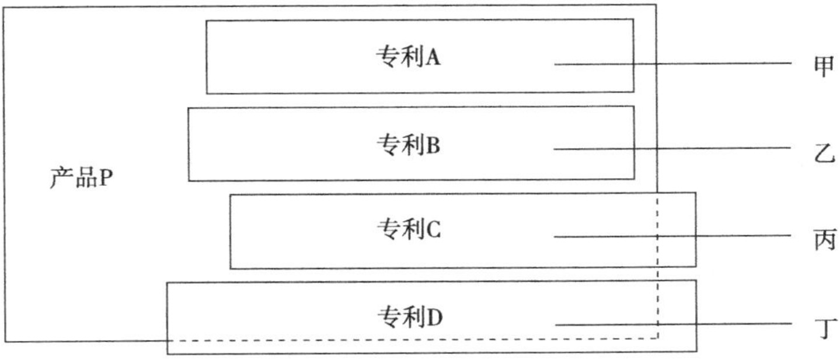

图 2－1　“专利丛林”困境

“专利丛林”困境的出现是“复合型产品产业”所不可避免的。因为在计算机、通信设备等“复合型产品产业”中，创新本身就是相继的、互补的，技术的研发是以快速的模仿和改进为主要表现形式的。[3] 而在对这些迅速更新换代的发明、方法进行专利保护的过程中，也就难免在同一技术领域中会出现不同专利技术在保护范围上的平行或重合。不仅如此，计算机、通信设备等技术领域中，专利

〔1〕 参见袁晓东、侯帆：《专利丛林：内涵、测量与解决机制》，载《知识产权》2019 年第 6 期。

〔2〕 参见刘鑫：《TPP 背景下基因药品专利池之构建、管理与运行》，载《电子知识产权》2015 年第 11 期。

〔3〕 See James Bessen, Eric Maskin, *Sequential Innovation*, *Patents*, *and Imitation*, 40 Rand Journal of Economics 613 (2009).

权利要求的抽象性也是造成“专利丛林”困境的一大原因。[1] 由于在专利制度的设计中适格的专利技术需要与现有(专利)技术相区别,[2]而技术描述的抽象性则会使专利技术之间的重叠变得更为隐蔽,使人难以辨别。这样一来,各个市场主体相互之间的依赖性与制约性也就变得更强,一旦他们相互之间行使交叉否决权,无疑会将知识获取的进路堵死,[3]进而产生对创新进程的逆向效果,致使专利制度从技术革新之“善”沦为阻碍创新之“恶”。[4] 进言之,在“专利丛林”困境中,专利制度所面临的核心问题在于各市场主体之间的专利权利纠葛,唯有将他们之间相互平行或重合的专利技术进行有效的交叉许可,才能在“专利丛林”中确保各市场主体间的伦理协调,保证“复合型产品产业”中最终产品的顺利生成,实现专利制度向技术革新之“善”的伦理回归。

(二)“反公有地”悲剧中的伦理冲突

“反公有地”是指专利技术方案为少数专利权人所垄断而严重制约社会公众原本应有的知识共享的情况。[5] “反公有地”悲剧往往发生在“分离型产品产业”中,由于最终产品之上专利技术的单一性,掌控专利技术的市场主体往往会以专利技术为基础形成对相关市场的支配。而拥有关键性专利技术的市场主体则往往会以其现有专利为基础,生成外围专利并构筑“专利围墙”,防止新的主体进

---

〔1〕 See Rosa Maria Ballardini, *The Software Patent Thicket: A Matter of Disclosure*, 6 Scripted 207(2009).

〔2〕 参见尹新天:《中国专利法详解》(缩编版),知识产权出版社 2012 年版,第 529 页。

〔3〕 See Emanuela Arezzo, Gustavo Ghidini, *Biotechnology and Software Patent Law*, Edward Elgar Publishing Limited, 2011, p.42 –45.

〔4〕 参见金泳锋、黄钰:《专利丛林困境的解决之道》,载《知识产权》2013 年第 11 期。

〔5〕 See Michael A. Heller, *The Tragedy of the Anticommons: Property in the Transition from Marx to Markets*, 111 Harvard Law Review 621 (1998).

入该市场，与其形成竞争。[1] 如图 2－2 所示，一项基础专利通过改进和延伸，可以生成外围专利 A、外围专利 B、外围专利 C 等多项外围专利，并可以由此构造一个基本技术和相关技术联结的专利网，形成一个有效维护技术与市场优势的“专利围墙”。在实践中，相关情况无疑会更加复杂，基础专利所衍生出的外围专利并不局限于图中外围专利 A～H 八种类型，只要技术领域足够宽广，一项基础专利生成数以千计的外围专利也不在话下。不仅如此，将所生成的某项外围专利作为基础专利再次向外扩展，仍可生成大量的次级外围专利，进而形成更为复杂的专利网络，构筑起更为坚实的“专利围墙”。[2]

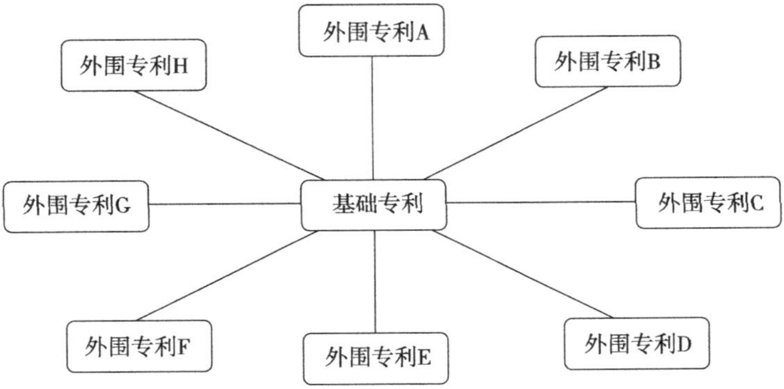

图 2－2　“专利围墙”现象

“反公有地”悲剧的发生，也是“分离型产品产业”的特性所导致的，尤其是在制药业产业中，远超过产品研发的市场转化费用与

---

〔1〕 See Mark A. Lemley, *Reconceiving Patents in the Age of Venture Capital*, 4 Journal of Small and Emerging Business Law 141 (2000).

〔2〕 参见秦健、刘鑫：《人工智能专利技术市场运营的风险与应对》，载《电子知识产权》2019 年第 2 期。

难度，极大地加剧了制药企业严格把控核心专利的诉求。[1] 因而，药品以及化学品等“分离型产品产业”中，市场主体往往会对其拥有的专利技术进行严格控制，通过建构“专利围墙”等方式，强化专利排他效力，维护市场主导地位。除此之外，“反公有地”悲剧在某种程度上也会由“专利丛林”引发，即在错综复杂的专利丛林中，各市场主体以相互平行或重合的专利技术互相牵制的同时，也都将专利技术的应用牢牢掌控在手中，如其中一方否决交叉许可，其他各方均无法直接生成最终产品。[2] 毋庸置疑，市场主体对专利技术的严格把控可以使技术优势有效转变为市场优势，但是这也带来了相应的负面影响。其他市场主体往往无法突破“专利围墙”获取专利技术，在很大程度上制约了后续创新的展开。这无疑是背离专利制度的设立初衷的，严重制约了专利制度技术普惠之“善”的发挥。专利权并不是涉及发明的一切使用方式的排他权，专利的排他权只涉及发明的商业性使用，专利权人并没有垄断发明而控制后续创新的权力。[3] 进言之，市场主体在利用其专利技术获取市场收益的过程中，必须有所节制，不能有损社会公益，特别是专利药品市场运营中的公共健康保障，实现专利市场效益与社会公共利益之间的伦理调和，保证专利制度的技术普惠之“善”。

四、非专利实施主体日渐增多引发的伦理风险

在专利市场化的发展进程中，专利作为促进与保护发明创造的法律机制，逐步从激励创造的市场驱动衍生为市场主体开展投资与

---

〔1〕 See Mark A. Lemley, *The Myth of the Sole Inventor*, 110 Michigan Law Review 744 (2012).

〔2〕 See Michael A. Heller, Rebecca S. Eisenberg, *Can Patents Deter Innovations? The Anticommons in Biomedical Research*, 280 Science 698 (1998).

〔3〕 See Emanuela Arezzo, Gustavo Ghidini, *Biotechnology and Software Patent Law*, Edward Elgar Publishing Limited, 2011, p. 103 - 104.

兼并等活动的一种市场信号,[1] 如一些小型科技研发主体为吸引投资,往往就会在技术进程很早的阶段申请专利,从而为投资者提供专利信号。[2] 专利的市场信号化,不仅是市场对专利价值的一种认可,也是专利交易市场繁荣的一种表现。然而,专利市场运行的持续推进也引发了"专利丛林"困境、"反公有地"悲剧等一系列的人造风险。[3] 无独有偶,在专利市场交易蓬勃发展的同时,专门从事专利技术交易与转让的专利中介,即所谓的"非专利实施主体"应运而生,并随着专利技术市场化水平的提升而不断增多,相应的市场风险与伦理困境也随之日渐突出,并涌现出抑制技术创新、阻碍经济增长等一系列的副作用。[4]

"非专利实施主体"(Non - practicing Entities,NPEs)最初由美国联邦贸易委员会在2003年的《促进创新:竞争和专利法律政策适当平衡》(*To Promote Innovation: The Proper Balance of Competition and Patent Law and Policy*)报告中提出,其是指申请或者购买专利技术却不去实施也没有意向实施,仅仅通过专利许可或者诉讼获取收益的市场主体。[5] 一般来说,"非专利实施主体"往往被认为与俗称的"专利蟑螂""专利流氓"大致同义,只是其称谓较为中性,而不像"专利蟑螂""专利流氓"等名称带有强烈的道德贬损,在一定程度上体现了社会公众对其道德品质及行为的负面评价。[6] 然

---

〔1〕 See Clarisa Long, *Patent Signals*, 69 University of Chicago Law Review 625 (2002).

〔2〕 See Mark A. Lemley, *Reconceiving Patents in the Age of Venture Capital*, 4 Journal of Small and Emerging Business Law 144 (2000).

〔3〕 参见吴翠丽:《科技伦理:风险社会治理的应对之策》,载单继刚、甘绍平、容敏德主编:《应用伦理:经济、科技与文化》,人民出版社2008年版,第142页。

〔4〕 参见刘淼:《非专利实施实体的是与非——美国专利制度的变革及其启示》,载《知识产权》2014年第12期。

〔5〕 参见管荣齐:《论非实施性专利权主体的权利和行为限制》,载《法律科学(西北政法大学学报)》2019年第3期。

〔6〕 参见彭立静:《论"专利流氓"之恶》,载《伦理学研究》2017年第2期。

而，从概念的内涵与外延的严格界定来说，二者并不能完全等同，因为“非专利实施主体”不仅涵盖了一般意义上具有投机性质的“专利蟑螂”或者“专利流氓”，研究型大学、研究机构等类似“专利蟑螂”（或者“专利流氓”）形态的相关主体也被包含在内。[1] 但是，无论是通常的“专利蟑螂”或者“专利流氓”，还是研究型大学、研究机构等类似主体，“非专利实施主体”的存在本身在法律上是无可厚非的，并不能因其不实施专利技术就认为他们是有问题的。易言之，“非专利实施主体”作为参与专利市场运营的特殊主体，无论是其许可行为，还是诉讼行为，本身没有对错、善恶之分，只有当其踏入专利投机阵营，滥用专利不当获利，引发相应的负面影响后，“非专利实施主体”才是伦理上“恶”的主体。[2] 由此看来，在“非专利实施主体”中，具备投机属性之“专利蟑螂”或者“专利流氓”的行为无疑存在巨大伦理风险，亟须采取措施对其予以控制，从而有效规避其中的风险。

“专利蟑螂”作为“非专利实施主体”的主要类型，实质是收购他人专利，并非为自己去使用，而是通过专利侵权诉讼来获得利益的投机者。[3] 从严格法律意义上讲，他们就是指一种“专利维权主体”（Patent Assertion Entities, PAEs）。[4] 通常来说，“专利蟑螂”获取专利的目的往往只有一个，即以其所掌控的专利为基础对专利实施主体提起专利诉讼，并以专利诉讼为要挟，从专利实施主体身上攫取利益，而技术是否被商业化使用以及是否具有社会效益等问题

---

〔1〕 See Mark A. Lemley, *Are Universities Patent Trolls*, 18 *Fordham Intellectual Property*, Media & Entertainment Law Journal 611 (2008).

〔2〕 参见漆苏：《非专利实施主体研究》，载《知识产权》2019 年第 6 期。

〔3〕 See John M. Golden, "*Patent Trolls*" *and Patent Remedies*, 85 Texas Law Review 2111 (2007).

〔4〕 参见易继明：《遏制专利蟑螂——评美国专利新政及其对中国的启示》，载《法律科学（西北政法大学学报）》2014 年第 2 期。

却并不是他们所关注的。[1] 实践中,“专利蟑螂”的运行模式多种多样,其中以“专利彩票”(Patent Lottery)和“专利集合”(Patent Aggregation)两种模式最具代表性,前者是一种有明确对象或目标的专利诉讼,并企图从对特定实施主体的特定专利诉讼或诉讼威胁中获取巨额财富;后者则是并没有明确对象或目标,其通过海量的专利收集来寻求可诉商机,并从中获利。[2] 而无论是“专利彩票”,或是“专利集合”,乃至其他的“专利蟑螂”的运行模式,都是有悖于专利制度的设立宗旨的,也更是背离基本的伦理性正义要求的。“专利蟑螂”不仅导致专利制度所固有技术革新之“善”与技术普惠之“善”无法发挥,甚至还会使专利制度走向伦理的对立面,沦为市场投机的滥诉之“恶”。诚然,从经济角度讲“专利蟑螂”等“非专利实施主体”并不都是有害的,其可以支付专利维持费用,使专利权人获得回报,使闲置专利被运用,[3]但是,所有这些益处都是建立在专利权不被滥用基础之上的,而在“专利蟑螂”滥用诉讼或进行诉讼威胁不当获利所带来的危害面前,那些益处变得微不足道且不堪一击。这是因为“专利蟑螂”在伦理价值取向上就是一种“恶”的属性,其将私人利益凌驾社会公益之上的投机行为,不仅在动机上是不道德的,在过程中也是有违社会正义的,而结果则更是有损市场竞争秩序、科技创新发展,且败坏社会风气的。[4] 为此,有必要对“专利蟑螂”等滥用诉讼或诉讼威胁的不当获利主体加以规制。目前,“专利蟑螂”问题虽集中爆发于美国等技术领先的发达国家,在我国表现得还不是很突出,但我国也必须未雨绸缪,增强防范意识。

---

〔1〕 参见高戚昕峤:《专利蟑螂:法理危机与遏制之道》,载《河北法学》2016 年第 10 期。

〔2〕 See Mark A. Lemley, A. Douglas Melamed, *Missing the Forest for the Trolls*, 113 Columbia Law Review 2117 (2013).

〔3〕 参见[日]竹中俊子主编:《专利法律与理论——当代研究指南》,彭哲等译,知识产权出版社 2013 年版,第 129－147 页。

〔4〕 参见彭立静:《论“专利流氓”之恶》,载《伦理学研究》2017 年第 2 期。

随着我国科技与经济的持续发展,“专利蟑螂”势必会成为我国专利诉讼实践中所无法回避的问题。为此,我国应在专利诉讼实践中将“专利蟑螂”从正常诉讼当事人中区分开来,借鉴美国法院遏制“专利蟑螂”的经验,利用诉讼费用移转等方式对其行为加以限制。[1]此外,在执法与司法对“专利蟑螂”进行“围堵”的同时,还要以伦理“疏导”方式作为配套,从根本上改善专利交易与许可的市场环境,消除“专利蟑螂”之“恶”,从而实现专利市场运营实践与专利制度伦理要求之间的协调与统一。[2]

第二节　专利制度伦理问题形成的理论原因与实践诱因

专利制度所面临的伦理难题,是其在当下风险社会中运行所不能避免的。这些伦理问题的出现,既可能源于基因技术、人工智能技术等新技术对专利制度的冲突,也可能是受“专利丛林”困境、“反公有地”悲剧以及“非专利实施主体”不当获利行为等特殊专利市场运营情况的影响。但无论是新兴技术发展所带来的专利伦理挑战,还是市场运营异化所引发的专利伦理风险,都只是专利制度伦理问题的一种外部表现形式,并非造成专利制度伦理问题的根本诱因。而导致专利制度出现伦理困境的真正原因,在于专利制度本身。制度设计的失衡以及制度运行的无序都是造成专利制度与伦理之间发生矛盾的原因。以专利制度的基础架构与运行实践为基础,从制度层面向伦理层面深挖,专利制度设计的失衡表现为专利

---

〔1〕参见谢光旗:《遏制专利蟑螂:美国专利诉讼费用移转规则的新发展》,载《法律科学(西北政法大学学报)》2017 年第 1 期。

〔2〕参见孙远钊:《专利诉讼“蟑螂”为患?——美国应对“专利蟑螂”的研究分析与动向》,载《法治研究》2014 年第 1 期。

制度基础架构的不合理性、不合道德性的制度正当性问题。[1] 专利制度运行的无序则体现为专利制度运行实践中伦理"善""恶"判断上价值等级顺序的不明确与不统一。[2] 因此,专利制度伦理问题的产生原因可以被进一步阐释为专利制度在正当性层面的伦理基础模糊,以及在实践过程中的伦理指引薄弱。

从理论层面来说,正当性,即事物对自身证成,意味着其符合伦理理性的一般要求、具有道德上的可接受性。[3] 正如黑格尔在《法哲学原理》中所言,"把某种东西视为正当的这种信念似乎该是规定行为的伦理本性的那种东西"[4]。对法律制度而言,其正当性也依赖道德层面的证成,即对其伦理本性的昭示与验证。而道德不只是法的条件,也是法的目标。[5] 一项法律制度只有获得伦理道德上的正当性依据后,才能得到大多数社会成员在价值观念上的认可和行动上的支持。[6] 因而,为保证法律制度的有序健康运行,对其正当性的伦理考察无疑至关重要,应从价值评判的视角,对调整特定社会关系的法律规定产生的效用进行道德层面的反思、论证与构想。[7] 而专利制度的正当性,则是以伦理哲学所提供的普遍化的原则体系为标准,对专利制度进行道德评价与道德推理,并以此完

---

〔1〕 参见何怀宏:《伦理学是什么》,北京大学出版社 2015 年版,第 209 页。

〔2〕 参见[德]尼采:《论道德的谱系》,赵千帆译,商务印书馆 2018 年版,第54－55 页。

〔3〕 参见[美]J. 西蒙斯:《正当性与合法性》,毛兴贵译,载《世界哲学》2016 年第 2 期。

〔4〕 [德]黑格尔:《法哲学原理》,范扬、张企泰译,商务印书馆 1961 年版,第 174 页。

〔5〕 参见[德]伯恩・魏德士:《法理学》,丁晓春、吴越译,法律出版社 2013 年版,第 180 页。

〔6〕 参见李仁武:《制度伦理研究——探寻公共道德理性的生成路径》,人民出版社 2009 年版,第 284 页。

〔7〕 参见刘辉:《论法伦理学的主体间性分析范式》,载《西部法学评论》2018 年第 3 期。

成专利制度的价值证成,从而取得道德认可。[1] 基于专利制度本身的伦理争议性,学界至今仍未就专利制度正当性的道德依据形成统一认识。而且在具体的正当性证成过程中,不同证成路径下价值评判的角度往往会各有侧重,形成的对专利制度的道德认可程度也不尽相同。而这种学说林立且争执不下的局面,则直接造成了专利制度正当性伦理基础的不明确性。当然,不容否认的是,专利制度的正当性证成是建立在一定的伦理共识的基础之上,这是由专利制度的设立初衷与基础架构所决定的。然而,随着新技术、新产业对专利制度伦理挑战的不断深入,一些业已形成的专利制度正当性证成路径往往会动摇,甚至被颠覆,失去原本的道德基础,进而引发专利制度正当性层面的伦理迷失。

而从实践层面来看,"善"与"恶"价值的伦理判断是所有实践活动都必须要面对的,专利制度的运行实践当然也不例外,而进行伦理判断的关键则在于根据实践的具体情况确定价值的等级顺序,不同的实践活动往往在价值顺序上有所差异,不同的价值位阶体系也会对实践活动产生不同的伦理指引。[2] 在专利制度实践中,正义、秩序、安全、公平、效率等制度价值取向间的不同位阶顺序无疑也会对专利制度运行效果产生不同的道德评判结论与伦理指引面向。其中,正义是包括专利制度在内的所有法律制度乃至社会制度的首要价值,正如真理是思想体系的首要价值一样,法律制度不管它们如何有效率和有条理,只要它们不正义,就必须加以改造或废除。[3] 而其他的制度价值则都是在正义价值的位阶之下的,它们以达到制度正义为目标,受正义价值统领,为正义价值的实现而服

---

〔1〕 参见胡波:《专利法的伦理基础》,华中科技大学出版社 2011 年版,第57 -58 页。

〔2〕 参见[德]尼采:《论道德的谱系》,赵千帆译,商务印书馆 2018 年版,第54 -55 页。

〔3〕 参见[美]约翰·罗尔斯:《正义论》,何怀宏等译,中国社会科学出版社 1988 年版,第 3 -4 页。

务。一般而言,在专利授权审查实践中,安全与秩序的价值追求是最趋近正义的道德取舍;而在专利权益分配实践中,公平与效率的价值兼顾则是最契合正义的伦理抉择。这是因为在专利制度运行的不同层面,参与实践的主体以及主体的目标取向各异,相应地,所呈现的制度风险与伦理诉求也并不一致。但是,在现实的专利制度的实践中,专利制度的伦理价值取向往往没有较为明确的等级顺序,不同制度运行层面中也往往并不存在相对突出的价值倾向,而人们对专利制度或“善”或“恶”的道德判断,大多是某一特定价值取向或利益导向下的片面性评价,并不能对专利制度的运行实践进行有效的伦理指引。进言之,在专利授权审查实践与权益分配实践中分别凸显的实用主义与道德淡化问题和物质主导与差别对待问题,也都是由专利制度实践缺乏体系化的伦理价值尺度所致,制度的运作方式与运行秩序都难以获得恰当的伦理指引。[1]

一、专利制度理论证成的伦理共识与理论局限

世界祛魅与社会分化使伦理价值不再单一,多元化的伦理价值造就了一系列的“完备性学说”,它们相互之间虽不完全相容,但都能够对自己的正当性作出合理的论证。[2] 在专利制度正当性的伦理证成过程中,不同的价值取向也形成了不同的伦理证成路径,如以道德权利、自然权利为起点往往会生成对专利制度正当性的“道义论”的伦理证成;而以经济激励为基础则一般会形成对专利制度正当性的“功利论”的伦理证成。[3] 即使如此,不同伦理证成路径之间也并非没有任何联系,它们都是以专利制度的基本架构以及人

---

〔1〕 参见罗能生:《论产权伦理的内涵和构成》,载《求索》2003 年第 2 期。

〔2〕 参见艾四林、王贵贤:《法律与道德——法律合法性的三种论证路向》,载《清华大学学报(哲学社会科学版)》2007 年第 3 期。

〔3〕 参见刘鑫:《专利制度的哲学基础及其正当性分析》,载《佛山科学技术学院学报(社会科学版)》2016 年第 2 期。

们对专利制度的基本认知为出发点。从商谈伦理来看,人们相互之间就世界中某物所达成理解的对话,都是以他们积极追求且互相承认,并承担相应义务的共识为前提条件的,人们对专利制度正当性证成的理论对话也无出其右。不同价值取向下差异化的伦理证成路径,都是建立在关于专利制度的伦理共识的基础之上的。然而,随着新技术革命的不断深化以及专利市场运营异化的日益加重,人们对专利制度的理解逐步发生改变,一些专利制度在长期运行实践中所形成的伦理观念渐渐被打破,甚至颠覆。相应地,在专利制度正当性层面也爆发了严重的道德风险与伦理挑战。由此,为厘清专利制度正当性证成中不同路径的伦理认同度的差异性来源以及其中所存在的道德危险与理论局限,有必要从专利制度正当性证成之中的伦理共识出发,探究差异化伦理证成路径形成的表象与诱因,并在此基础上对相关的伦理弊病进行深入剖析,找出症结之所在。

(一)专利制度正当性证成的伦理共识

伦理共识是一个复杂的概念,它的表现形式包括程序、内容、决议或支持决议的理由等,同时伦理共识的建构也是一个复杂的过程,需要在理性论辩中对各种相关因素进行缜密权衡。[1] 若将某一事项的每一种影响因素或价值取向看成一个类似封闭圆圈的子集,对该事项的伦理共识就不是像一个圆圈那样单一的,其是"重叠"的,或是说"聚集"的。[2] 如图 2-3 所示,伦理共识应当是以"重叠共识"的形式存在的,即由与该事项相关的所有影响因素或价值取向的"圆圈子集"相互重叠而形成,其中所有子集都包含的"阴影区域"就是对该事项的伦理共识之所在。

---

〔1〕 参见甘绍平:《道德共识的形成机制》,载《哲学动态》2002 年第 8 期。

〔2〕 参见何怀宏:《伦理学是什么》,北京大学出版社 2015 年版,第 104 页。

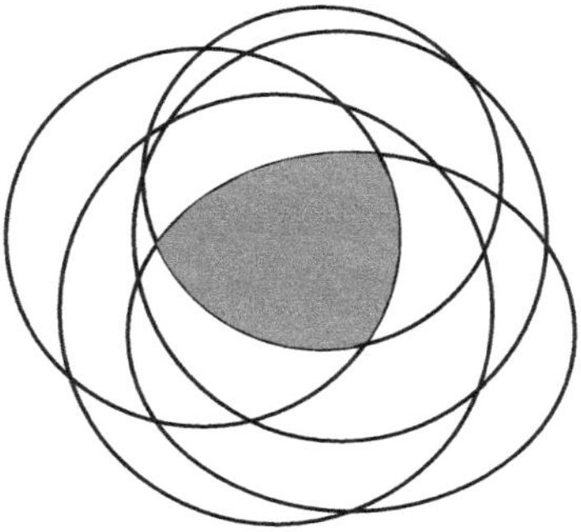

图 2-3　伦理共识的"重叠共识"呈现

"重叠共识"不仅是一个理论问题,更是一个实践问题,达成重叠共识的关键在于相关的人们都以高度负责的态度参与到共同的自觉的实践过程中去。[1] 在专利制度正当性证成之中,伦理共识源于不同价值指引所形成的各种证成路径间的重合点。专利制度在本质上是一项法律制度,法律的伦理性凸显为法律的人性基础或人性之维,专利制度的伦理根基无疑也同样在于塑造和提升人的道德性。[2] 进一步从权利的一般性伦理价值来看,权利必须为人服务,应对主体具有善的价值、对社会公共利益有益或无害。[3] 这是权利机制正当性的基本伦理共识,同时也是以权利为核心架构的专利制度展开正当性伦理证成的逻辑起点。在此基础上,为实现专利制度对个体与社会有益的伦理追求,在具体的制度安排中形成了"权利独占"与"技术公开"的基本架构,即以技术成果的充分披露作为财产权利赋予私人独占的条件,增进私人创新热情的同时也保

〔1〕 参见童世骏:《关于"重叠共识"的"重叠共识"》,载《中国社会科学》2008 年第 6 期。

〔2〕 参见严存生:《道德性:法律的人性之维——兼论法与道德的关系》,载《法律科学(西北政法学院学报)》2007 年第 1 期。

〔3〕 参见王方玉:《权利的内在伦理解析——基于新兴权利引发权利泛化现象的反思》,载《法商研究》2018 年第 4 期。

证了技术信息的社会公开，使权利机制保护个人利益与维护公共利益的两种伦理效应得以有效兼顾与充分发挥，彰显专利制度的技术革新之“善”与技术普惠之“善”。[1] 与此同时，产权也是社会道德的基础，产权安排的结构和状况，影响和制约着人们的道德行为选择和社会道德风尚。[2] 专利制度“权利独占”与“技术公开”架构下技术革新之“善”与技术普惠之“善”的伦理共识，同样也会给社会创新活动中道德抉择的作出与道德氛围的形成带来相应的影响与制约。

（二）专利制度正当性的差异化证成路径

在技术革新之“善”与技术普惠之“善”两大伦理共识的基础上，专利制度的正当性证成是存在较大路径差异的。法的道路很可能会因为法的目标存在不同侧面而反复曲折，甚至大相径庭。[3] 在专利制度正当性证成中，往往也会因为目标价值取向的不同而产生制度正当性程度与范围相异的结论。具言之，以黑格尔“人格财产学说”为代表的道德权利辩护和以洛克“劳动财产学说”为代表的自然权利论证为专利制度提供了“道义论”伦理观下正当性的证成；而“专利激励学说”的行为后果主义和“专利竞赛学说”的竞争效果模式则从经济学角度为专利制度提供了“功利论”伦理观下正当性的证成。其中，“道义论”伦理观下的理论学说以个人权利的保护为基准为专利制度提供了正当性的伦理基础，而“功利论”伦理观下的理论学说则以利益最大化为原则对专利制度的正当性进行了伦理证成。但无论是“道义论”伦理，还是“功利论”伦理，对专利制

[1] See Willian R. Cornish, David Llewelyn & Tanya F. Aplin, *Intellectual Property: Patents, Copyrights, Trade Marks and Allied Rights*, Sweet & Maxwell, 2010, p. 144 – 145.

[2] 参见罗能生：《产权安排是社会道德的基础》，载《伦理学研究》2005 年第 6 期。

[3] 参见［美］罗斯科・庞德：《法的新路径》，李立丰译，北京大学出版社 2016 年版，第 6 页。

度正当性的证成都不是坚如磐石的,它们不同的价值取向意味着其在正当性证成中是有倾向和导向的,因而它们也都或多或少存在一定问题与漏洞,并不能实现逻辑上的完全周延。[1] 而这种情况的出现,在本质上是由伦理判断中价值分异的根本属性所决定的,因为伦理观点并没有正确与否的检验量尺,并不是非黑即白,伦理立场无非就在于选择一个立场然后抱住不放。[2] 专利制度正当性证成中伦理路径的区分,无疑也是源于不同伦理立场的选择与坚持。

专利制度是技术中立的,更是伦理中立的。在专利制度正当性证成中,不同伦理立场的抉择当然并非出于专利制度本身,而是出于身处不同背景与环境中的人们对专利制度的不同理解。例如,在国际贸易中,专利制度对发达国家与发展中国家就具有不同的意义。就技术领先的发达国家而言,专利制度是其主导国际贸易、获取巨额利润的法律工具;而对于技术相对落后的发展中国家来说,专利保护,尤其是超出其自身需要的强专利保护则往往是巨大的压力与负担。诚然,在世界贸易组织等国际组织的努力下,世界各国达成了《TRIPS 协定》等一系列的国际条约,形成了专利保护的基本国际共识,但这并不能改变各国对专利制度在认识层面的区别与差异。[3] 不仅如此,在市场竞争中,专利制度对不同的产业同样具有不同的效用。[4] 虽然专利制度是统一适用于所有产业的,但不可否认,不同产业有不同的特征、不同的需求,因而也就决定了他们对

---

〔1〕 See Mark A. Lemley, *Faith - Based Intellectual Property*, 62 UCLA Law Review 1328 (2015).

〔2〕 参见[英]B. 威廉斯:《伦理学与哲学的限度》,陈嘉映译,商务印书馆 2018 年版,第 278 页。

〔3〕 参见吴汉东:《知识产权国际保护制度的变革与发展》,载《法学研究》2005 年第 3 期。

〔4〕 See Mark A. Lemley, *Reconceiving Patents in the Age of Venture Capital*, 4 Journal of Small and Emerging Business Law 139 (2000).

待专利制度的不同态度。[1] 在生物制药等高投入、高风险的产业中，专利制度是激励创造的重要政策杠杆；[2] 而在计算机软件等技术创新相继且互补的产业中，专利制度往往并非像人们普遍认为的那么有用，无专利保护对社会福利的促进和发明人权益的保障可能会更好。[3] 由此看来，专利制度正当性的差异化证成路径，无疑是由不同背景与环境中人们的不同伦理立场所造成的。行为者的倾向是伦理价值的终极基础。[4] 不同国家、不同产业中，专利制度价值与效用的差异决定了人们对专利制度认知的区别，相对地，人们对专利制度会有不同的道德观点与伦理立场，专利制度正当性证成的路径差异也由此而来。

（三）专利制度正当性证成的理论局限与伦理危机

专利制度正当性的伦理证成是在伦理共识基础之上的路径分异，不同的伦理价值导向形成了对专利制度正当性的不同认知。但随着新技术革命的不断深化以及专利市场运营异化的日益加重，人们对专利制度的认知被颠覆，伦理层面的挑战使现有专利制度正当性理论的局限日益凸显。无论是"人格财产学说"的道德权利辩护，"劳动财产学说"的自然权利论证，还是"专利激励学说""专利竞赛学说"等经济学角度的正当性证成，都不能有效应对当下专利制度所面临的正当性危机。这是因为专利制度在新技术和新市场运营机制的影响下，出现了后续创新阻滞、社会安全隐患、市场投机乱

---

〔1〕 See Emanuela Arezzo, Gustavo Ghidini, *Biotechnology and Software Patent Law*, Edward Elgar Publishing Limited, 2011, p. 9 – 10.

〔2〕 参见[日]田村善之：《创新与专利政策的结构关系——以生物技术发明为例》，载[日]田村善之：《田村善之论知识产权》，李扬等译，中国人民大学出版社2013年版，第88 – 98页。

〔3〕 See James Bessen, Eric Maskin, *Sequential Innovation, Patents, and Imitation*, 40 Rand Journal of Economics 611 (2009).

〔4〕 参见[英]B. 威廉斯：《伦理学与哲学的限度》，陈嘉映译，商务印书馆2018年版，第74页。

象、利益分配不均等道德危险，它们远远超出了现有正当性理论的证成范畴。[1]

1. 专利制度所带来的后续创新阻滞

专利制度一般被认为是激励创新的重要法律机制，其推动技术革新的这一积极效用也常常被当作制度正当性证成的关键依据。然而，专利制度阻碍创新的负面影响往往被人们忽视。毋庸置疑，专利制度是一种创新工具，但其更是一把“双刃剑”，既具有激励创新的积极效用，也存在阻碍创新的不良影响。[2] 虽然专利技术等无形资产并不会像土地等有形资产一样存在稀缺的问题，相同的思路、想法无疑可以由不同主体同时提出，[3]但是专利制度往往仅将权利授予最先提出申请的人，这无疑人为地制造出一种“强制性稀缺”，保障私人权益的同时却加重了技术利用的成本。[4] 易言之，专利保护在一定程度上势必会加剧权利人以外的其他人技术获取的难度。诚然，获得专利保护的前提是技术信息的充分公开，但这只能保证社会公众对专利信息的知晓，如要利用专利技术则必须取得权利人的许可。而技术创新的过程却无一例外都是对现存知识的扩展，发明人需要“站在巨人的肩膀上”进行全新的创造活动。[5] 若现存知识是受到专利制度所保护的发明创造或技术方案，后续发明人的创新往往会受到专利制度的阻碍，因为仅仅对于专利信息的

---

〔1〕 参见胡波：《专利法的伦理基础》，华中科技大学出版社 2011 年版，第 62 - 64 页。

〔2〕 See Mark A. Lemley, *Reconceiving Patents in the Age of Venture Capital*, 4 Journal of Small and Emerging Business Law 139 (2000).

〔3〕 See Tom G. Palmer, *Are Patents and Copyrights Morally Justified—The Philosophy of Property Rights and Ideal Objects*, 13 Harvard Journal of Law & Public Policy 817 (1990).

〔4〕 参见熊琦：《著作权激励机制的法律构造》，中国人民大学出版社 2011 年版，第 22 页。

〔5〕 See Wilfred Schoenmakers, Geert Duysters, *The Technological Origins of Radical Inventions*, 39 Research Policy 1051(2010).

知晓常常并不足以实现技术创新，只有对专利技术充分利用后才能创造出新的技术成果，但对专利技术的利用又不得不经过权利人的许可。如此一来，后续发明人往往会受制于在先专利权人，在专利制度的限制下其无法仅通过利用机会的自由完全满足展开后续创新的合理需求，一旦在先专利权人拒绝许可，便产生了对后续创新的阻滞效应。[1]

2. 专利制度所引起的社会安全隐患

专利制度是具有促进社会进步、提升社会福利等积极社会效应的一项法律制度，也正基于此，世界各国家及地区都将专利制度作为其法律制度体系的重要组成部分。然而，在宣扬专利制度对社会发展所带来的巨大益处的同时，我们也必须正视专利制度在某些特殊情形下所引起的社会安全隐患。例如，在食品、药品等人类生活必需品的生产与供给过程中，专利制度一旦介入进来，便会给予发明人或利益相关人对相应技术或产品以一定期限的独占权，因而食品的供给、药品的普及在很大程度上会受到专利权人的掌控，进而导致社会公众最基本的生命健康权益实现受制于专利权人的情况出现，严重影响社会的公共安全。[2] 而其中，对药品进行专利保护所造成的公共健康危机是表现最为突出的一种社会安全隐患。以《TRIPS 协定》为例，在美国、欧盟众多制药企业（药品专利权人）的助力下，该协定提高了对药品专利的保护水平，改变了之前发展中国家大多以制造或进口通用药品方式向其国民提供廉价药品的局面，使广大发展中国家人民必需药品的可及性受到极大制约，公共

[1] 参见[美]罗斯科·庞德：《法的新路径》，李立丰译，北京大学出版社 2016 年版，第 38 页。

[2] See Peter K. Yu, *Virotech Patents, Viropiracy, and Viral Sovereignty*, 45 Arizona State Law Journal 1563 (2013).

健康危机呼之欲出。[1] 虽然在广大发展中国家的积极争取下达成的《多哈宣言》中明确承认了国家采取措施维护公共健康是不可减损的权利,[2]但在药品专利的强大市场掌控力面前,这种对保障公共健康原则性的昭示往往并没有太强的效力,或许只有出现或即将出现大规模的严重公共健康问题时,才有适用的空间。因此,对专利制度所引起的社会安全隐患,我们必须给予足够的重视,其不仅会对专利制度正当性构成威胁,更会对人类的生命健康造成影响。

3. 专利制度所诱发的市场投机乱象

专利制度对市场主体而言,往往是获取技术优势、赢得市场竞争的一种战略工具。产权制度是市场经济条件下对人们行为最有效的激励和约束机制,包括专利制度在内的知识产权制度也不例外,而基于专利权与道德内在逻辑所形成或构建起来的道德体系则是专利市场竞争中的伦理要求。[3] 在市场竞争环境下,专利技术或产品的发明人或生产者被授予财产权利,并不是因为他们对物质结构的变化有贡献,而是因为他们抓住了利用市场资源改变物质结构的机会。[4] 然而,实践中,市场主体却往往利用专利制度的这种市场力量,展开背离专利制度设立初衷的市场投机行为,即将专利作为纯粹的市场竞争手段,极力打击竞争对手,充分攫取垄断利益。从有效竞争理论来看,市场竞争的动态过程是由“突进行为”和“追踪反应”两个相互交替的阶段构成,即在市场竞争中具有创新能力

---

〔1〕 参见周俊强:《与公共健康危机有关的知识产权国际保护》,载《中国法学》2005年第1期。

〔2〕 参见魏森:《从“多哈宣言”看药品知识产权保护与公共健康利益间的平衡》,载《兰州学刊》2004年第2期。

〔3〕 参见罗能生:《市场经济、道德权利与产权伦理》,载《伦理学研究》2003年第2期。

〔4〕 See Israel M. Kirzner, *Producer, Entrepreneur, and the Right to Property*, Reason Papers, 1974, p. 1 – 17.

的领先个体带头而其他个体进行追踪。[1] 然而,在专利制度对技术成果强有力的保护下,进行技术创新的"突进行为"在市场竞争中的影响力被急剧扩大,以技术模仿为表现形式的"追踪反应"的作用则大打折扣。概言之,专利制度框架下市场竞争的天平无疑是偏向"突进行为",倾向技术创新的。而也正是"突进行为"在市场竞争中的巨大效应,导致了市场主体对专利技术的热捧,甚至诱发出"专利围墙""专利蟑螂"等一系列以专利技术为外衣的机会主义行为。而这种情况的出现,是市场竞争中专利制度失灵的重要表现,市场主体对专利技术的不当应用超越了专利制度的调控范围,但其无疑与专利市场竞争中所设置的伦理要求是相悖的,严重地影响了市场竞争的自由性,专利制度在市场竞争中的正当性危机也由此产生。

4. 专利制度所导致的利益分配不均

专利制度作为激励创新的市场驱动力通过给予发明人以经济回报来实现其功能。[2] 而随着社会分工的日益细化、发明创造的日趋复杂,那些埋头于自家阁楼或地下室进行发明研究的"孤独"的独立发明人逐步为企业和实验室所取代,[3] 而发明人在产业中也不再扮演重要角色,他们既不能自己进行创造,也不能自己使用发明成果,[4] 尤其是在新技术领域中,创新成本的急剧上升使得只有实力雄厚的研发者才能承担。[5] 如此一来,发明创造的专利权人也往往由个人转变成单位,相应地,专利制度的经济回报也就不再

---

〔1〕 参见徐士英:《竞争法论》,世界图书出版公司2007年版,第13页。

〔2〕 See Robert P. Merges, Peter S. Menell & Mark A. Lemley, *Intellectual Property in the New Technological Age*, 6th edition, Aspen Publishers, 2012, p. 131 – 132.

〔3〕 参见吴红:《二十世纪以来发明人群体变化研究》,载《自然辩证法研究》2018年第9期。

〔4〕 See Mark A. Lemley, *Reconceiving Patents in the Age of Venture Capital*, 4 Journal of Small and Emerging Business Law 141 (2000).

〔5〕 See Emanuela Arezzo, Gustavo Ghidini, *Biotechnology and Software Patent Law*, Edward Elgar Publishing Limited, 2011, p. 42 – 45.

是直接给予发明人,而是归单位所有,并由单位再向众多雇员发明人分享利益。而单位基于雇员发明人对其的人身依附,在很多时候会倾轧,甚至剥夺雇员发明人的经济利益,形成不公平的利益分配格局。虽然当下单位一般会与雇员发明人就奖酬分配问题通过平等协商的契约形式达成一致,但这是一种形式的一致,处于劣势地位的雇员发明人仍然很难以此交换到公平的利益分配。[1] 不仅如此,在国际层面,发达国家与发展中国家之间也存在专利技术的不公平利益分配问题。仍以基因、药品专利为例,相关技术或产品的专利权为少数发达国家所控制,而相关专利技术或产品研发的基因资源和临床病例则存在于广大的发展中国家。在这些专利技术的研发中,发达国家中的企业或研究机构低价,甚至免费地从发展中国家获取重要的资源与样本,而广大发展中国家要想使用这些专利技术或产品则需要支付高昂的费用。[2] 由此看来,专利制度所导致的利益分配不均,不仅体现在单位与雇员发明人之间的利益冲突中,同样也展现在发达国家与发展中国家之间的利益失衡中,而专利制度的正当性也无疑会因此备受争议。

二、专利授权审查实践的实用主义倾向与道德淡化

专利授权审查,即专利制度实践中权利从无到有的产生过程。专利的授权审查系以法律为依据,以科技为依归。[3] 在具体的制度实践中,发明成果需要在法定的申请审批程序下,并按照法律所设定的实质性授权条件进行可专利性考察,而发明成果能否真正成

---

〔1〕 See Peter Drahos, *A Philosophy of Intellectual Property*, Ashgate Publishing Limited, 1996, p. 87 -88.

〔2〕 See Graham Dutfield, *Intellectual Property, Biogenetic Resources and Traditional Knowledge*, Earthscan Press, 2004, p. 56 -59.

〔3〕 参见曾陈明汝:《两岸暨欧美专利法》,中国人民大学出版社 2007 年版,第 71 页。

为专利制度所保护的客体，则从根本上取决于其自身的创新程度与科技含量。基于此，在专利授权审查中，发明成果至少需要经过两个步骤的严格筛查，才能获得专利制度的保护。首先，要判断发明成果是否落入专利制度所界定的客体范围内，即其是否属于专利立法者意图保护的技术方案；其次，还需要进一步衡量该发明成果是否具备专利制度所设置的实用性、新颖性和创造性要求。[1]

因而，体系化与程式化的严格专利授权审查，既是对专利授权的必要限制，同时也是对专利质量的重要保证。具言之，经过专利授权审查，发明成果之上被授予财产权利，使它们克服了知识的非排他性难题，并由此创造出一系列的相关知识或技术市场。[2] 一般而言，专利审查员的一项专利授权决定，往往会给某一产业的发展带来至少20年的影响。[3] 由此，若不对专利的授权审查进行严格限制，势必会引起专利授权的质量失控，造成专利市场价值降低，进而使专利市场运营偏离正常轨道。

但是，随着科技革命的日渐深化、产业革新的日益加快，新技术与新产业不断涌现，专利授权审查实践也受到各大利益主体的影响，开始出现实用主义的倾向，原本严苛的限制条件被相继突破，如原本属于专利授权例外范围的生物技术和商业方法就已经成为专利制度所保护的客体类型。[4] 专利授权审查实践中的这种实用主义倾向，是科技与产业驱动下的必然结果，但从另一个角度来说，这无疑也是专利制度对经济利益的妥协。无独有偶，专利授权审查屈

〔1〕 参见崔国斌：《专利法：原理与案例》（第2版），北京大学出版社2016年版，第56页。

〔2〕 See Stoneman P. ed., *Handbook of the Economics of Innovation and Technological Change*, Blackwell Publishers, 1995, p. 90 – 131.

〔3〕 See Beth Simone Noveck, *Peer to Patent: Collective Intelligence, Open Review, and Patent Reform*, 20 Harvard Journal of Law & Technology 124 (2006).

〔4〕 参见付丽霞：《美国专利客体制度发展历程的回顾与疏解》，载《中国发明与专利》2019年第1期。

从于新的技术与产业利益的同时，势必会使专利授权审查实践中所形成的伦理界限受到侵袭，进而造成专利授权审查中的道德淡化，使专利授权审查实践失去应有的伦理指引。

（一）专利授权审查实践中实用主义倾向的产生

专利授权审查是专利制度实践的首要环节，其中包含形式审查和实质审查两个层面的内容，前者关注的是专利申请的写法与格式，后者则主要是对发明创造本身的考察。[1] 而专利授权审查实践中的实用主义倾向，是在充分满足专利授权形式审查要件的基础上，以实用主义的思想与观念指引专利授权的实质审查，使专利授权审查的结果呈现出实用主义的价值取向，甚至会对原有的专利授权审查要件造成颠覆。这种实用主义倾向的产生，归根结底，是由于新技术、新产业发展中人们在利益驱使下日益增强的专利保障诉求。由此，在专利授权审查中，也就出现了专利授权范围日渐宽泛、公序良俗审查不断弱化等实用主义导向下的实践情形。

第一，专利授权范围日渐宽泛是专利授权审查实践受到实用主义价值观念影响的突出表现。科技革命的不断深化推进了新兴技术的飞速涌现，产业革新的不断强化也促进创新产业的蓬勃发展，相应地，新的利益集团与利益诉求也随之产生。而在专利制度中，这种新技术、新产业的新利益诉求则主要呈现为新的专利保护需要。在巨大的利益驱动下，专利授权审查机制也不得不作出妥协，采用实用主义的授权审查思路，放宽专利授权范畴，使原本被专利制度排除的客体类型获得专利授权。以“科学发现”为例，专利制度基于可操作、公共道德或产业政策的考虑，将其设定为不予授权的客体范畴。[2] 但随着科技革命与产业革新的不断推进，专利授权

---

[1] 参见吴汉东等：《知识产权基本问题研究（分论）》（第2版），中国人民大学出版社2009年版，第244页。

[2] 参见崔国斌：《专利法：原理与案例》（第2版），北京大学出版社2016年版，第56－58页。

审查中的实用主义思想抬头，“科学发现”开始逐步被专利制度接纳。这是因为新技术的发展与革新使基础研究、应用研究、技术进步以及工业化应用之间的联系变得异常紧密，它们相互之间的转化变得格外迅速，这也使“科学发现”与专利制度所保护的“发明创造”之间的界限变得模糊。[1] 作为全球第四次科技革命典型代表的基因技术，从严格意义来说，并不完全属于“发明创造”的范畴，而是界于“科学发现”与“发明创造”之间的一种特殊存在，但基于其突出的积极效用与巨大的经济价值，以美国为代表的发达国家逐步将其纳入专利授权范围之中，在全球范围内开启了基因技术专利化的实用主义专利授权审查实践。[2]

第二，公序良俗审查的不断弱化也是实用主义思想在专利授权审查实践中作祟的结果。一般而言，当道德无法维持应受保障的利益，就会诉诸法律，进而使相关的道德理念和原则融入法律。[3] 公序良俗原则在法律制度中的凸显便是道德理念融于法律的一种体现，其中既包含着传统的观念和价值判断，也内嵌反思批判的制度反省和重构之维度。[4] 专利制度中对公序良俗的强调，也正是考虑到发明创造的专利授权与传统观念、价值之间的潜在冲突，并为避免二者之间出现紧张关系而作出的一种伦理性制度设计。进言之，公序良俗的本质即为实现法律秩序与伦理道德秩序之间协调的

---

〔1〕 参见[德]库尔特·拜尔茨：《基因伦理学：人的繁殖技术化带来的问题》，马怀琪译，华夏出版社2000年版，第4页。

〔2〕 参见李崇僖：《再探基因专利问题：美国经验省思》，载《月旦法学杂志》2014年第224期。

〔3〕 参见[美]罗斯科·庞德：《法律与道德》，陈林林译，中国政法大学出版社2003年版，第155页。

〔4〕 参见郑玉双：《道德争议的治理难题——以法律道德主义为中心》，载《法学》2016年第10期。

一种伦理化规则延伸。[1] 在专利授权审查实践中,公序良俗审查也同样是伦理化规则的一种制度延伸,其目的就在于避免专利授权与社会伦理道德之间的背离,即将专利授权限定在伦理道德所能够接受的范围之内。然而,随着新技术、新产业的飞速发展,专利授权审查充斥着相应的新的利益诉求,即通过为新兴的技术与产业提供专利保障谋取新技术、新产业中的巨大附加利益,而专利授权中的公序良俗审查却在经济利益的诱导下变得"不堪一击"。从植物、微生物乃至人类基因物质的专利授权,使"有生命物质"不具有可专利性的普遍伦理认知被突破,[2] 到人工智能开始具备自主完成受专利保护的发明创造的能力,使人类对专利发明的垄断被打破,[3] 专利授权审查中的公序良俗要求一次次受到侵蚀,伦理理性的光芒也为新技术与新产业中扩大专利授权范围的强烈利益诉求所逐渐掩盖。

（二）实用主义影响下专利授权审查的道德淡化

在实用主义观念的影响下,专利授权审查实践中所呈现出的专利授权范围日渐宽泛和公序良俗审查不断弱化的发展趋势,实质上是专利授权审查之中道德淡化的制度表现。就权利的解释论而言,在权利从主观的"意思说"释义走向客观的"利益说"释义的过程之中,权利的非伦理化亦相伴而生。[4] 在专利授权审查实践中,科技革命与产业革新双重利益驱动下犹如"第二次圈地运动"一般的专

---

〔1〕 参见刘银良:《"公序良俗"概念解析》,载《内蒙古大学学报(人文社会科学版)》2004年第6期。

〔2〕 See Graham Dutfield, *Intellectual Property, Biogenetic Resources and Traditional Knowledge*, Earthscan Press, 2004, p. 3 - 4.

〔3〕 See Erica Fraser, *Computers as Inventors—Legal and Policy Implications of Artificial Intelligence on Patent Law*, 13 SCRIPTed: A Journal of Law, Technology and Society 305 (2016).

〔4〕 参见朱庆育:《权利的非伦理化:客观权利理论及其在中国的命运》,载《比较法研究》2001年第3期。

利授权范围扩张，当然也会引发专利授权审查的非伦理化。[1] 一般而言，一项权利要想获得充分的承认和服从，其必须和社会认同的伦理价值相吻合或基本一致，若该权利的伦理价值基础被弱化，甚至否定，则会使这一权利陷入价值盲区，进而蜕变为简单的工具。[2] 在实用主义导向下专利授权审查实践中的道德淡化，无疑也会使专利权出现伦理价值的迷失，而失去了必要道德基础与伦理指引的专利权也只是我们实现或好或坏的目的时使用的一件工具罢了。[3]

从表面来看，专利授权审查中实用主义倾向所导致的专利权工具化无可厚非，只是新技术、新产业冲击下专利授权审查实践对相关利益诉求的一种适当满足，既为专利授权审查提供了一种新的实践模式，也为新兴的技术与产业提供了必要的专利保护与激励。[4] 但究其根本，这种实用主义的专利授权审查实践背后却潜藏着巨大的伦理风险。科学技术高歌猛进，专利垄断不断强化，传统信念却日益贬值。[5] 毋庸置疑，专利授权范围的宽泛以及公序良俗审查的弱化，会使基因技术、商业方法乃至当今最为前沿的人工智能算法更容易地为专利制度所接纳。而工具化的专利授权则以排他权的形式，赋予发明人或者利益相关人对这些新兴技术与产业的支配与垄断。这样一来，虽极大地保障了发明人及利益相关人的相关权

---

〔1〕 See James Boyle, *The Second Enclosure Movement and the Construction of the Public Domain*, 66 Law and Contemporary Problems 33 (2003).

〔2〕 参见强昌文、马新福：《契约伦理价值与权利走向》，载《法制与社会发展》2005年第3期。

〔3〕 参见［日］竹中俊子主编：《专利法律与理论——当代研究指南》，彭哲等译，知识产权出版社2013年版，第129-147页。

〔4〕 See Edmund W. Kitch, *The Nature and Function of the Patent System*, 20 Journal of Law & Economics 275 (1977).

〔5〕 参见［美］尼尔·波斯曼：《技术垄断：文化向技术投降》，何道宽译，北京大学出版社2007年版，第31-32页。

益,但也打破了专利授权审查中的伦理平衡,使社会公共利益受到了严重的侵袭。一旦权利人以所获专利授权进行技术劫持,势必将制约技术与产业的持续发展,[1]导致专利权人与社会公众之间的利益冲突,进而造成专利授权的社会安全与秩序隐患,与专利授权审查实践中"正义"的伦理要求与道德标准渐行渐远。

专利授权审查向来以私人权利与公共利益间的平衡作为第一要旨。[2] 实用主义导向下专利授权审查实践中的利益失衡,无疑是对原有伦理基础的挑战,突破了专利授权审查的道德底线,严重威胁了其中最基本的安全与秩序要求,使专利授权审查实践走向了正义的对立面。道德底线虽只是一种基础性的东西,却具有逻辑上的优先性。[3] 在专利授权审查实践中,专利权授予的安全与秩序即是最根本的伦理要求,若这一要求不能得到优先满足,任何其他的授权理由也都无从谈起。因而,在科技革命与产业革新的利益驱动下,实用主义观念所主导的专利授权审查往往是缺乏伦理理性的,甚至其中很多都是超越道德底线的非正义授权。诚然,为适应新技术与新产业的发展,专利授权审查实践必须作出应对,有所改变,而且法律本身就是实用主义的,即使是生命这个极为复杂多义的概念,一旦我们要用法律来处理,也必须以实用主义的权利、义务等概念来架构。[4] 但是,这并不意味着在实用主义影响下专利授权审查的道德淡化没有任何问题,因为伦理制约与道德限制的重要性与必要性应当是与人类不断增长的行为能力,乃至技术对自然和

---

〔1〕 See Mark A. Lemley, Carl Shapiro, *Patent Holdup and Royalty Stacking*, 85 Texas Law Review 1991 (2007).

〔2〕 参见云昌智:《诠释全球化下法律伦理与社会利益的平衡之维——张晓都〈专利实质条件〉之评析》,载《电子知识产权》2003 年第 10 期。

〔3〕 参见何怀宏:《伦理学是什么》,北京大学出版社 2015 年版,第 108 页。

〔4〕 参见颜厥安:《鼠肝与虫臂的管制——法理学与生命伦理探究》,北京大学出版社 2006 年版,第 17 页。

社会,以及对人的身体和精神不断加深的干预和切入程度同步提升的。[1] 由此,面对新技术、新产业所带来的专利保护的利益诉求,不应以降低专利授权审查道德标准的实用主义取向扩大化方式,实现对相关发明成果的专利授权,而应采取与新技术、新产业相契合的伦理要求,对相关发明成果展开授权审查。一味追求经济利益而淡化专利授权审查伦理道德限制的实用主义做法是极端不负责任的,短期内虽能激励新技术、新产业的自由发展,但长此以往却会给社会公众的自由,乃至整个社会的安全与秩序带来难以消除的负面影响。

三、专利权益分配实践的物质主导与差别对待

专利权益分配是专利制度实践中明确权利归属、保证权利运用的过程。效率与公平的矛盾,是法律必须解决但又难以解决的永恒主题。[2] 在专利权益分配实践中,效率与公平之间的价值衡量也是一个必须面对的伦理难题。无论是在确立专利权归属的权益初次分配阶段,还是在专利权许可或转让的权益再次分配过程,效率与公平的兼顾都是其中无法逃避的核心问题。进言之,公平与效率是人类社会的基本价值关系和价值矛盾,它是社会基本矛盾的价值体现和反映。[3] 而在专利权益分配实践中,这一矛盾无疑表现得格外突出。过度强调专利权益分配效率,势必会影响权利配置的公平性;而过分重视专利权益分配的公平,也必然会阻碍制度运行的效率。

因而,合理的专利权益分配是有效地协调了效率与公平的专利

---

〔1〕 参见[德]阿明·格伦瓦尔德主编:《技术伦理学手册》,吴宁译,社会科学文献出版社 2017 年版,第 5 -6 页。

〔2〕 参见刘星:《西窗法雨》,法律出版社 2013 年版,第 125 页。

〔3〕 参见文正邦:《公平与效率:人类社会的基本价值矛盾》,载《政治与法律》2008 年第 1 期。

权配置，既非一味追求分配的高效，亦非单纯顾及分配的平等。具言之，在专利权益的初次分配过程中，应以发明创造的研发过程为基础，根据贡献大小在各研发参与者之间进行权益分配，并有效协调个人智力投入与单位物质投入之间的关系，在二者间合理分配专利权益；[1]而在专利权益的再次分配过程中，则应要求权利人一视同仁，公平对待所有被许可人及潜在让与人，同时为提高分配效率也应允许权利人对多项专利的集合许可或转让，以及为保障社会公益的强制性许可或转让，从而形成专利独立许可或转让与“一站式”打包许可或转让并存、自愿协商许可或转让与法律强制许可或转让共存的多元性权益再分配模式。[2]

但是，随着社会分工的日益细化、技术创造复杂性与集约化的不断增强，物质投入日渐成为主导发明创造完成以及专利申请进程的重要因素。专利的权益分配从初次分配中的权利归属到再次分配中的权利许可与转让也大多是由物质投入者所决定的。因为对于物质投入者而言，专利权只是一种回报，或者更确切地说，它是一种在市场中获得回报的机会。[3] 相应地，专利权益的分配也以物质投入的多少为基础，其中的智力投入也会按照金钱、财富等物质标准来计量。如此一来，专利权益的分配无疑是高效率的，但也是冰冷的、没有任何情感的。而且，这种唯利益论的权益分配模式势必会使物质匮乏者为物质丰裕者所倾轧，甚至难以获得公平的权益分配，进而形成对以物质因素为标准的差别对待，造成专利权益配置中的利益失衡与伦理失范。

---

〔1〕 See Parker A. Howell, *Whose Invention is it Anyway—Employee Invention—Assignment Agreements and Their Limits*, 8 Washington Journal of Law, Technology & Arts 79 (2012).

〔2〕 参见刘鑫：《TPP 背景下基因药品专利池之构建、管理与运行》，载《电子知识产权》2015 年第 11 期。

〔3〕 See Peter Drahos, *A Philosophy of Intellectual Property*, Ashgate Publishing Limited, 1996, p. 122.

（一）专利权益分配实践中物质主导现象的形成

专利权益分配是专利制度实践的重要环节，其中涉及权益初次分配和再次分配两个层面，前者中专利权归属的确定即为权利的原始取得的过程；后者中专利权的对外许可及转让则为使用权能够移转与权利的继受取得的过程。专利权益分配实践中物质主导现象在二者中都有显现，而造成这一现象的原因则在于现代发明创造的复杂性提升所造成的物质投入的巨大依赖性。具言之，在前现代时期，技术基本上都是经验性的，它们并没有任何经济上的考虑。[1]当物质投入参与进来，使专利技术得以在市场推销时，专利技术才开始具有经济价值。[2] 而随着发明创新合作化与集约化的不断加强，物质投入在专利技术成果生成中的影响得以进一步增强，并逐步成为主导因素。由此，专利的权益分配实践也当然会受物质因素影响，并往往由占主导地位的物质投入者来决定具体的权益配置。

在专利权益初次分配中的物质主导突出表现为专利技术研发中物质投入对专利权益归属的决定性的效力。毋庸置疑，与物质投入相比，发明人的智力投入即发明人的主观能动性，在专利技术的研发过程中显然是更为关键的，其在技术进化中具有基础性的选择作用，直接决定了技术发展的方向。[3] 因而，基于这种发明人将个人智慧注入创造物的基本认知，早先专利制度也将发明人作为原始专利权人，对创造天赋予以法律标榜。[4] 但是，随着发明创造复杂

---

〔1〕 林毅夫：《制度、技术与中国农业发展》，格致出版社、上海三联书店、上海人民出版社2014年版，第197页。

〔2〕 参见［苏丹］卡米尔·伊德里斯：《知识产权：推动经济增长的有力工具》，曾燕妮译，知识产权出版社2008年版，第17页。

〔3〕 参见杨中楷、徐梦真等：《论发明人的“个体选择”》，载《科学学研究》2014年第8期。

〔4〕 See Keith Aoki, *Authors, Inventors and Trademark Owners: Private Intellectual Property and the Public Domain - Part II*, 18 Columbia - VLA Journal of Law & the Arts 213 (1994).

性的增加、技术研发风险性的升高,物质投入的重要性与日俱增,拥有雄厚经济实力的大型企业日益成为发明创造的主导,而进行智力投入的发明人也不得不依从物质投入者的支配,相应地,专利权益归属无疑也往往由物质投入者所决定。进言之,这一专利权益初次分配中的物质主导现象在职务发明关系中更为明显,虽说对于职务发明创造而言,发明人的智力投入一般是本质性的、不可替代的,而单位的物质投入则是辅助性的、可替代的,[1]但由于现代技术研发的合作性与集约性,发明创造对单位的物质投入的依赖性极强,不仅离不开发明人的工作单位所提供的人力、物力和财力条件,往往还会受到物质因素的主导。[2] 不仅如此,职务发明关系中发明人与单位之间具有人身依附性的劳动关系,也会进一步提高作为物质投入者的单位在专利权益初次分配中的主导地位。[3]

在专利权益再次分配中的物质主导则主要体现为专利技术交易中物质投入者通过对专利权的掌握来实现对专利的许可与转让控制。物质投入在专利权益再次分配中的主导性是其在初次分配中主导效力的延伸,同时也是当下技术研发合作化与集约化趋势在技术交易中的重要体现。在专利权益的再次分配中,物质投入者对专利技术的交易支配力不仅包括是否进行专利技术交易,即是否对外许可或转让专利技术的决定,还涉及许可的权利范围与转让的专利类型的选择。然而,物质投入在专利权益再次分配中的主导作用,却并不会像在初次分配中一样仅局限于专利制度框架之内,往往会进入市场层面,大多是市场主体之间的竞争与博弈。毫无疑问,掌控专利技术的物质投入者无疑都希望将其在发明中的投资转

---

〔1〕 参见鲁莉、张永剑:《科技创新中职务发明人权益保障与激励机制研究》,载《科学管理研究》2015 年第 4 期。

〔2〕 参见郑成思:《知识产权论》(第 3 版),法律出版社 2007 年版,第 99 页。

〔3〕 参见凌宗亮:《职务发明报酬实现的程序困境及司法应对》,载国家知识产权局条法司编:《专利法研究(2013)》,知识产权出版社 2015 年版,第 192 页。

化为有市场价值的发明，并从中收回成本、获得利润，甚至牟取暴利。[1] 但一般而言，作为物质投入者的企业对自身所掌控的优势专利技术，第一选择大多都是自己实施以抢占相关市场，甚至将核心专利上升为技术标准以取得合理的市场权利，抑或利用核心专利挑战技术标准形成对市场的专利挟持。[2] 他们对外许可或转让的专利技术也大多是相对周边、不影响核心竞争力的，而且许可或转让的范围也往往会集中于物质投入者相互之间，并常常以回授条款加以限制。[3] 此外，当然也会有一些非专利实施主体参与进来，但其也是以巨大的物质投入为保障的，以专利整合公司的防御型专利许可为例，其只有以较大的物质投入积累专利组合，才能为其会员提供有效的防御型许可以应对非会员发起的诉讼。[4]

(二)物质投入主导下专利权益分配的差别对待

在物质投入主导的专利权益分配中，无论是确定权利归属的初次分配，还是实现权利流转的再次分配，都是在物质投入者的支配下进行的。这是当下技术创新复杂化、合作化、集约化趋势在专利权益分配中的实践映射，但同时也意味着专利权益分配中对不同主体的差别待遇，利益天平向物质投入者的倾斜使专利权益分配实践出现了保证效率却失之公平的道德风险。因为在物质投入者的眼中，只有财富、利润才是目的性价值，包括伦理在内的其他一切只具

---

〔1〕 See Graham Dutfield, *Intellectual Property, Biogenetic Resources and Traditional Knowledge*, Earthscan Press, 2004, p. 48.

〔2〕 See Ben Johnson, *Public Standards and Patent Damages*, 14 John Marshall Review of Intellectual Property Law 200 (2015).

〔3〕 See Josh Lerner, Marcin Strojwas & Jean Tirole, *The Design of Patent Pools: The Determinants of Licensing Rules*, 38 Rand Journal of Economics 610 (2007).

〔4〕 参见[英]罗威尔·克雷格:《通过谈判达成具有协同效应的知识产权许可协议》,载[英]埃里克·亚当斯等:《知识产权许可策略:美国顶尖律师谈知识产权动态分析及如何草拟有效协议》,王永生、殷亚敏译,知识产权出版社 2014 年版,第 23 – 24 页。

有工具性意义。[1] 他们以物质投入的形式参与专利技术的研发的过程中，乃至对专利权益分配的支配与主导，也都是为了充分且高效地实现获得利润与财富增长的目的性价值，而专利权益分配公平与否等其他的伦理问题无一例外都是工具性的、不重要的，也都是需要向目的性价值妥协的。一旦在专利权益分配中物质投入者获利的目的性价值的实现效率与权益分配在不同主体间的公平性等工具性追求发生冲突，他们会毫无犹疑地选择前者，即使这是以牺牲专利权益分配的公平性为代价而换来的。

站在物质投入者的角度，他们通过主导专利权益分配来获取利益、抢占市场的做法，完全是必要的，也是合理的，其中并不存在违反法律的情况。然而，对于智力投入者及其他参与主体而言，这样的权益分配模式无疑是有失公允的，物质投入者势必会优先保障自身利益，而其他人能否获得公平合理的权益分配则往往并不那么重要。诚然，在财产分配层面的公平正义是人们占有来源上的平等，即每个人必须拥有财产，而不是财产数量一律平等，[2] 但这种来源上的平等也必须是每个人到达这一来源的"距离"上的平等，而非每个人都有财产来源就意味着平等。在物质投入主导下的专利权益分配中，物质投入者与收益来源的"距离"最近，也最容易获得权益分配，而智力投入者及其他参与主体则与收益来源的"距离"较远，往往难以获得合理的权益分配。任何经济人个人利益的实现都必须以他人和社会利益的实现为前提，至少是以不损害他人和社会利

[1] 参见高兆明：《公司社会责任担当与背景性制度安排——以在华跨国公司为例》，载单继刚、甘绍平、容敏德主编：《应用伦理：经济、科技与文化》，人民出版社 2008 年版，第 29－40 页。

[2] 参见[德]黑格尔：《法哲学原理》，范扬、张企泰译，商务印书馆 1961 年版，第 58 页。

益为条件。[1] 而在专利权益分配实践中,物质投入者追求自身权益而忽视智力投入者及其他参与主体合理权益分配的做法无疑是不恰当的,甚至很多时候这种物质投入主导下的差别待遇会有悖公平正义,有违专利权益分配实践的基本伦理要求。

专利权益分配不应当仅仅是物质投入主导下的一种补偿和交换机制,而且还应当考虑更广的人类和社会目标,兼顾效率公平,努力实现专利权益的分配正义。[2] 物质投入主导下专利权益分配实践中对不同主体的差别对待,虽保障了权益分配的高效率但却失之公正,给予智力投入者及其他参与主体以不公平权益配置的潜在道德风险也由此产生。这种物质投入者所主导与支配的专利权益分配模式虽说是技术创新复杂化、集约化所导致的"社会化"研究安排,即"创新者的补偿和创新使用的费用相分离的制度设计"的必然结果,[3]但是对专利制度中分配正义的伦理基础与道德标准而言,却是一种颠覆式的冲击。专利权益的分配并非一道纯计算题,物质主导下完全以经济利益为基准的分配本身就是不合理的,而物质投入者利用自身在初次分配与再次分配中的支配地位对其他参与者的差别待遇,则更是有失公平、有违伦理的,这对于智力投入者及其他参与者而言,不仅是一种利益层面的分配失衡,更是一种由遭受不公而带来的道德痛楚。[4] 由此,面对专利权益分配实践中物质投入主导的现象,以确定权利归属为核心初次权益分配和以推进权

---

〔1〕 参见杨明:《论我国市场经济伦理构建的必要性及现实性》,载单继刚、甘绍平、容敏德主编:《应用伦理:经济、科技与文化》,人民出版社2008年版,第70-82页。

〔2〕 See E. Richard Gold, Bartha Maria Knoppers, *Biotechnology IP & Ethics*, LexisNexis Canada Inc., 2009, p. 267.

〔3〕 参见林毅夫:《制度、技术与中国农业发展》,格致出版社、上海三联书店、上海人民出版社2014年版,第135页。

〔4〕 参见[德]鲁道夫·冯·耶林:《为权利而斗争》,郑永流译,法律出版社2012年版,第10-12页。

利运用为重点的再次权益分配，都应格外注重权益分配的公平性，并为物质投入者予以必要的伦理性限制，避免其片面追求经济效益而不当利用主导地位。与此同时，还应从市场层面入手，为专利权益分配实践营造良好的物质投入环境，并将成熟、健全的市场伦理法则规范作为保障，使物质投入者能够在市场运行的道德框架下合理地追逐利益，保证相关的专利权益能够获得公平且高效的分配，从而有效化解物质投入主导下专利权益分配实践中有违伦理理性的差别对待问题。

本章小结

在专利制度中，伦理问题的产生往往被认为是源于新技术与新产业的挑战，即新兴技术与产业的飞速发展超越了专利制度的道德应对能力，致使专利制度在新的技术环境与产业背景下产生伦理迷失。但从较为严格的归因模式来看，技术革命与产业革新中所凸显的专利制度伦理难题都只是提供理由的事实，即专利制度伦理困境的具体表现；而背后真正的理由则是专利制度本体层面的伦理正当性基础模糊与实践中伦理指引薄弱。[1]

新技术发展所带来的专利伦理挑战和新运营机制所引发的专利伦理风险，是专利制度运行之中所出现的诸多伦理困境里最为常见，也是表现最为突出的两个问题，其中，前者是科技创新对专利制度中伦理观念的冲击；而后者则是市场运营对专利制度中道德准则的超越。一般而言，新技术的发展总是会冲击人的伦理观念，并引起伦理观念的改变，而科技发展的革命性特点也注定了其与伦理道

〔1〕“所谓提供理由的事实，是因其为事实，而使得为何某人应该做某事的理由存在。”参见王一奇：《理由与提供理由的事实》，载谢世民主编：《理由转向：规范性之哲学研究》，台北，台湾大学出版中心 2015 年版，第 111 页。

德之间的不平衡性,虽然随新技术产生的新伦理会使二者达到暂时的统一,但是一旦技术进步,新伦理立刻就会落后。[1] 而专利制度本身就是由技术发展所催生,并随技术的进步而不断创新,[2]由此可以说,专利制度与伦理观念无疑都是随着技术的发展而螺旋式上升的,并共同为技术发展提供保障。但在实践中,专利制度与伦理观念的变革却并不总是步调一致的,制度的变革往往要快于伦理的转向,如作为新兴技术典型代表的基因技术,目前已为美国、欧盟等的专利制度所接纳,但在伦理层面,各方却一直争执不下,没有定论,因而相应的专利制度伦理挑战也随之而来。不仅如此,专利技术商业化运营的不断推进,也使专利制度面临市场价值异化的伦理难题。正如孟德斯鸠所云,"商业法既能让风俗变得更好,也会使淳朴的风俗变坏"[3]。从"复合型产品产业"中市场主体间激烈的专利竞赛所引发的以大量专利层叠为表现形式的"专利丛林"困境,到"分离型产品产业"中市场主体往往以核心技术为基础构建"专利围墙"所造成的以技术片面独占为表现形式的"反公有地"悲剧,巨大商业利益诱使市场主体对专利制度过度工具化使用,更导致专利技术市场运营乱象丛生。而非专利实施主体的增多则进一步加剧专利技术商业化中的伦理风险,尤其是利用专利制度的缺陷、滥用权利的"专利蟑螂",更是往往会以违反专利制度设立理念的方式,从专利实践主体汲取不正当利益,严重败坏了专利市场运营的道德秩序。[4]

---

〔1〕参见傅忠:《从性别选择看伦理和科技的关系》,载单继刚、甘绍平、容敏德主编:《应用伦理:经济、科技与文化》,人民出版社 2008 年版,第 153 - 163 页。

〔2〕参见毛克盾:《技术创新与专利制度互动关系的历史考察》,载《理论月刊》2016 年第 5 期。

〔3〕[法]孟德斯鸠:《论法的精神》,袁岳编译,中国长安出版社 2010 年版,第 129 页。

〔4〕参见高戚昕峤:《专利蟑螂:法理危机与遏制之道》,载《河北法学》2016 年第 10 期。

所有的幸福都不取决于单个行为人善意与否，而取决于整个体系是否合适，只有在规范体系的保证下，才能期待行为人在其行为中体现出道德。[1] 专利制度中所出现的道德风险，从根本上看无疑也是由制度体系中的伦理失衡所致，其中虽有个别行为人道德败坏的情况出现，但只是个别情况，并不能引发遍布整个制度体系的伦理困境。因而，对专利制度伦理困境产生原因的探寻，需要分别从专利制度的基础架构与运行实践出发进行伦理层面的考察与衡量。就专利制度基础架构而言，道德风险一般被归因到制度正当性的伦理基础模糊上。"正当"作为道德评价的判断词，一般用以指代事物或行为的合道德性。[2] 专利制度的正当性，亦指专利制度的合道德性，其自产生之初便饱受争议，各种不同的理论与学说在一定伦理共识的基础上，从不同立场给予了专利制度正当性以道德认可，但却一直无法形成相对统一的正当性伦理基础，而新技术和新产业所引发的新道德危险则进一步加剧了专利制度正当性的伦理基础的模糊性。从专利制度的运行实践来看，道德风险往往被认为是由专利制度实践中的伦理指引薄弱所致。在专利授权审查实践中，由于伦理指引欠缺，实用主义日益成为价值主导，在其影响下专利授权范围日渐宽泛、公序良俗审查不断弱化，致使专利授权审查中出现了道德淡化的问题，危及社会的安全与秩序；而在专利权益分配实践中，伦理指引的不足则使物质投入所主导的权益分配模式失去控制，形成对不同主体的差别对待，虽实现了权益分配的效率，但却往往不能兼顾公平，丧失了专利权益分配的正当性。基于此，为有效应对专利制度的伦理困境，应以专利制度伦理风险的产生原

---

〔1〕 参见[德]克里斯托夫·吕特格：《市场经济和伦理：秩序伦理和企业伦理》，载单继刚、甘绍平、容敏德主编：《应用伦理：经济、科技与文化》，人民出版社 2008 年版，第 3－15 页。

〔2〕 参见何怀宏：《伦理学是什么》，北京大学出版社 2015 年版，第 78 页。

因为切入点,逐个击破,不仅要合理界定专利制度的正当性基础,还要明确专利制度实践中的伦理指引,这无论是对专利制度本身还是外部世界而言,都将是一种必要的道德的空气净化。[1]

〔1〕 参见[德]鲁道夫·冯·耶林:《为权利而斗争》,郑永流译,法律出版社2012年版,第30页。

第三章　专利制度理论证成的伦理分歧与路径选择

法律制度正当性，源于伦理道德层面的证成。法律制度的创设与发展是以一定社会道德为基础，并由道德规范为其提供伦理支持。[1] 近代法律制度的孕育过程，便是“以法律规范覆盖道德领域，并使既存规范吻合于一个合理的道德体系要求”[2]。道德的内在底蕴是每一项法律制度所必须具备的，完全没有伦理支撑的法律是不可能存在的。[3] 发轫于近代经济增长与科技进步的专利法律制度当然也无出其右，由特定的社会道德规范为其提供伦理支撑，形成对制度正当性的伦理证成。而这种为法律制度创设提供伦理支撑的道德规范，也是法律制度内蕴含的道德准则。正如富勒在其著作《法律的道德性》中所论述的，“法律的内在道德不是某种添附或强加到法律的力量之上的某种东西，而是那种力量本身的基本条件”[4]。而专利制度的建立则源于促进技术革新与普惠的基本社会伦理诉求，相应地，技术革新之“善”与技术普惠之“善”也就成为专利制度正当性的初始性道德基础与根本性伦理共识。

---

〔1〕 参见李仁武：《制度伦理研究——探寻公共道德理性的生成路径》，人民出版社2009年版，第284页。

〔2〕 [美]罗斯科·庞德：《法律与道德》，陈林林译，中国政法大学出版社2003年版，第45页。

〔3〕 参见田文利：《道德与法律之和谐解——道德与法律关系的三维解读》，载《道德与文明》2015年第5期。

〔4〕 [美]富勒：《法律的道德性》，郑戈译，商务印书馆2005年版，第180页。

然而，随着经济社会与科学技术的不断发展，专利制度的社会效用日趋多元，制度创立之初的道德基础与各种新的伦理诉求不再完全适应，也无法为制度提供充分的正当性伦理证成。由此，在专利制度具备技术革新之“善”与技术普惠之“善”的伦理共识基础上，基于差异的伦理诉求也就衍生出了不同道德面向上的专利制度正当性学说。从“道义论”伦理下的道德权利辩护与自然权利论证，到“功利论”伦理下的行为后果主义与竞争效果模式，不同的历史时期、不同的价值取向、不同的利益追求造就了各有侧重的多种理论学说，它们分别从不同的道德立场出发，为专利制度提供了不同发明阶段、不同文化背景、不同伦理面向的正当性基础。但也正是因为它们鲜明的道德立场选择与伦理价值取向，这些正当性理论都或多或少存在一定的问题与漏洞，不能从逻辑上完全周延。[1] 相应地，专利制度在正当性层面的伦理基础模糊问题随之而来，因而，对制度运行中所暴露的伦理困境也无法给出明确的理论回应。鉴于此，有必要以“道义论”与“功利论”的规范伦理划分为出发点，展开对专利制度正当性基础的伦理界定，厘清各种专利制度正当性学说的道德根基，理顺不同正当性理论在伦理面向上的差异，并在此基础上，科学合理地作出专利制度正当性基础的伦理抉择。

第一节　“道义论”伦理下的专利制度正当性及其局限

在“道义论”伦理的推理思路下，“人们行为或活动的道德性质和意义，最基本的不在于其所达成的目的或者其所体现的内在价

---

〔1〕 See Mark A. Lemley, *Faith—Based Intellectual Property*, 62 UCLA Law Review 1328 (2015).

值，而首先在于其本身所具有的伦理正当性”[1]。简言之，“道义论”伦理关注的重点在于规则、权利和行动本身的善，而非最终后果的善。[2] 这既是“道义论”伦理本质特征的突出表现，也是其与“功利论”伦理的根本区别之所在。对专利制度正当性的伦理证成，“道义论”伦理无疑也会从制度本身出发，搜寻制度之“善”的伦理基础，并逐步构建起体系性的伦理正当性理论或学说。而基于专利制度自身财产权保护制度的本质属性，“权利”也就当仁不让地成为“道义论”伦理证成专利制度正当性的核心本体与关键范畴。当下，以黑格尔哲学思想为基础的“人格财产学说”和以洛克哲学思想为基础的“劳动财产学说”两种证成财产权伦理正当性的重要学说，往往被延伸到专利财产权之上，为专利制度提供正当性的伦理基础，并逐步成为“道义论”伦理观下学界普遍认可的专利制度伦理正当性通说。鉴于此，为明晰“道义论”伦理下专利制度正当性的伦理基础，有必要从“人格财产学说”对专利财产权制度正当性的道德权利辩护和“劳动财产学说”对专利财产权制度正当性的自然权利论证两个方面着手，梳理并总结出其中的道德逻辑与伦理脉络，以期实现对专利制度正当性证成中“道义论”伦理面向的全面剖析。

一、“人格财产学说”的道德权利辩护及其理论缺陷

“道德权利”是对专利财产权制度正当性的一种重要伦理辩护。一般来说，包括专利制度在内的所有民事法律制度都是以人身为根本目的的，财产仅仅是实现人的目的的手段。[3] 正如德国法学家

---

[1] 万俊人：《论道德目的论与伦理道义论》，载《学术月刊》2003 年第 1 期。

[2] See Elizabeth Howe, *Normative Ethics in Planning*, 5 Journal of Planning Literature 123 (1990).

[3] 参见赵万一：《论民法的伦理性价值》，载《法商研究》2003 年第 6 期。

耶林对权利的经典论述，“为权利而斗争，实际上是人格的诗歌”[1]。因而，在“道德权利”的概念范畴中，人身与人格无疑具有极高的体系价值，是财产权私有的伦理正当性基础之所在。而以黑格尔哲学思想为基础的“人格财产学说”则是对专利制度正当性的道德权利辩护中最为典型的理论学说。该学说由德国近代古典哲学集大成者格奥尔格·威廉·弗里德里希·黑格尔（Georg Wilhelm Friedrich Hegel）提出，是以道德权利为中心，并依据“意志—人格—财产”哲学范畴所构筑出的财产权正当性证成的伦理路径。[2] 在《法哲学原理》一书中，黑格尔将“意志”“人格”“财产”三个要素之间的哲学关系以“三段论”式的逻辑模型展开论述，即以财产占有情况决定意志自由程度和意志自由彰显人格的本质内涵为前提条件，推导出财产权利与人格价值间的重要依存关系。[3] 面对专利权等无形财产权的相继出现，“人格财产学说”并没有产生“排异”反应。这一为所有权等有形财产权提供正当性伦理基础的理论学说常常被学者延伸至客体非物质性的发明创造等知识产品之上，用来证成专利权等无形财产权的伦理正当性。[4] 当然，“人格财产学说”对专利权的兼容，也并不意味着其能给予专利制度以完全周延的正当性证成，其对财产权利与人格价值之间联系的过分强调，在很多情况下会成为新发明、新技术获得专利授权的伦理阻碍。由此，为深入了解“人格财产学说”对专利制度伦理正当性的道德权利辩护，有必要详细梳理其对专利制度正当性进行伦理证成的

---

〔1〕［德］鲁道夫·冯·耶林：《为权利而斗争》，郑永流译，法律出版社2012年版，第22页。

〔2〕参见吴汉东：《法哲学家对知识产权法的哲学解读》，载《法商研究》2003年第5期。

〔3〕参见刘鑫：《专利制度的哲学基础及其正当性分析》，载《佛山科学技术学院学报（社会科学版）》2016年第2期。

〔4〕See Peter Drahos, *A Philosophy of Intellectual Property*, Ashgate Publishing Limited, 1996, p. 73 – 94.

具体进路,并从中发掘"人格财产学说"所存在的问题与缺陷。

(一)"人格财产学说"对专利制度正当性的证成

"人格财产学说"是以道德权利为中心、以"意志—人格—财产"的哲学范畴为基础的一种财产权正当性理论。(见图 3－1)该学说在"意志""人格""财产"三个要素之间构建了对财产权正当性的"三段论"式伦理证成。其中,大前提为"人格的本质内涵在于意志自由",即只有拥有自由意志,一个人才能成为法哲学意义上具备独立人格和权利能力的"人"。[1] 若一个人的意志自由受到他人支配,那么这个人只能说是他人的附庸而并无人格可言。而小前提则为"财产是人生存和发展的基础",对此黑格尔的表述是"人把他的意志体现于物内,这就是所有权的概念"[2]。若没有必要的财产保障,人类最为根本的生存与发展需要将无法获得满足,意志自由也就更无从谈起了。因此,可以得出,财产权是人格实现之保障以及人格是财产权获得之基础的结论,进而以意志自由为桥梁、从人格层面实现对财产权私有的正当性证成。

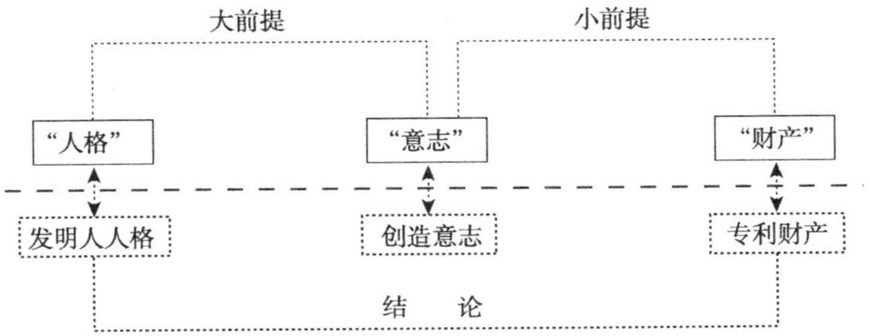

图 3－1　"人格财产学说"证成专利制度正当性的伦理框架

---

〔1〕 参见[德]黑格尔:《法哲学原理》,范扬、张企泰译,商务印书馆 1961 年版,第 46 页。

〔2〕 [德]黑格尔:《法哲学原理》,范扬、张企泰译,商务印书馆 1961 年版,第 59 页。

随着科学技术的不断进步和发明创造的日益增多，“人格财产学说”逐渐被应用于专利权等知识产权的理论证成中，作为其正当性的伦理基础。如图3-1所示，“人格财产学说”中，财产权私有正当性“三段论”式伦理证成“意志”与“人格”相联结的大前提，以及“意志”与“财产”相联结的小前提，对专利财产权等无形财产权同样适用，“意志”“人格”“财产”三个要素分别具体对应着“创造意志”“发明人人格”“专利财产”，其中并不存在无法克服的理论鸿沟。不仅如此，专利客体的非物质性也使其中“意志—人格—财产”的理论脉络与制度结构更为契合。由此，为进一步明晰“人格财产学说”对专利制度正当性进行伦理证成的具体进路，应分别从“意志”与“人格”的联结关系和“意志”与“财产”的联结关系入手，理顺其证成专利制度正当性的伦理脉络。

1. 专利制度正当性证成中“意志”与“人格”的联结

在“人格财产学说”的理论框架下，“意志”与“人格”之间的联结关系是其证成财产权私有伦理正当性的“大前提”。“人格”是人之所为人的基本条件，即人有能力承担加于他的行为，是具有意志自由的主体，而非本身没有自由、作为意志自由活动对象的物。[1] 而人主体意志的“排他的单一性”无疑也是单一的意志即人格的产生基础。[2] 因而，意志自由往往被认为是人格的本质内涵之所在。“意志”本身是与道德责任、创造力、自尊和幸福等诸多因素相关的一种心理倾向。[3] 意志的自由则受到道德、伦理等既有意识改写无意识心灵预置行为的影响，而这也是意志自由的心灵根基所

〔1〕 参见［德］康德：《法的形而上学原理——权利的科学》，沈叔平译，商务印书馆1991年版，第26页。

〔2〕 参见［德］黑格尔：《法哲学原理》，范扬、张企泰译，商务印书馆1961年版，第50-51页。

〔3〕 参见董蕊、彭凯平等：《自由意志：实证心理学的视角》，载《心理科学进展》2012年第11期。

在。[1] 基于此，可以认为，“意志”与“人格”之间的联结关系，实质上是一定道德标准与伦理基础之上的心理认知，以此为前提条件所形成的财产权正当性证成无疑是一种“道德权利”的伦理辩护。对于专利财产权制度而言，权利客体非物质的特殊属性并不影响发明人的意志自由，发明创造活动的进行无疑是发明人自主创新的创造力的重要彰显，同时也更是发明人自由意志的重要体现。进言之，发明人进行发明创造的自由意志是发明人人格的本质内涵与核心构成。因此，“人格财产学说”中财产权私有正当性伦理证成中“意志”与“人格”相联结的大前提，在专利财产权制度正当性证成过程中同样可以适用，“意志”与“人格”两大要素分别被具象为专利制度语境下的“创造意志”与“发明人人格”，并以“创造意志”的自由，实现对“发明人人格”的有效诠释。

2. 专利制度正当性证成中“意志”与“财产”的联结

在“人格财产学说”的理论框架下，“意志”与“财产”之间的联结关系是其证成财产权私有伦理正当性的“小前提”所在。“意志”作为特定社会道德与伦理因素影响下形成的心理倾向，其自由往往是以主体对财产的占有为基础的，即一个人只有拥有了稳定的财产，他才能依靠所掌握的财产而实现意志自由的愿望。[2] 因而，“人格财产学说”中“意志”与“财产”之间的联结也就体现为“人有权把他的意志体现在任何物中，因而使该物成为我的东西”。[3] 易言之，一个人拥有的、并感觉是自身延续体的一部分的所有离散单位，在一定程度上，都是个人财产。[4] 基于此，可以认为，“意志”与

---

〔1〕 参见费多益：《意志自由的心灵根基》，载《中国社会科学》2015 年第 12 期。

〔2〕 See Justin Hughes, *The Philosophy of Intellectual Property*, 77 Georgetown Law Journal 287 (1988).

〔3〕 参见［德］黑格尔：《法哲学原理》，范扬、张企泰译，商务印书馆 1961 年版，第 60 页。

〔4〕 参见［美］罗伯特・P. 墨杰斯等：《新技术时代的知识产权法》，齐筠等译，中国政法大学出版社 2003 年版，第 8 页。

"财产"之间的联结关系,实质上是在特定社会伦理环境下将财产的私有作为意志自由的源泉,而以此为小前提的财产权正当性证成无疑也是一种"道德权利"的伦理辩护。对于专利财产权制度而言,权利客体的非物质性使"人格财产学说"在论证有形财产所有权正当性时的意志物化过程得以省去。这无疑使发明人的创造意志可以更为便捷地获得保护,成为"专利财产",当然也使发明人的人格更为充分地得以彰显。进言之,"人格财产学说"中证成财产权私有正当性的"意志"与"财产"相联结的小前提,也像"意志"与"人格"相联结的大前提一样,存在专利制度语境下的具体释义,即"创造意志"与"专利财产",从而使专利制度充分地融入了"人格财产学说"的"意志—人格—财产"理论范畴之中。

(二)"人格财产学说"道德权利辩护的理论缺陷

"人格财产学说"作为财产权私有正当性证成的重要理论基础,不仅有力佐证了所有权等有形财产权的伦理正当性,同时也为专利制度等无形财产权制度提供了有力的道德权利辩护。然而,该学说并非尽善尽美,其对人格价值的过度强调往往会造成适用的偏差。毋庸置疑,在"人格财产学说"的理论架构下,人格一般包含着权利能力,即"成为一个人,并尊敬他人为人"〔1〕。而私有财产则是这一权利能力的本质来源,也是人格在世界上实现其自身价值的核心所在。但对于学说的创立者黑格尔而言,财产本质上具有根深蒂固的的工具性质。〔2〕 财产的私有以及财产权的授予都是服务于意志自由、服务于人格独立的,而在独立人格与自由意志的制约下,财产的私有,乃至财产权的授予无疑也都是受到限制的。一方面,"人格财产学说"利益取向的单一性会导致财产权制度的多元价值旁落;另

---

〔1〕 [德]黑格尔:《法哲学原理》,范扬、张企泰译,商务印书馆1961年版,第53页。

〔2〕 See Peter Drahos, *A Philosophy of Intellectual Property*, Ashgate Publishing Limited, 1996, p. 78 –81.

一方面，“人格财产学说”严密的理论框架则会致使其在面对新型财产权利时发生难以自洽的问题。“人格财产学说”这一局限在专利制度等无形财产权制度中则更为凸显，因为智力活动产出的发明创造等无形财产不仅仅是纯粹的财产，同时是人格的反映，专利制度等无形财产权制度中奇异的“人格财产一体性”也由此而来。[1]

1.“人格财产学说”利益取向的单一性

“人格财产学说”建立在“意志—人格—财产”的伦理范畴之上，这虽为包括专利财产权在内的各种财产权制度提供了正当性基础，但其严密的逻辑架构也造成了利益取向的一元化，过度强调发明创造的人格价值含义而忽视了发明创造作为全人类共同财富的社会公益属性。申言之，在“人格财产学说”的理论框架下，财产权伦理正当性是将“财产”与“人格”挂钩，证成财产权私人占有的伦理正当性，而财产权私有与社会公共利益如何兼顾并不是该学说的适用范围。然而，伦理的基本问题不在于自私和利他，而在于要求个人追求自己的利益，他人能因为这个行为受益。[2]“人格财产学说”对财产权正当性的证成只能为私人的财产权占有提供人格层面的论据，并不能有效证明这种财产权私有的情形能否也对权利人外的第三人有益。具体到专利制度而言，“人格财产学说”的证成内容无疑也只是专利权私人占有的正当性，在此基础上，以“权利独占”为核心的专利制度的技术革新之“善”得以充分彰显，而以“技术公开”为重点的专利制度的技术普惠之“善”则无法在其中找到正当性的伦理基础。但保护个人自由并不是法律的唯一目的，法律的目

---

〔1〕 参见李琛：《质疑知识产权之“人格财产一体性”》，载《中国社会科学》2004年第2期。

〔2〕 参见[德]克里斯托夫·吕特格：《市场经济和伦理：秩序伦理和企业伦理》，载单继刚、甘绍平、容敏德主编：《应用伦理：经济、科技与文化》，人民出版社2008年版，第3-15页。

的是在个人原则与社会原则之间形成一种平衡。[1] 因此可以说，“人格财产学说”对专利制度正当性的伦理证成是有局限性的，利益取向的单一性直接导致其正当性证成的片面性，并不能使专利制度技术革新之“善”与技术普惠之“善”的制度基础都获得充分的伦理证成。

2.“人格财产学说”理论框架的封闭性

“人格财产学说”中“意志—人格—财产”的严密逻辑结构，形成了一个封闭性的理论框架，虽能使财产权私有的正当性获得周密的伦理证成，但也极大地降低了理论的适用“弹性”，其在面对新技术、新产业发展所带来的新型财产权生成与运行模式时往往难以实现伦理自洽。易言之，“人格财产学说”的严密理论框架，实质上就犹如上位规范对下位规则所设置的一种“框”，符合“人格财产学说”上位规范的“框”的财产权私有类型，即具有正当性；而与这种“框”不契合的财产权私有情况是否具有正当性，则无法以“人格财产学说”作为伦理基础进行判断，因为它们超越了“人格财产学说”的“预测的可能性”。[2] 例如，当前最为前沿的人工智能技术就为“人格财产学说”在专利制度正当性证成中的适用带来了巨大的挑战。人工智能都可以在没有人类干预的情况下自主生成发明创造，而这种脱离人类控制的自主性使人工智能区别于传统意义上的辅助人类完成工作的机器或装置，成为代替人类独立完成创造性工作的“主体”。[3] 然而，人工智能本身并不具有人格属性，其进行创造活动的意愿能否被认为是一种“意志”也存在疑问，而且其中是否完

---

〔1〕 参见［美］E. 博登海默：《法理学：法律哲学与法律方法》，邓正来译，中国政法大学出版社2004年版，第114页。

〔2〕 参见杨仁寿：《法学方法论》（第2版），中国政法大学出版社2013年版，第112、130页。

〔3〕 See Matthew U. Scherer, *Regulating Artificial Intelligence Systems: Risks, Challenges, Competencies, and Strategies*, 29 Harvard Journal of Law & Technology 363 (2016).

全体现了自身的"意志"也有待商榷。[1] 若给予人工智能生成发明创造以专利保护，这一专利权的正当性将无法通过"人格财产学说"进行道德权利的辩护，除非对人工智能的自由意志展开合理界定且对其法律人格进行必要创设，使之满足"人格财产学说"的理论架构，但也难免阻碍重重、争议纷扰。

二、"劳动财产学说"的自然权利论证及其理论缺陷

"自然权利"是证成专利财产权制度正当性的关键道德根基，并常常被作为论证专利制度伦理正当性的逻辑起点。这种自然权利论证强调人们对自己创造的思想享有自然权利上的权利，他人未经许可而占有其思想，应该被谴责为一种盗窃行为。[2] 通常认为，以法律制度保护发明创造的做法是由自然法演进而来的。[3] 不仅如此，专利制度从特权到财产的转变也往往被认为是在自然法观念的影响下完成的。[4] 因而，自然法框架下的"自然权利"也就成为证成专利财产权制度正当性的一大伦理基础为众多学者所援引，并获得学界的普遍认同。而以洛克哲学思想为基础的"劳动财产学说"则是对专利制度正当性的自然权利论证中最具代表性的理论学说。该学说由英国17世纪的哲学家约翰·洛克(John Locke)所创设，是以自然权利为基础的一项十分重要且影响深远的财产权正当性理论。"劳动财产学说"在创立之初，仅仅论证了有形财产权的正当性而未涉及专利权等无形财产权。但这并不是因为该理论存在缺漏，不能适应专利权的客体非物质特性，而是因为在洛克的时代专

---

〔1〕 See Tom G. Palmer, *Are Patents and Copyrights Morally Justified – the Philosophy of Property Rights and Ideal Objects*, 13 Harvard Journal of Law & Public Policy 817 (1990).

〔2〕 参见梁志文:《论专利公开》,知识产权出版社 2012 年版,第 35 – 36 页。

〔3〕 参见曾陈明汝:《两岸暨欧美专利法》,中国人民大学出版社 2007 年版,第 3 页。

〔4〕 See Adam Mossoff, *Rethinking the Development of Patents: An Intellectual History, 1550 – 1800*, 52 Hastings Law Journal 1255 (2001).

利权还未出现。随着人类创造能力的不断提升，专利权等知识产权相继产生，学者常常将以体力劳动为基础论证有形财产权正当性的“劳动财产学说”延伸到脑力劳动之上来论证专利权等知识产权的伦理正当性。[1] 与此同时，也有学者从知识产品产生的偶然性[2]以及专利制度保护范围扩张的道德风险[3]等层面，提出了运用“劳动财产学说”证成专利制度伦理正当性的质疑与担忧。由此，为全面解析“劳动财产学说”对专利制度伦理正当性的自然权利论证，有必要深入探寻其对专利制度正当性进行伦理证成的具体框架，并从中找出“劳动财产学说”自然权利论证的理论缺陷。

（一）“劳动财产学说”对专利制度正当性的证成

“劳动财产学说”是以自然权利为基础，以“共有”“劳动”“需求”三个要素为基本架构的重要财产权正当性理论。[4] 该学说最初是为证成土地等有形财产私有的伦理正当性而形成，其中，“共有”是财产权私有的前提条件，即“土地和一切低等动物为一切人所共有，但是每个人对自己的人身享有一种所有权”[5]；“劳动”是财产权私有的核心条件，即个人的劳动把个人财产与人类共有财产区

---

〔1〕 See Douglas G. Baird, *Common Law Intellectual Property and the Legacy of International News Service v. Associated Press*, 50 University of Chicago Law Review 413 (1983).

〔2〕 如 Mark A. Lemley 以知识产品（技术）的产生的偶然性为基础，发现创造性劳动的特殊性，即并不是所有的研发劳动都能获得回报，并得出知识产品不同于洛克财产权劳动学说中“苹果”（有形财产）的结论。See Mark A. Lemley, *Faith – Based Intellectual Property*, 62 UCLA Law Review 1328 (2015).

〔3〕 如朱理认为“对知识产权而言，财产权劳动学说蕴含更大的危险，为无限地扩大知识产权提供了正当性的依据”。参见朱理：《财产权劳动学说与知识产权——劳动学说能够为知识产权提供正当性吗？》，载《科技与法律》2006 年第 2 期。

〔4〕 See Justin Hughes, *The Philosophy of Intellectual Property*, 77 Georgetown Law Journal 287 (1988).

〔5〕 ［英］洛克：《政府论》（下篇），叶启芳、瞿菊农译，商务印书馆 1964 年版，第 19 页。

别开来;[1]“需求”则是财产权私有的限制条件,即个人占有财产应以自身生存与发展的需要为限度,同时应当留有足够多,同样好的东西给其他人共有。[2]

随着技术发明等无形财产日渐增多,“劳动财产学说”常常被予以扩大解释,用于论证专利权等知识产权的伦理正当性。如图3－2所示,作为财产权私有之前提条件的“共有”要素和作为财产权私有之核心条件的“劳动”要素,以及作为财产权私有之限制条件的“需求”要素,分别佐证了专利权的取得标准、归属规则、限制机制的伦理正当性,使客体非物质的专利制度能够在“劳动财产学说”的伦理指引下有序运行。由此,为进一步明确“劳动财产学说”对专利制度正当性进行伦理证成的具体框架,应分别从“共有”“劳动”“需求”三要素出发,梳理出其证成专利制度正当性的伦理进路。

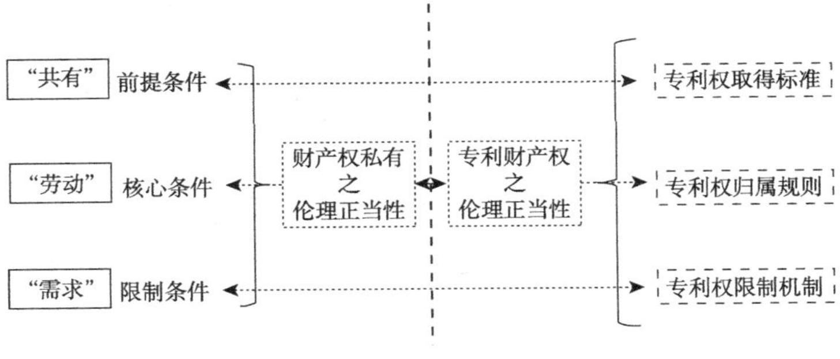

图3－2　“劳动财产学说”证成专利制度正当性的伦理框架

1.专利制度正当性证成中的“共有”要素

“劳动财产学说”是建立在财产由全人类所共有的初始状态之

---

〔1〕参见[美]罗伯特·P.墨杰斯等:《新技术时代的知识产权法》,齐筠等译,中国政法大学出版社2003年版,第2页。

〔2〕参见[英]洛克:《政府论》(下篇),叶启芳、瞿菊农译,商务印书馆1964年版,第19－21页。

上的。从财产共有中积极共有与消极共有的分类[1]来看,“劳动财产学说”中的共有是一种建立在人类高度自觉的假设之上的消极共有,即“谁改变了天然的自然产品在自然中的状态,谁因此取得了它们的所有权”[2],并不需要获得其他共用权人一致同意。作为专利权保护客体的发明创造,在被赋予财产权利之前,无疑也是全人类所共有的财富,其对于发明人等知识产品的生产者而言并没有特殊的意义,任何人都可以自由地获取并利用。[3] 而专利权的产生往往也是基于发明人等知识产品的生产者对共有状态下的“思想”“信息”等内容的加工与创新。这样看来,专利权的产生前提是与“劳动财产学说”消极共有模式完全契合的。然而,在实践中,人们对财产权的追求并不总在高度自觉的基础之上,人类趋利的本性往往会诱发对共有资源的抢占,尤其是对客体非物质的专利权而言,消极共有模式下人们对发明创造的争夺会日益侵蚀公有领域,权利人之间的权利交叉与冲突也会不断加深。由此,为实现“劳动财产学说”专利制度正当性的有效证成,有必要将“劳动财产学说”的理论前提从消极共有改为积极共有,并将专利法上之“新颖性”“创造性”等专利权取得标准作为全体共有人同意的推定。鉴于此,也可以认为,专利权取得标准的设定是以“劳动财产学说”中的“共有”要素为理论指引的。

---

〔1〕 积极共有是指资源由全体共有权人所共同共有,任何人要对共有物享有权利都必须经过全体共有权人同意;消极共有则是指资源不属于任何人,任何人都可以对该资源行使权利。参见[澳]彼得·德霍斯:《知识财产法哲学》,周林译,商务印书馆2008年版,第3页。

〔2〕 [英]洛克:《政府论》(下篇),叶启芳、瞿菊农译,商务印书馆1964年版,第25页。

〔3〕 See Tom G. Palmer, *Are Patents and Copyrights Morally Justified – the Philosophy of Property Rights and Ideal Objects*, 13 Harvard Journal of Law & Public Policy 817 (1990); Justin Hughes, *The Philosophy of Intellectual Property*, 77 Georgetown Law Journal 304 (1988).

2. 专利制度正当性证成中的“劳动”要素

“劳动财产学说”将劳动作为财产的产生根据，即“一个人使任何东西脱离自然所提供的和那个东西所处的状态，这个人就已经在那个东西上掺进他的劳动，加进了他自己的某种东西，因而使它成为他的财产”[1]。而且，随着人类文明的发展，人类生存无法再完全依靠对共有资源的自然取得的方式进行，劳动在财产创造中的作用不断凸显，以“劳动”核心为要素的“劳动财产学说”也日渐成为证成财产权正当性的主流理论。专利财产权作为财产权谱系中的重要组成部分，虽无法像有形财产权一样被切实地占有和完全的转让，但也是基于发明人等知识产品生产者的创造性劳动而符合法律的保护标准，脱离自然状态而成为一项私有财产权利的。由此，可以说，对发明创造等知识产品生产者专利权的授予也是以其在知识产品创造中所付出的劳动为依据的，而“劳动”无疑也是专利制度的正当性证成中的核心要素。但是，必须格外注意的是，由于知识产品产生的偶然性和知识产品仿制的便捷性，作为知识产权归属依据的“劳动”并不是所有生成发明创造等知识产品的劳动，而是在竞争中胜出的劳动。[2] 以专利权为例，只有最先创造出发明成果的“劳动”才能成为专利授权的依据，在其后创造出相同发明成果的“劳动”则不会被授予专利权，不仅如此，若在后“劳动”是在知晓在前“劳动”的内容并依照在前“劳动”的模式进行，其甚至还可能成为专利侵权的证据。[3] 鉴于此，也可以进一步认为，专利权归属规则的设计是以“劳动财产学说”中的“劳动”要素为理论依据的。

---

〔1〕［英］洛克：《政府论》（下篇），叶启芳、瞿菊农译，商务印书馆 1964 年版，第 19 页。

〔2〕 See Mark A. Lemley, *Faith - Based Intellectual Property*, 62 UCLA Law Review 1328 (2015)；龙文懋：《知识产权法哲学初论》，人民出版社 2003 年版，第 112 页。

〔3〕参见刘鑫：《专利制度的哲学基础及其正当性分析》，载《佛山科学技术学院学报（社会科学版）》2016 年第 2 期。

3. 专利制度正当性证成中的“需求”要素

“劳动财产学说”中的“需求”不仅意味着对某一个体财产权私有需求的满足，而且意味着所有人以自身生存发展为基础财产权的诉求都应得到满足。因而，为使所有人通过占有财产以保障自身生存发展的需求都得以满足，就必须对财产权私有的范畴予以必要的限制。为此，洛克提出了“足够保留”和“禁止浪费”两个限制条件，一方面，个人占有财产的同时，应当留有足够多，同样好的东西给其他人共有；另一方面，个人在对共有财产的私有化过程中应以自身生存与发展的需要为限度，因为“上帝创造的东西不是供人们糟蹋和败坏的”。[1] 在专利制度正当性证成中，“需求”要素同样具有至关重要的作用，专利权的行使仍然受到“足够保留”和“禁止浪费”两个条件的限制。诚然，知识产品作为无形财产并不会如有形财产一样出现利用上的冲突，相同相似的思想、创意往往是同时存在的，即使一项知识产品被某一个个体所占有，也总会有足够多、同样好的东西留给其他共有人，与此同时，无形财产稀缺性的不足，也会使其失去被浪费的可能。[2] 但是当法律通过权利拟制在发明创造等知识产品之上赋予财产权利而形成专利权后，产生了一种人为制造的“强制性稀缺”，权利人对关键专利的掌控往往形成对核心技术甚至产业的垄断。[3] 若不对专利权的行使加以必要的限制，专利权人往往会不顾其他知识共有人的需求而滥用权利，使他人平等进行创造及获取知识的机会遭受严重损害，并使专利制度背离制度运行

---

〔1〕 参见［英］洛克：《政府论》（下篇），叶启芳、瞿菊农译，商务印书馆 1964 年版，第 19－21 页。

〔2〕 See Tom G. Palmer, *Are Patents and Copyrights Morally Justified – the Philosophy of Property Rights and Ideal Objects*, 13 Harvard Journal of Law & Public Policy 817 (1990).

〔3〕 See Peter Drahos, *A Philosophy of Intellectual Property*, Ashgate Publishing Limited, 1996, p. 172.

的正当轨迹。[1] 鉴于此,也可以进一步认为,专利权限制机制的设置是以“劳动财产学说”中的“需求”要素为理论基础的。

(二)“劳动财产学说”自然权利论证的理论缺陷

“劳动财产学说”是进行财产权伦理证成的重要理论基础。该学说虽肇始于传统的劳动投入及成果归属背景下对土地所有权等有形财产权的正当性论证,但随着发明创造等智力劳动的出现,该学说也逐渐成为保护创造者发明及投资成果的专利权等无形财产权的理论基础。[2] 然而,“劳动财产学说”的自然权利论证在证成专利制度等无形财产权正当性时却并非完全与之契合,受限于学说产生历史时期与社会背景的一系列理论缺陷相继爆发。毋庸置疑,保存自我的努力是德行唯一的基础。[3] “劳动财产学说”以“劳动”为核心要素,使人们对财产的占有与排他具备了伦理上的正当性,使人类得以拥有财产并以此保证生存、保存自我。但随着人类社会的不断发展进步,“劳动”不再是一个决定性的、完整的论证财产权正当性的基点,影响财产权生成与继受的因素多种多样,各种关系互相依存。[4] 概言之,“劳动财产学说”的自然权利论证模式在专利制度正当性伦理证成中所呈现的理论困境大致可以归纳为“劳动财产学说”历史条件的局限性与决定要素的滞后性两个方面。其中,前者源于“劳动财产学说”与专利制度在产生背景上的差异性;而后者则由“劳动财产学说”与专利制度在运行环境上的不适应性所诱发。

---

〔1〕 See Wendy J. Gordon, *A Property Right in Self – Expression: Equality and Individualism in the Natural Law of Intellectual Property*, 102 Yale Law Journal 1533 (1993).

〔2〕 参见[日]加藤雅信:《“所有权”的诞生》,郑芙蓉译,法律出版社 2012 年版,第 137 页。

〔3〕 参见[荷]斯宾诺莎:《伦理学》,贺麟译,商务印书馆 1983 年版,第 173 页。

〔4〕 See Peter Drahos, *A Philosophy of Intellectual Property*, Ashgate Publishing Limited, 1996, p.48.

1.“劳动财产学说”历史条件的局限性

“劳动财产学说”最初是以“共有”“劳动”“需求”三大要素为基础,对土地所有权等有形财产权所有权的正当性进行“自然权利”的伦理证成。洛克创立这一学说的目的即在于以人们对生存必需品的各自占有来保障最为根本的生存权利,从而达到自然理性下的基础伦理要求。而包括专利制度在内的知识产权制度能否与这一正当性目的取向相契合则并不确定。[1] 诚然,通过合理的理论释义,“劳动财产学说”下“共有”“劳动”“需求”三大要素都可以在专利制度中适用,并从“自然权利”层面对专利制度的伦理正当性进行论证,但是,专利制度与“劳动财产学说”保障基础人类生存权利的伦理出发点却不吻合,因而,“共有”“劳动”“需求”三大要素能否为专利制度的正当性提供充分的伦理证成也会由此存疑。究其根本,这是由“劳动财产学说”历史条件的局限性所导致的。因为在传统的农耕社会,土地所有权意味着对社会成员的资源分配,同时也是社会成员生存的保障。[2] 而专利财产权虽为工业时代至关重要的财产权利,对社会的经济与科技的发展进步具有显著的促进效用,但在制度框架内却并不存在保障社会成员基本生存权利的自然理性映射。因此,由于专利制度产生背景与“劳动财产学说”形成历史条件的巨大差异性,以“劳动财产学说”中“共有”“劳动”“需求”的理论架构对专利制度进行伦理正当性的“自然权利”论证,难免会出现“水土不服”的情况,进而造成专利制度正当性伦理证成的不充分与不周延。

2.“劳动财产学说”决定要素的滞后性

“劳动财产学说”由“共有”“劳动”“需求”三要素所构成,在证

---

〔1〕 参见[美]威廉·费歇尔:《知识产权的理论》,黄海峰译,载刘春田主编:《中国知识产权评论》第1卷,商务印书馆2002年版,第23-24页。

〔2〕 参见[日]加藤雅信:《“所有权”的诞生》,郑芙蓉译,法律出版社2012年版,第65-66页。

成财产权正当性的过程中,“共有”是前提条件,“需求”是限制条件,“劳动”则是其中的核心条件。易言之,“劳动”为“劳动财产学说”的决定要素,一项财产权利正当性的伦理基础也在于其中蕴含或附加着“劳动”。[1] 毋庸置疑,在“劳动财产学说”产生之初,人类社会的生产力与生产关系都相对落后,“劳动”的确是最核心的生产要素,是提供社会福利的关键方式,对人类的生存与发展具有决定性作用。而随着专利权等无形财产权的出现,“劳动财产学说”也被用来证成他们的伦理正当性,即使是对与传统体力劳动不同的脑力劳动,人们也应享有劳动成果的财产权。[2] 尤其是其中不情愿、不开心的劳动,更应被给予财产回报,并以权利的形成来实现这一回报。[3] 但是,其中的一个关键问题被人们忽视了,即在专利权所保护的发明创造等内容的生成过程中,“劳动”已不再是最核心的生产要素,而仅仅是众多生产要素中的一个,尤其是随着“资本”要素在社会生产中影响力的不断提升,“劳动”要素也并无“往日风采”,难以对社会生产起到决定性作用。不仅如此,单位与发明人之间非自主性劳动关系或者依附性劳动关系的产生,更使原本具有决定性作用的“劳动”要素受制于“资本”要素。[4] 因此,可以说,以“劳动”作为核心决定要素的“劳动财产学说”是严重滞后于生产力与生产关系发展的。而若再已“劳动”作为核心条件来证成专利权等无形财产权的伦理正当性,无疑是不够全面的,也是有失严谨的。

---

[1] See Peter Drahos, *A Philosophy of Intellectual Property*, Ashgate Publishing Limited, 1996, p. 42 –43.

[2] See Douglas G. Baird, *Common Law Intellectual Property and the Legacy of International News Service v. Associated Press*, 50 University of Chicago Law Review 413 (1983).

[3] See Justin Hughes, *The Philosophy of Intellectual Property*, 77 Georgetown Law Journal 287 (1988).

[4] 参见[德]雷蒙德·瓦尔特曼:《德国劳动法》,沈建峰译,法律出版社2014年版,第4页。

第二节 “功利论”伦理下的专利制度正当性及其局限

在“功利论”伦理的推理思路下,对任何一项行动的赞成或非难,都是按照势必增大或减小利益有关者之幸福的倾向,即促进或妨碍此种幸福的倾向进行的,当一项行动增加共同体幸福的倾向大于它减少这一幸福的倾向时,它就是符合功利的,也是应当被赞成和提倡的。[1] 由此,不难发现,“功利论”伦理与“道义论”伦理的关注重点有所不同,其所强调的是最终后果的趋利避害,即后果主义的善。[2] 而且,作为“功利论”伦理行为对错标准的“幸福”也并非行为者本人的最大幸福,而是全体相关人员的最大幸福。[3] 因而,在“功利论”伦理的指引下,专利制度的正当化根据并不只是实现权利者自身的最大限度的幸福,还应加入有益于更广泛的多数人最大限度幸福的考量。[4] 在此基础上,“专利激励学说”和“专利竞赛学说”相继发轫,二者以“功利论”伦理下“最大多数人的最大幸福”为道德基准,分别从行为后果与竞争效果入手,展开了对专利制度正当性的伦理证成,并逐步成为能够与“道义论”伦理观下“人格财产学说”和“劳动财产学说”相抗衡的专利制度正当性伦理基础。鉴于此,为进一步明确“功利论”伦理下专利制度正当性的伦理根基,有必要分别对“专利激励学说”的行为后果主义和“专利竞赛学

---

〔1〕 参见[英]边沁:《道德与立法原理导论》,时殷弘译,商务印书馆2000年版,第59-60页。

〔2〕 参见[美]休·拉福莱特主编:《伦理学理论》,龚群主译,中国人民大学出版社2008年版,第214-215页。

〔3〕 参见[英]约翰·穆勒:《功利主义》,徐大建译,商务印书馆2014年版,第14、21页。

〔4〕 参见[日]田村善之:《知识产权法政策学初探》,载[日]田村善之:《田村善之论知识产权》,李扬等译,中国人民大学出版社2013年版,第4页。

说”的竞争效果模式进行深入分析，不仅要发掘其中的道德标准，更要理顺其中的伦理进路，以期实现对专利制度正当性证成中“功利论”伦理面向的全景再现。

一、“专利激励学说”的行为后果主义及其理论缺陷

“行为后果主义”将行为后果看作具有内在价值的事态，而且还把行为的正当与否看作其后果是否最大化好或善的后果。〔1〕一般而言，包括专利权相关行为在内的全部知识产权行为的道德基础，无一例外地都源于伦理价值观念对主体行为选择的影响。〔2〕而“行为后果主义”正是众多影响主体行为选择的伦理价值观念中的一种，即以后果的最大化好或善作为专利权相关行为的合伦理性标准。在此基础上，专利权相关行为是否符合伦理理性，乃至整个专利制度是否具备伦理正当性，都是以其后果是否属于最大化好或善的后果为判断标准。具言之，若行为或制度的后果是最大化好或善的后果，即可以得出肯定的结论。而若行为或制度的后果并非最大化好或善的后果，则意味着相关行为或制度设计有悖伦理理性。在众多的专利制度正当性理论中，“专利激励学说”便是以“行为后果主义”为基准来证成专利制度之伦理正当性的，即将专利制度激励创造与投资所形成的对科技进步、社会繁荣的积极效应作为专利制度最大化好或善的后果来证成专利制度的伦理正当性。〔3〕基于法律教义在本质上有益于社会福利的后果主义规范立场，〔4〕“专利激

〔1〕参见龚群：《后果最大化及其异议》，载《武汉科技大学学报（社会科学版）》2019年第2期。

〔2〕参见蔡琳：《知识产权行为之法律范式与伦理范式的冲突及治理研究》，载《大连理工大学学报（社会科学版）》2018年第3期。

〔3〕参见彭立静：《伦理视野中的知识产权》，知识产权出版社2010年版，第92－93页。

〔4〕参见桑本谦：《法律教义是怎样产生的——基于后果主义视角的分析》，载《法学家》2019年第4期。

励学说”在当下各国的专利制度设计与运行中往往被作为主导性的理论基础。这一点在美国专利法律制度实践中表现得尤为突出，如美国总统亚伯拉罕·林肯就曾针对专利制度作出“给天才之火添加利益之油”的经典论断。[1]《美国宪法》第1条第8款第8项中对专利制度“促进科学与实用技艺的发展”的正当性宣示无疑也是“专利激励学说”行为后果主义的遵循与坚守。然而，理论应用的广泛性却并不能将该学说的问题与缺漏遮蔽，“专利激励学说”在实际适用中常常会发生激励失灵情况，甚至会产生偏离最大化好或善的不良后果，致使专利制度丧失正当性的伦理基础。由此，为深入了解“专利激励学说”行为后果主义的伦理正当性证成机制，有必要充分厘清其证成专利制度伦理正当性的具体进路，并在此基础上明确“专利激励学说”的理论缺漏之所在。

（一）“专利激励学说”对专利制度正当性的证成

“专利激励学说”是“功利论”伦理下以“行为后果主义”为道德准则所建构起的一种专利制度正当性的理论。“专利激励学说”，顾名思义，其核心内容在于“激励”，[2]以排他性财产权的授予激励全社会对发明创造的投入，这其中既包含对发明人智力投入的激励，同时也涉及对投资者物质投入的激励，并以对发明创造的激励实现科技进步、社会发展等最大化好或善的结果，亦即功利论的终极目标“最大多数人的最大幸福”。[3] 由此，根据“专利激励学说”的逻辑展开，即可按照激励目标的“远”与“近”将其对专利制度伦理正

---

〔1〕 参见［美］Martin J. Adelman、Randall R. Rader、Gordon P. Klancnik：《美国专利法》，郑胜利、刘江彬编译，知识产权出版社2011年版，第6页。

〔2〕 激励和威慑都是以利益最大化假设为出发点的功利主义理论，只是二者的作用方向不同，激励在于促进，而威慑在于制止，故激励理论适用于民事法律制度之中，而威慑理论适用于刑事法律制度之中。See Dan M. Kahan, *Social Influence, Social Meaning, and Deterrence*, 83 Virginia Law Review 349 (1997).

〔3〕 参见［英］约翰·穆勒：《功利主义》，徐大建译，商务印书馆2014年版，第14－15页。

当性的证成框架划分为两个层面:一是“专利激励学说”的直接激励目标,即以专利权的授予激励社会成员对于发明创造的智力投入与物质投入以实现专利权人及利益相关人的最大幸福;二是“专利激励学说”的终极激励目标,即借助鼓励发明和促进技术等中间环节,通过对发明创造的投入激励来促进技术革新、推进科技进步,并最终实现社会福利的最大化,即实现所谓的“最大多数人的最大幸福”。[1]

1. 专利制度正当性证成中的直接激励目标

“专利激励学说”在对专利制度伦理正当性进行证成的过程中,其所需论证的核心问题即授予私人以专利财产权的正当性,而权利对私人进行发明创造活动的激励效应被作为学说成立的论据,因而其在这一过程中的直接激励目标也就是对发明人、投资者等发明创造活动重要参与主体获取专利授权诉求的满足,从而达到对社会创新投入的激励效应。从人的能动创造力来看,发展奋斗与惰性两方面的倾向,在个人生活和社会生活中都是固有的,即积极性往往为惰性所抵消,能动的创造力则会因使人意志退化的懒惰而消失,生产力也会因懒散而丧失。[2] 但缺失经济回报激励的发展奋斗对社会大众来说,往往是不情愿、不开心的,只有用财产来激励工作,并将回报转化为权利,人们能动的创造力的才能得到充分的发挥。[3] 具体到专利制度而言也是一样,没有专利财产权作为保证,发明人、投资者将不能以合法的排他权利实现对技术的独占,相应的经济利益也无法获得专利制度的有力保障。在此,不妨做一个假设,如果发明创造不专属于其生产者,而由其他人所平等地享有,那么,对其

---

〔1〕 参见胡波:《专利法的伦理基础》,华中科技大学出版社 2011 年版,第 67 页。

〔2〕 参见[美]E. 博登海默:《法理学:法律哲学与法律方法》,邓正来译,中国政法大学出版社 2004 年版,第 407 页。

〔3〕 See Justin Hughes, *The Philosophy of Intellectual Property*, 77 Georgetown Law Journal 287 (1988).

他人无偿分享成果的要求，生产者也没有拒绝的理由，如此一来，作为生产者的发明人、投资者也就难免会丧失继续进行创造的动力。[1] 这是因为在赋予发明人或投资者专利权以前，发明创造对于他们而言并没有什么特别的意义，只有给予他们合理、确定的经济回报，才能使发明人与投资者更多地参与到创造活动之中，从而涌现出更多更好的发明创造。[2] 也正如亚伯拉罕·林肯所言，专利制度通过提供必要的“利益之油”，激发了创造性劳动，也就是“天才之火”。[3] 因此，可以说，“专利激励学说”对发明人、投资者等发明创造活动参与主体授予专利财产权的直接激励，不仅是确保专利权人及利益相关人的最大幸福的有效方式，同时也是实现专利制度伦理正当性证成的关键步骤。

2. 专利制度正当性证成中的终极激励目标

“专利激励学说”在专利制度正当性证成中所要达到的终极激励目标与直接激励目标不同，其并不仅仅局限于对发明人、投资者等发明创造活动参与主体的权利激励，而是着眼于整个社会，试图以专利财产权的授予为根据，以对发明人、投资者的直接激励效果为基础，实现科学技术的进步乃至社会福利的提升，彰显“最大多数人的最大幸福”的伦理愿景。一般而言，法律制度最终目的的全体最大幸福往往可以被归结为两大伦理价值追求，即自由与平等。[4] 而在普遍的道德体系下，自由与平等并不是两种相互独立的伦理价值，它们往往是同一理想或目标的两个方面，人们既借助自由来定

---

〔1〕 See Tom G. Palmer, *Are Patents and Copyrights Morally Justified – the Philosophy of Property Rights and Ideal Objects*, 13 Harvard Journal of Law & Public Policy 817 (1990).

〔2〕 See Justin Hughes, *The Philosophy of Intellectual Property*, 77 Georgetown Law Journal 287 (1988).

〔3〕 参见[美] Martin J. Adelman, Randall R. Rader & Gordon P. Klancnik:《美国专利法》，郑胜利、刘江彬编译，知识产权出版社 2011 年版，第 6 页。

〔4〕 参见[法]卢梭:《社会契约论》，何兆武译，商务印书馆 1980 年版，第 69 页。

义平等,又在一个更抽象的层次上借助平等来定义自由。[1] 在专利制度中也不例外,若想实现专利制度"最大多数人的最大幸福"的终极伦理目标,就必须保证人们进行发明创造活动以及获得专利授权的自由与平等。一旦专利的授权损害了他人平等的创造能力或者取得之前存在的科学知识的自由,该专利授权无疑就是缺乏正当性的。[2] 诚然,包括专利制度在内的知识产权制度都赋予了权利人高度私益性的财产权利,但这一私益却是基于公益而获得的,专利制度乃至整个知识产权制度的正当性都在于它高度的公益性,其中的私益性只是达到公益性目标的手段而已。[3] 因而,"专利激励学说"在给予发明人、投资者等发明创造活动参与主体以专利财产权的同时,也将专利权对创新活动的直接激励予以扩展,延伸到促进科学技术进步、社会福利提升的公益层面,即以专利权的授予,使创造活动的参与主体可以集中精力投入专利技术的转化和提升中,并将其转化为社会福利,从而使专利制度的伦理正当性从专利权人及利益相关人的最大幸福升级为"最大多数人的最大幸福",实现对专利制度伦理正当性的充分证成。[4] 因此,可以说,"专利激励学说"以私益性财产权利的激励推进社会公益性目标达成的伦理进路,无疑是实现"最大多数人的最大幸福"之"功利论"伦理追求的重要选择,同时也更是专利制度正当性证成的终极激励目标之所在。

---

〔1〕 参见[美]罗纳德·德沃金:《至上的美德:平等的理论与实践》,冯克利译,江苏人民出版社2003年版,第200页。

〔2〕 See Wendy J. Gordon, *A Property Right in Self-Expression: Equality and Individualism in the Natural Law of Intellectual Property*, 102 Yale Law Journal 1533 (1993).

〔3〕 参见龙文懋:《知识产权法哲学初论》,人民出版社2003年版,第117页。

〔4〕 See Edmund W. Kitch, *The Nature and Function of the Patent System*, 20 Journal of Law & Economics 265 (1977).

（二）“专利激励学说”行为后果主义的理论缺陷

“专利激励学说”作为专利制度正当性证成的重要理论基础，从专利财产权激励创新对专利权及利益相关人“最大幸福效应”和对社会公众“最大多数人的最大幸福”的终极效用两个层面出发，为专利制度提供了正当性的伦理基础。然而，这一学说在适用中却是存在局限性的，并非所有技术领域的发明创造都可以被专利制度充分激励，也并非所有创新活动的参与者都可以被专利制度有效激励。近代商品经济和社会工业化生产的发展，为包括专利制度在内的知识产权制度提供了生长土壤，以专利权激励发明创造、社会生产的功利性伦理价值观念也由此发轫。[1] 但是，随着科学技术的不断发明进步，发明创造中所包含的技术类型日益增多，所涉及的技术领域日益复杂，专利制度在其中的激励效果也难免会出现大小、强弱之分。不仅如此，随着科技创造活动的不断繁荣，参与技术创新的主体日渐增多，专利授权并不总是在市场环境之中，相应地，专利制度的适用目的也不总是在于激励。由此，不难发现，“专利激励学说”对专利制度伦理正当性的证成并不是完美无缺的，在技术领域和创新环境不适应的时候，“专利激励学说”往往会出现失灵的情况，并不能充分且有效地实现对专利制度正当性的伦理证成。

1.“专利激励学说”在技术领域上的局限

“专利激励学说”在技术领域上的局限，即“专利激励学说”在不同技术领域中对专利制度伦理正当性的证成效果有所差异，甚至在很多新兴的技术领域中“专利激励学说”将会失去作用。每一项技术都有它的倾向，只有对科技史一无所知的人才会相信技术是完全中立的。[2] 在不同的技术领域中，由于发明创造的生成方式以

---

〔1〕 参见蔡琳：《知识产权行为之法律范式与伦理范式的冲突及治理研究》，载《大连理工大学学报（社会科学版）》2018 年第 3 期。

〔2〕 See Neil Postman, *Amusing Ourselves to Death: Public Discourse in the Age of Show Business*, 20th edition, Penguin Books Ltd, 2006, p. 84.

及技术成果的研发模式各不相同,专利制度激励效应的大小与强弱也各有差异,有时甚至还会产生阻碍创新的相反效果。[1] 例如,在生物制药领域中,高昂的研发投入往往意味着巨大的市场风险,这会使研发者获取排他性的专利财产权的诉求更为强烈,不仅如此,生物药品的研发由创投企业进行基础研究和由大型制药公司进行具体医药开发的长周期阶段性界分,也使专利制度对创新的激励与保障显得尤为关键。[2] 然而,在计算机软件、半导体等更新换代较快的技术领域中,情况却恰恰相反,专利制度对创新的激励作用不那么显著,因为在这些技术领域中创新是相继的、互补的,专利制度与其所遏制的技术模仿的作用反了过来,模仿行为会激励创新,而专利制度则会损坏创新。[3] 由此可见,并非所有技术领域的发明创造都可以为专利制度所充分激励,而"专利激励学说"也并不能涵摄所有技术领域中的发明创造,并为它们提供正当性伦理基础。因此,可以说,"专利激励学说"是具有理论缺陷的,其在技术领域的适用存在局限性。

2."专利激励学说"在创新环境上的局限

"专利激励学说"在创新环境上的局限,即"专利激励学说"在不同创新环境中对专利制度伦理正当性的证成效果不尽相同,甚至在某些特殊的创新环境中"专利激励学说"并不能发挥效用。专利制度对发明创造活动的激励,实质上是以市场经济下的完全竞争假设为理论前提,并以对发明人、投资者等发明创造活动参与者的充

---

〔1〕 See Mark A. Lemley, *Reconceiving Patents in the Age of Venture Capital*, 4 Journal of Small and Emerging Business Law 139 (2000).

〔2〕 参见[日]田村善之:《创新与专利政策的结构关系——以生物技术发明为例》,载田村善之:《田村善之论知识产权》,李扬等译,中国人民大学出版社2013年版,第95页。

〔3〕 See James Bessen, Eric Maskin, *Sequential Innovation, Patents, and Imitation*, 40 Rand Journal of Economics 613 (2009).

分利益驱动为运行杠杆的。[1] 但是,在非市场经济环境下,政府主导或管控的发明创造活动对专利制度的激励与诱导却并不敏感,“专利激励学说”的适用空间也不大。[2] 这是因为政府主导或管控的发明创造活动往往是“社会化”研究的制度安排,在这一过程中,创新者的补偿和创新使用的费用是分离的,专利制度并不能在其中提供有效的创新激励。[3] 例如,在大学、科研机构中所进行的发明创造活动,往往就不总是需要专利制度对其进行激励。[4] 因为大学、科研机构中的研究人员对发明创造活动的参与,一般不是完全受利益驱动的,市场回报也并不是他们所追求的终极目标,反而同辈中的声誉、精神上的奖励等自身的“表达性”诉求更趋近他们的创新动机,也更符合他们功利性的“最大幸福”。[5] 由此可见,并非所有创新活动的参与者都可以被专利制度有效激励,在不同的创新环境中创新活动的参与者的利益诉求与价值追求也各有偏向,他们在专利法律制度中地位有别,专利制度对他们进行技术创新的激励作用也不尽相同。[6] 因此可以说,“专利激励学说”是存在理论缺陷的,并不能在所有创新环境中以统一的道德标准对专利制度的伦理正当性给出有效且充分的正当性证成。

二、“专利竞赛学说”的竞争效果模式及其理论缺陷

对于专利制度而言,市场竞争既是制度实践所面临的巨大挑

---

〔1〕 参见龙文懋:《知识产权法哲学初论》,人民出版社 2003 年版,第 116 页。

〔2〕 参见胡波:《专利法的伦理基础》,华中科技大学出版社 2011 年版,第 74 页。

〔3〕 参见林毅夫:《制度、技术与中国农业发展》,格致出版社、上海三联书店、上海人民出版社 2014 年版,第 135 页。

〔4〕 See Mark A. Lemley, *Are Universities Patent Trolls*?, 18 Fordham Intellectual Property, Media & Entertainment Law Journal 611 (2008).

〔5〕 See Emanuela Arezzo, Gustavo Ghidini, *Biotechnology and Software Patent Law*, Edward Elgar Publishing Limited, 2011, p. 12.

〔6〕 参见吴汉东:《知识产权法价值的中国语境解读》,载《中国法学》2013 年第 4 期。

战,同时也是不可逆转的发展方向。正如日本学者富田彻男所说,"实现智力成果的市场化是知识产权制度的一大目标"[1]。站在市场竞争的角度来看,专利制度的产权运行,在本质上就是一种技术研发的竞争机制。[2] 人们参与发明创造活动的原动力以及新产品、新技术产生的源泉都在于市场的消费需要。[3] 因而,专利技术也就成为市场主体为获取竞争优势所争夺与博弈的重点。随着科学技术在经济发展中作用的不断强化,专利的数量和质量也日益成为市场主体创新能力与竞争实力的指标与信号。[4] 在经济全球化的国际市场竞争中,各国纷纷主动寻找压力和挑战,以专利技术创造新的冲力。[5] 而全球专利申请与授权活动的日益活跃,则进一步掀起了遍及全球的激烈"专利竞赛"。[6] 在专利技术竞争日益激烈的市场契机下,学者们提出以竞争效果为基础的"专利竞赛学说",即以"专利竞赛"所带来的高效率、高产出来实现社会的持续性福利,并以专利制度的优良竞争效果来证成其在市场竞争中的伦理正当性。[7] "专利竞赛学说"的产生在很大程度上是源于行为后果主义的"专利激励学说"在市场竞争环境中的失效。由于"专利激励学说"对创新活动的激励是以排他性专利权的授予为交换的,

---

〔1〕［日］富田彻男:《市场竞争中的知识产权》,廖正衡等译,商务印书馆2000年版,第3页。

〔2〕参见吴汉东:《无形财产权基本问题研究》(第3版),中国人民大学出版社2013年版,第281页。

〔3〕See Justin Hughes, *The Philosophy of Intellectual Property*, 77 Georgetown Law Journal 287, 304 (1988).

〔4〕See Clarisa Long, *Patent Signals*, 69 University of Chicago Law Review 625 (2002).

〔5〕参见［美］迈克尔·波特:《国家竞争优势》,李明轩、邱如美译,华夏出版社2002年版,第574－575页。

〔6〕参见何怀文:《专利法》,浙江大学出版社2016年版,第6－9页。

〔7〕See Mark A. Lemley, *The Myth of the Sole Inventor*, 110 Michigan Law Review 749 (2012).

其达致创新激励之直接目标与社会福利提升之终极目标的路径无疑是消除竞争的。[1] 而且,在专利市场运行中,获得专利授权并率先将相应产品投放市场的人,往往会由于缺乏对市场份额的占有而无法被专利制度激励。[2] 这是因为对于专利制度而言,最大的困境并不在于激励创新,而在于投资建构新的市场以促进技术的转化运用。[3] 因而,为适应市场竞争需要,"后果主义"的"激励"不再是专利制度正当性证成的重点,其重点转变为以排他性专利财产权促进竞争、引导竞争,于是"专利竞赛学说"便应运而生。然而,不容否认的是,"专利竞赛学说"也并非完美无缺,其中也存在诸多不足与欠缺。由此,为全面解析"专利竞赛学说"竞争效果指引下的专利制度伦理正当性证成模式,有必要详细阐述其证成专利制度伦理正当性的具体框架,并在此基础上对"专利竞赛学说"的理论不足与欠缺进行探究。

(一)"专利竞赛学说"对专利制度正当性的证成

"专利竞赛学说"是针对专利市场竞争日益激烈的情况,由"专利激励学说"发展而来的一种以"功利论"伦理为基础的全新专利制度正当性的理论。在"专利竞赛学说"的理论框架下,相关行为对幸福的影响仍是对专利制度进行道德评价的一个最重要乃至最为突出的因素。[4] 而该学说与"专利激励学说"的差异,在于二者伦理立足点的不同,其中,"专利激励学说"是以对私人的产权激励为基础的功利进路;而"专利竞赛学说"则是以市场高效竞争为原则的

---

〔1〕 See John F. Duffy, *Rethinking the Prospect Theory of Patents*, 71 University of Chicago Law Review 438 (2004).

〔2〕 See Michael Abramowicz, *The Danger of Underdeveloped Patent Prospects*, 92 Cornell Law Review 1065 (2007).

〔3〕 See Michael Abramowicz, John F. Duffy, *Intellectual Property for Market Experimentation*, 83 New York University Law Review 337 (2008).

〔4〕 参见[英]约翰·穆勒:《功利主义》,徐大建译,商务印书馆2014年版,第4页。

功利选择。[1] 但这一区别实质上只是二者在直接目标上的不同，而在终极目标上“专利竞赛学说”所追求的效用也是以人作为不断进步的存在这一长远利益为基础的最大意义上的效用，[2] 即科技进步与社会发展的“最大多数人的最大幸福”，二者并无太大差别。由此，按照学说的基本逻辑结构，“专利竞赛学说”无疑与“专利激励学说”一样，也可以将证成专利制度伦理正当性的具体框架划分为直接目标与终极目标两个层面。在“专利竞赛学说”对专利制度正当性的证成过程中，“功利论”伦理下的直接目标与终极目标分别具体体现为“专利竞赛学说”的直接竞争效果与终极竞争效果，前者通过排他性专利财产权授予来促进与引导市场竞争，以有序的“专利竞赛”为市场主体带来竞争的收益与福利；而后者则依靠高效的“专利竞赛”实现专利数量与质量的提升，以市场的竞争选择推进科技革新，促进经济社会发展，并由此达致“最大多数人的最大幸福”的终极目标。[3]

1. 专利制度正当性证成中的直接竞争效果

“专利竞争学说”对专利制度伦理正当性进行证成的过程中面对的核心问题即辨明具体排他性的专利财产权与市场竞争之间的关系。从表面看，专利制度无疑是反竞争的，其将排他性的财产权利设置于非垄断性的知识之上。作为一种知识表现形式的发明创造，其并不具有实体性，也是不能独立存在的，而也正是由于其在时间上的永存性与空间上的无限性，使财产权对其的控制更强。[4] 因为通过对知识这种抽象客体的控制，很多物质客体在数量和种类

---

〔1〕 See Mark A. Lemley, *Ex Ante Versus Ex Post Justifications for Intellectual Property*, 71 University of Chicago Law Review 129 (2004).

〔2〕 参见[英]约翰·密尔：《论自由》，顾肃译，译林出版社 2010 年版，第 24 页。

〔3〕 See Mark A. Lemley, *The Myth of the Sole Inventor*, 110 Michigan Law Review 749 (2012).

〔4〕 参见刘春田：《知识财产权解析》，载《中国社会科学》2003 年第 4 期。

上都更多地属于个人财产的范畴，而其对社会生产的影响也不仅限于生产资料层面，更是涉及生产方式层面。[1] 但是，这并不意味着专利制度与市场竞争是完全对立的。这是因为发明创造上的排他权并不是垄断，这一特权本身并不属于之前就存在的自由范畴。[2] 而且，由专利授权所形成的对特定发明创造的使用垄断并不一定会形成阻碍竞争的不当市场垄断，只有在专利权滥用等特殊情况下，专利制度对知识产品的垄断使用才可能演变为对市场的垄断。究其根本，专利制度对发明创造排他性的财产权的授予，其本质上是为了促进相关知识产品市场化，是以推进市场竞争为目的的，易言之，专利制度中权利人对发明创造财产权利的垄断，其实只是将发明创造纳入市场竞争的制度手段与法律保障。[3] 因而，在激励市场竞争中出现的"专利竞赛学说"，不仅是市场竞争在专利技术与发明创造上的反映，同时还能提升市场竞争活跃度。而市场竞争活跃度的提升则无疑会使参与竞争的市场主体从中获益，市场上越是激励"专利竞赛"，专利技术、发明创造的市场化进程也越是迅速，相关市场主体的收益也就越大。当然，市场竞争也意味着劣汰，激烈的"专利竞赛"也会使失败者更快的败下阵来。这是不可避免的市场规律，长期来看有利于市场资源的合理配置，同时也是趋于市场主体在竞争中最大幸福的。

2. 专利制度正当性证成中的终极竞争效果

"专利竞争学说"在专利制度正当性证成中的终极竞争效果是对其直接竞争效果的一种延伸，是从促进市场竞争向增进社会福利

---

〔1〕 See Peter Drahos, *A Philosophy of Intellectual Property*, Ashgate Publishing Limited, 1996, p. 21, 157.

〔2〕 See Tom G. Palmer, *Are Patents and Copyrights Morally Justified—The Philosophy of Property Rights and Ideal Objects*, 13 Harvard Journal of Law & Public Policy 817 (1990).

〔3〕 See Mark A. Lemley, *A New Balance between IP and Antitrust*, 13 Southwestern Journal of Law and Trade in the Americas 237 (2007).

的伦理升华。因为在“专利竞赛学说”的理论架构下，实现市场主体竞争中最大幸福的直接竞争效果与“最大多数人最大幸福”的终极竞争效果，实质上是一脉相承的。“专利竞赛学说”的直接竞争效果是实现其终极竞争效果的中间环节，即专利制度只有首先达致市场主体竞争中的最大幸福，才能以此为基础，走向“最大多数人最大幸福”。通常而言，市场的竞争程序通过价格机制可以更好地实现产品供给，也可以更有效率地实现传统信息的合理资源配置，在专利技术的研发与保护中加强对市场的灵活运用，无疑也将会是富有效率性的一种选择。[1] 而在日益激烈的“专利竞赛”中，对市场机制的合理应用则更为关键。因为在“专利竞赛”中，如火如荼的市场竞争会使专利技术更新换代更快、转化应用更快，而市场主体为了获得市场收益、防止市场失利，往往也会加大核心专利技术研发与保障的投入，如此一来，不仅市场上专利数量会飞速攀升，专利质量也会不断提高，社会的知识储量会与日俱增，同时社会生产率也会随之迅速提高，经济社会发展更会随之提质增速。[2] 推进经济增长与社会进步，毫无疑问是专利制度的重要功能，但并非专利制度的终极目标之所在。“专利竞赛学说”对专利制度正当性的伦理证成也并非于此戛然而止，其终极的竞争效果在于经济增长与社会发展之后、事关人们整体生存质量的社会福利提升，并由此不断趋于“最大多数人的最大幸福”的终极伦理要求。[3] 因此，可以说，“专利竞赛学说”证成专利制度正当性的伦理进路，是以充分的市场竞争和高效的专利竞赛为基础，以市场主体竞争中最大幸福之直接竞争效果为桥梁，并以实现“最大多数人的最大幸福”的“功利论”伦理追

---

〔1〕 参见[日]田村善之：《知识产权法政策学初探》，载[日]田村善之：《田村善之论知识产权》，李扬等译，中国人民大学出版社 2013 年版，第 8 页。

〔2〕 See Mark A. Lemley, *The Myth of the Sole Inventor*, 110 Michigan Law Review 709 (2012).

〔3〕 参见龙文懋：《知识产权法哲学初论》，人民出版社 2003 年版，第 155 页。

求为终极目标的道德标准体系与评判模式。

（二）"专利竞赛学说"竞争效果模式的理论缺陷

"专利竞赛学说"是专利制度正当性证成的一项重要理论基础。该学说是"专利激励学说"在专利市场竞争中的一种理论演变，其同"专利激励学说"一样，都是以社会公众"最大多数人的最大幸福"为终极目标的，但在直接目标上却与"专利激励学说"不同。"专利竞赛学说"将激励创新的研发回报转化为促进竞争的市场价值，并以市场主体在竞争中的最大幸福为其直接竞争效果的道德指标。[1] 由此，可以认为"专利竞赛学说"是为了适应激烈的市场竞争与专利竞赛所进行的"功利论"伦理框架内的理论调适与路径革新。而专利财产权本身就是一项基于市场环境而建立并存在于市场环境之中的权利。[2] 以市场竞争为理论背景的"专利竞赛学说"对专利财产权制度正当性的证成，无疑也是与专利财产权生成与继受的市场环境最为契合的。但是，这并不意味着"专利竞赛学说"在证成专利制度正当性的过程中是毫无破绽的，对竞争效果的过分追逐势必会带来资源的浪费，并且对市场竞争的过度迎合也势必会使市场失灵的问题殃及理论的适用。概言之，"专利竞赛学说"竞争效果模式下专利制度伦理正当性证成的理论困境，大致可以根据其与学说架构的关系总结为两种类型，即"专利竞赛学说"理论架构本身所具有的资源浪费和外部市场失灵所造成的理论失效。

1."专利竞赛学说"理论架构本身所具有的资源浪费

"专利竞赛学说"中所呈现出的资源浪费问题，源于其理论架构本身，因而也是该学说在证成专利制度正当性过程中所无法规避的伦理争议。在激烈的市场竞争中，市场主体间的"专利竞赛"无疑会

---

〔1〕 See Mark A. Lemley, *Ex Ante Versus Ex Post Justifications for Intellectual Property*, 71 University of Chicago Law Review 129 (2004).

〔2〕 See Peter Drahos, *A Philosophy of Intellectual Property*, Ashgate Publishing Limited, 1996, p. 119.

极大地提升技术研发与转化的效率。然而,在这一过程中具有竞争关系的市场主体的"专利竞赛"的终点往往是相似甚至相同的,各方为赢得"专利竞赛",占据市场竞争优势,势必会同时展开发明创造活动,但却只有最先完成并申请专利的市场主体才能取得授权,成为赢家,而其他的市场主体只是"专利竞赛"的"陪跑者",他们所进行的发明创造活动只是没有意思的重复研发而已,大量的资源也就由此被白白地浪费掉了。[1] 诚然,不同研发者或发明人在面对同一技术问题的"专利竞赛"时,往往会选择不同的方法与进路,[2]但这也不足以消除"专利竞赛学说"理论架构本身所具有的资源浪费问题。从发明创造等知识性智力成果的本质来看,他们都有一个重要特征,即非竞争性。[3] 而专利制度却人为地在非竞争性的发明创造之上创设了其本身不应具备的稀缺性,赋予发明创造以财产属性和经济价值。[4] 专利制度与市场竞争相结合后所形成的"专利竞赛",则进一步将本身非竞争性的发明创造纳入市场竞争之中,并日益成为市场主体的争夺焦点。虽说增进知识及其应用是贯穿人类历史的经济增长的关键因素,[5]但专利市场化这一过程却无疑是对发明创造非竞争性的现实突破,而"专利竞赛"中各市场主体进行激烈竞争所造成的知识资源浪费则更是对发明创造非竞争性的巨大颠覆。因此,可以说,"专利竞赛学说"的资源浪费问题是理论

---

〔1〕 See Mark A. Lemley, *The Myth of the Sole Inventor*, 110 Michigan Law Review 709 (2012).

〔2〕 See Giovanni De Fraja, *Strategic Spillovers in Patent Races*, 11 International Journal of Industrial Organization 139 (1993).

〔3〕 参见[苏丹]卡米尔·伊德里斯:《知识产权:推动经济增长的有力工具》,曾燕妮译,知识产权出版社 2008 年版,第 21 页。

〔4〕 See Peter Drahos, *A Philosophy of Intellectual Property*, Ashgate Publishing Limited, 1996, p. 172.

〔5〕 参见[英]阿瑟·刘易斯:《经济增长理论》,周师铭等译,商务印书馆 2009 年版,第 3 页。

架构中本身存在的,同时也是一种难以克服的固有性理论缺陷。

2.“专利竞赛学说”外部市场失灵所造成的理论失效

“专利竞赛学说”是与市场竞争密切相关的专利制度正当性学说,其对专利制度正当性的证成也是在市场竞争的背景下进行的。因而,一旦外部市场出现失灵情况,“专利竞赛学说”对专利制度正当性的证成则必然会走上歧路,出现理论难以自洽的伦理困境。换言之,“专利竞赛学说”给予专利制度的伦理正当性证成是以有序的市场竞争环境为前提的。面对当前“专利竞赛”中市场主体过度使用或不当利用专利财产权所造成的专利丛林、“专利蟑螂”等市场失灵现象,[1]“专利竞赛学说”也就失去了适用的基础,对专利制度的正当性的伦理证成也将失去效力、难以为继。然而,对于市场主体而言,他们却往往会把自己的特定情况视为道德规则的例外,将功利作为作恶的借口,即将失去理论效果的“专利竞赛学说”作为他们滥用专利权以实施不当竞争行为的理由。[2] 但是,这种借口和理由在本质上是不成立的,因为在“专利竞赛学说”受到外部市场失灵影响而失效的时候,其是无法再为专利制度正当性提供伦理证成的。而且,这种将功利作为作恶的借口的做法,更是与“专利竞赛学说”的竞争效果要求相背离,因为在这种情况下,“专利竞赛学说”所能凸显的功利性的“最大幸福”,仅仅是这些过度使用或不当利用专利财产权的个别市场主体的最大幸福,其在伦理正当性标准上都达不到“专利竞赛学说”直接竞争效果中所要求的所有市场主体竞争中的最大幸福,就更不用说终极竞争效果中以社会福利提升为宗旨的“最大多数人的最大幸福”的道德追求了。因此,可以说,“专利竞赛学说”对专利制度伦理正当性的证成是受限于市场竞争环境

---

〔1〕 参见王珊珊、邓守萍等:《专利竞赛下的企业专利战略性运用与管理研究综述》,载《软科学》2018 年第 5 期。

〔2〕 参见[英]约翰·穆勒:《功利主义》,徐大建译,商务印书馆 2014 年版,第 30 页。

的，若外部市场失灵，“专利竞赛学说”也不能幸免，其必将面临理论失效的问题，并终将在“专利竞赛学说”的具体理论适用中体现出来。

第三节 专利制度正当性理论证成中的伦理路径衡量

专利制度作为知识的财产化与财产的非物质化的典型代表，是罗马法以来私权领域中最具革命意义的制度创新之一。[1] 但也正是由于专利制度对财产权物质化传统的突破，自其产生以来制度的正当性便饱受质疑。为消除理论阻碍、化解相关疑虑，证成专利制度正当性的学理尝试接踵而至，相应的伦理讨论也从未休止，甚至还形成了不同伦理价值观念下诸多理论路径各自分立又相互对峙的局面。具言之，当下学界普遍认同的专利制度正当性证成的伦理基础主要有“道义论”与“功利论”两种路径。而之所以“道义论”与“功利论”的伦理价值观念能够被作为专利制度正当性的基础，是因为二者都不禁止个人对利益的追求，而且它们还努力将个人利益的追求引导到特定的轨道上去，即更大的长远利益。[2] 由此，“道义论”伦理观下原本证成有形财产权私有之正当性的“人格财产学说”与“劳动财产学说”往往被延伸到专利权等无形财产权之上，为专利制度提供正当性的伦理依据；“功利论”伦理观下由专利制度实践而形成的“专利激励学说”与“专利竞赛学说”也相继获得认可，并逐步成为通行的为专利制度提供正当性证成的伦理基础。“道义

---

〔1〕 参见吴汉东：《财产的非物质化革命与革命的非物质财产法》，载《中国社会科学》2003 年第 4 期。

〔2〕 参见［德］克里斯托夫·吕特格：《市场经济和伦理：秩序伦理和企业伦理》，载单继刚、甘绍平、容敏德主编：《应用伦理：经济、科技与文化》，人民出版社 2008 年版，第 3－15 页。

论"伦理与"功利论"伦理的不同伦理面向,决定了这些理论与学说在价值取向与道德标准层面上的差异性。基于此,它们对专利制度正当性的证成也具有相应的伦理偏向,而也正是不同理论与学说在证成专利制度正当性时的这种伦理偏向,决定了它们对专利制度正当性认知的片面性,专利制度正当性伦理基础的模糊问题无疑也由此而来。〔1〕鉴于此,为明确专利制度正当性的伦理基础,有必要对"道义论"与"功利论"两种不同路径伦理面向的差异展开深入剖析,梳理出两种不同的伦理路径的生成诱因与道德效果,并对两种专利制度伦理正当性的证成路径进行道德层面的评价与衡量,从而为专利制度伦理正当性价值基础的合理选择奠定基础。

一、"道义论"与"功利论"两种证成路径的伦理面向差异

正当与善,抑或不正当与恶,是伦理学的重要价值,同时也是对事物进行道德评价的根本标准。〔2〕具体到专利制度而言,制度正当与否在于相关理论基础是否与基础性的伦理价值要求相契合。一般来说,作为规范伦理中行为对错与事物善恶基本道德准则的"道义论"伦理和"功利论"伦理,无疑也是对专利制度正当性进行道德判断的伦理价值基础之所在。〔3〕在具体的正当性判定过程中,"道义论"和"功利论"对"制度本身之善"与"制度后果之善"的不同伦理面向,也使专利制度正当性证成呈现出两种道德取向不同的伦理路径。其中"人格财产学说"的道德权利辩护和"劳动财产学说"的自然权利论证,为专利制度提供了"道义论"伦理价值下的

〔1〕 See Mark A. Lemley, *Faith - Based Intellectual Property*, 62 UCLA Law Review, 1328 (2015).

〔2〕 参见[美]弗兰克·梯利:《伦理学导论》,何意译,广西师范大学出版社 2002 年版,第 6 页。

〔3〕 See Shelly Kagan, *The Structure of Normative Ethics*, 6 Philosophical Perspectives 223 (1992).

正当性基础;而行为后果主义的“专利激励学说”和竞争效果模式的“专利竞赛学说”,则为专利制度提供了“功利论”伦理价值下的正当性基础。毋庸置疑,在专利制度正当性证成中两种路径的伦理面向差异,在产生之时便由它们各自遵循的“道义论”与“功利论”的规范性伦理价值导向所决定了。[1] 但这并非专利制度正当性证成中出现两种不同伦理面向之路径的根源所在,也并非对两种路径伦理面向差异形成的充分且必要解释。而真正能有效回答“专利制度正当性证成中为何会分别出现‘道义论’伦理与‘功利论’伦理所指引的两种路径,以及这两种路径对专利制度正当性的证成程度与道德效用又分别怎样”这两个问题的答案,则是因为不同的理论背景决定了两种路径的伦理面向差异,而这也就造成了两种不同伦理面向的路径在专利制度正当性证成中的不同理论层级。

(一)两种路径的差异源于理论背景的不同

在专利制度正当性证成过程中,具有不同伦理面向的两种路径的出现,从表面上看,当然是由于人们选择了不同的伦理价值基础,而深层的原因则是不同历史时期、社会环境等理论背景的影响。[2] 具言之,在专利制度正当性证成的两种路径中,“道义论”伦理下的“人格财产学说”与“劳动财产学说”都是产生于早期的资本主义兴起阶段,为土地等有形财产的私有提供正当性的理论学说,直到发明创造等无形财产被人们重视后,才延伸至对专利权等无形财产权正当性的证成;而“功利论”伦理下的“专利激励学说”与“专利竞赛学说”则是在人类社会在社会第二次大分工以后,同资本主义商品经济影响下包括专利权在内的知识产权制度体系和伦理观念相伴

[1] 参见[美]休·拉福莱特主编:《伦理学理论》,龚群主译,中国人民大学出版社2008年版,第7页。

[2] 参见刘鑫:《专利制度的哲学基础及其正当性分析》,载《佛山科学技术学院学报(社会科学版)》2016年第2期。

而生的。[1] 由此，根据两种路径的不同理论背景，可分别将“道义论”伦理和“功利论”伦理下的专利制度正当性证成进路概括为财产权正当性的理论延伸和专利权正当性的理论新生，从而使两种路径的伦理面向差异在获得充分彰显的同时，也能客观地展现出这一差异产生根源上的具体表象。

1.“道义论”伦理下财产权正当性的理论延伸

“道义论”伦理作为规范伦理的重要范畴，较早地被当作理论基础来证成财产权私有的伦理正当性，以黑格尔哲学思想为根基的“人格财产学说”和以洛克哲学思想为根基的“劳动财产学说”便是其中的典型代表。在“道义论”伦理价值观念之下，无论是“人格财产学说”还是“劳动财产学说”，在对财产权私有的正当性进行证成时所关注的重点都在于财产权私人占有这一情形本身所具有的伦理正当性。[2] 不仅如此，二者为实现对财产权私有正当性的有效论证，还都将土地等生存必需财产的私人占有证成的理论出发点，即以保障人类最为基本的生存权利作为财产权私有的正当性源泉。诚然，在“道义论”伦理的基本思想的指引下，“人格财产学说”与“劳动财产学说”所关注的伦理重点与理论展开的基点都大致相同，但这却并不影响二者在逻辑进路上的不同选择。如表 3－1 所示，“人格财产学说”与“劳动财产学说”的理论根源与核心要素是不同的，其中“人格财产学说”是对财产权私有的道德权利辩护，而财产私有对意志自由乃至人格独立的决定作用，也使独立人格成为证明财产权私有正当性的核心要素；[3] 而“劳动财产学说”则是财产权私有的自然权利论证，为实现个人财产与人类共有财产有效区分所

---

〔1〕 参见彭立静：《知识产权伦理的学说体系构建》，载《求索》2008 年第 11 期。

〔2〕 参见万俊人：《论道德目的论与伦理道义论》，载《学术月刊》2003 年第 1 期。

〔3〕 参见［德］黑格尔：《法哲学原理》，范扬、张企泰译，商务印书馆 1961 年版，第 46、59 页。

掺进其中的个人劳动,无疑是决定财产权私有正当性的核心要素。[1]

表3-1　“道义论”伦理下两大专利制度正当性学说的内容比对

理论学说	理论根源	核心要素	理论出发点
人格财产学说	道德权利	独立人格	土地等生存必需财产的私人占有
劳动财产学说	自然权利	个人劳动	

然而,必须格外注意,无论是“人格财产学说”还是“劳动财产学说”,由于学说提出时的历史条件与社会背景的限制,仅仅为土地等有形财产权提供了正当性的伦理证成。进言之,“人格财产学说”与“劳动财产学说”对“道义论”伦理观念的遵守,一方面是由于“道义论”伦理是当时历史条件下的主导性规范伦理思想;另一方面则是由于在当时财产私有化发展的社会背景下,注重事物本身之正当性的“道义论”伦理能够更为直接,也更为有效地为私有财产权提供正当性的伦理基础。运用“道义论”伦理指引下的这两大学说证成专利权等无形财产权的正当性,则是源于学者们对这两种学说的解读,即以理论释义的方式,实现“人格财产学说”和“劳动财产学说”的正当性证成范畴从有形财产权向无形财产权的理论延伸,而在学者们对这些哲学思想不遗余力的学理解读,“人格财产学说”与“劳动财产学说”也逐渐成为学界所公认的专利制度正当性通说。[2]

---

〔1〕 参见[英]洛克:《政府论》(下篇),叶启芳、瞿菊农译,商务印书馆1964年版,第19页。

〔2〕 参见吴汉东:《法哲学家对知识产权法的哲学解读》,载《法商研究》2003年第5期;Justin Hughes, *The Philosophy of Intellectual Property*, 77 Georgetown Law Journal 287 (1988).

2.“功利论”伦理下专利权正当性的理论新生

“功利论”伦理与“道义论”伦理相比，对当代的人类思想具有更大的影响，这不仅是因为其伦理学的基本观点极其简单，而且符合常人的理性，即合乎道德的行为或制度应当能够促进“最大多数人的最大幸福”，更主要则是因为通过“最大多数人的最大幸福”这一概念解释或表述足以和根深蒂固的传统“道义论”伦理思想形成对抗。[1] 在专利制度的正当性理论中，“专利激励学说”与“专利竞赛学说”便是以“功利论”伦理为指引而形成。因而，对“专利激励学说”与“专利竞赛学说”而言，专利制度的正当性即在于，它给利益相关者带来实惠、好处、快乐、利益或幸福，以及它对利益相关者遭受损害、痛苦、祸患或不幸的防护。[2] 而“最大多数人的最大幸福”，即专利制度对社会福利的提升，不仅是二者终极目标与效果，也更是它们证成专利制度正当性的伦理根基所在。“专利激励学说”与“专利竞赛学说”虽都是“功利论”伦理下以“最大多数人的最大幸福”为终极追求的专利制度正当性理论，但二者在直接目标与效果，乃至理论的实质内容上还是存在细微差别的。如表3-2所示，“专利激励学说”的直接目标是对个人创新的研发回报激励，其在实质上是发明完成前的一种技术前景理论；而“专利竞赛学说”的直接目标是对企业创新的市场价值竞争，其实质上则是发明完成后的一种技术转化理论。[3]

---

〔1〕 参见[英]约翰·穆勒：《功利主义》，徐大建译，商务印书馆2014年版，译者序vi。

〔2〕 参见[英]边沁：《道德与立法原理导论》，时殷弘译，商务印书馆2000年版，第59页。

〔3〕 See Mark A. Lemley, *Ex Ante Versus Ex Post Justifications for Intellectual Property*, 71 University of Chicago Law Review 129 (2004).

表 3－2　“功利论”伦理下两大专利制度正当性学说的内容比对

理论学说	理论实质	直接目标/效果	终极目标/效果
专利激励学说	发明完成前的技术前景理论	对个人创新的研发回报激励	社会福利的提升“最大多数人的最大幸福”
专利竞赛学说	发明完成后的技术转化理论	对企业创新的市场价值竞争	

“功利论”伦理指引下的“专利激励学说”和“专利竞赛学说”与遵循“道义论”伦理的“人格财产学说”和“劳动财产学说”不同，二者是随着专利制度运行实践的发展而产生的，因而二者对专利制度正当性的证成也直接以专利权为中心，而无需像“人格财产学说”和“劳动财产学说”一样，还要进行理论延伸。而造成这一情况的原因则在于专利制度孕育于“功利论”伦理所主导的历史时期，“最大多数人的最大幸福”追求在表面上的简单性，更容易为人们所接受来作为专利制度正当性的伦理基础。[1] 由此，专利制度在一出生便带有明显的“功利论”色彩，而在美国等发达国家的引领下，功利性的专利激励、专利竞赛甚至成为专利制度设计的目的与宗旨。这无疑是对“专利激励学说”与“专利竞赛学说”对专利制度正当性证成效果的充分肯定，但对“功利论”伦理路径的过分依赖，也往往会使专利制度沦为单纯的法律工具，即只要符合“功利论”伦理下“最大多数人的最大幸福”的终极追求，具体制度如何设计、如何运行等涉及“道义论”伦理层面的制度本身的合道德性也就不那么重要了。[2]

---

〔1〕参见［法］居斯塔夫·勒庞：《乌合之众——群体心理研究》，胡小跃译，浙江文艺出版社 2015 年版，第 7 页。

〔2〕参见和育东：《从权利到功利：知识产权扩张的逻辑转换》，载《知识产权》2014 年第 5 期。

(二)两种路径的差异呈现为理论层级的区别

在专利制度正当性证成的众多理论学说中,它们相互之间实际上是存在理论层级差异的,不同学说的不同理论基础与理论依据往往就决定了它们各自所处的不同理论层级。而理论层级的具体划分则是一个十分困难的问题,因为不同的分类标准往往意味着不同的分类结构。毋庸置疑,合理的分类既能把已有知识条理化,也有助于生成新的知识。[1] 然而,实践中,众多分类标准的纷繁复杂却使得最优选择的作出变得异常艰难。从专利制度正当性证成的"人格财产学说"、"劳动财产学说"、"专利激励学说",以及"专利竞赛学说"的"道义论"与"功利论"的伦理路径的划分,便可看出这些理论学说并非处于同一理论层级,但要进行理论层级的划分,却很难以"道义论"与"功利论"的不同伦理面向为依据,作出孰高孰低的层级判断。因而,也就还需要对各自理论学说的本质进行更为深入的挖掘,并从中找出适当的分类标准,毕竟对事物本质的探究实质上就是一种类型学的思考。[2] 固守伦理面向上"道义论"与"功利论"的路径差异,并不能对专利制度正当性理论作出合理的层级区分。

美国著名知识产权学者罗伯特·墨杰斯(Robert P. Merges)在论述知识产权正当性时,曾对知识产权相关的概念体系进行了层级的划分。这其中的分类标准或许并不是最为适当、最为合理的,但他对知识产权相关概念体系层级区分的大胆尝试却值得借鉴。罗伯特·墨杰斯在他的知识产权相关概念体系中,将知识产权相关概念体系划分为"规范基础""中层原则""具体实践"三个层级,其中,最底层是"规范基础",包含康德、洛克、黑格尔等哲学家关于财产、

---

〔1〕 参见[法]E.迪尔凯姆:《社会学方法的准则》,狄玉明译,商务印书馆1995年版,第92-98页。

〔2〕 参见[德]卡尔·拉伦茨:《法学方法论》,陈爱娥译,商务印书馆2003年版,第347页。

财产权的哲学思想与学说；中间层是“中层原则”，涉及效率、稳定、恰当、尊严等一系列知识产权法律制度运行的目标取向；而最上层的则是教义、规则、习惯等“具体实践”方面的内容。[1]

不难发现，在罗伯特·墨杰斯的知识产权概念体系层级中，为知识产权提供理论根基的康德、洛克、黑格尔等法哲学家的哲学思想是知识产权的理论基底，是最为根本的“规范基础”；为知识产权运行提供保障与指引的效率、稳定、恰当、尊严等法律制度实践的一般原则，是知识产权运行的“中层原则”；而对知识产权进行具体规制的教义、规则与习惯则是以“规范基础”为根基，由“中层原则”所引领的，最为上层的“具体实践”。而从罗伯特·墨杰斯对知识产权概念体系的这一层级划分来看，专利制度正当性理论中以黑格尔哲学思想为基础的“人格财产学说”和以洛克哲学思想为基础的“劳动财产学说”无疑应当属于最底层的“规范基础”的范畴，而“专利激励学说”的行为后果主义和“专利竞赛学说”的竞争效果模式，则更趋于“中层原则”中效率性与恰当性的要求。因而，在罗伯特·墨杰斯的这一层级划分逻辑下，以“人格财产学说”和“劳动财产学说”为核心的专利制度正当性证成的“道义论”伦理路径与“专利激励学说”和“专利竞赛学说”为主要内容的“功利论”伦理路径相比，无疑处于更为基础的理论层级。但是，必须注意的是，二者理论层级的差异并非源于“道义论”伦理与“功利论”伦理之间的不同。“道义论”与“功利论”作为规范伦理思想的两种理论，二者对本身之善与后果之善的不同追求与侧重，并无高低、优劣之分，都只是一种道德评价标准而已。[2] 而在其中真正起决定性作用的则是这些学说的理论本质，如“道义论”伦理下的“人格财产学说”与“劳动财

〔1〕 See Robert P. Merges, *Justifying Intellectual Property*, Harvard University Press, 2011, p.4 – 14.

〔2〕 See Elizabeth Howe, *Normative Ethics in Planning*, 5 Journal of Planning Literature 123 (1990).

产学说”在本质上是从财产哲学的深度来探究专利制度正当性的；[1]而“功利论”伦理下的“专利激励学说”和“专利竞赛学说”则是从专利制度的运行实践的角度出发来阐释专利制度正当性的。[2] 因此，从理论学说的本质来说，专利制度正当性理论的层级划分就应当是“道义论”伦理路径比“功利论”伦理路径更为基础，如图3－3所示，“道义论”伦理路径中的“人格财产学说”与“劳动财产学说”实质上是专利制度的哲学基础，是专利制度正当性证成中的根基性理论；而“功利论”伦理路径中的“专利激励学说”和“专利竞赛学说”则是专利制度的一种运行原则，是专利制度正当性证成中的运行性理论。

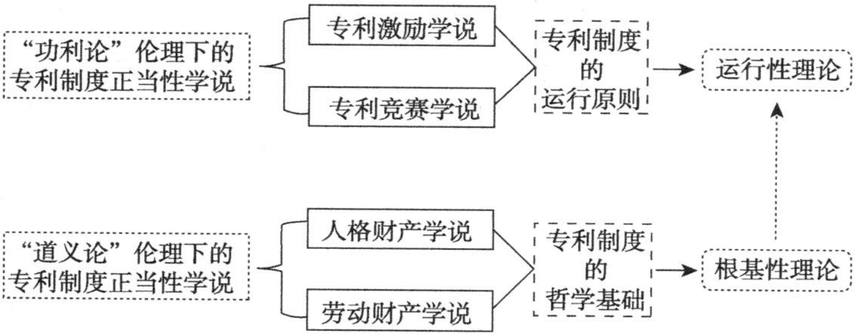

图3－3　专利制度正当性证成的理论层级结构

专利制度正当性理论学说的这一根基性与运行性的理论层级划分，虽并非由两种伦理路径的不同伦理面向所直接导致，但其在很大程度上是由专利制度正当性证成的两种不同伦理理论背景所造成。基于专利权作为财产权的本质属性，产生较早的“道义论”伦理下证成财产权正当性的理论学说，相比“功利论”伦理下证成专利

〔1〕 参见吴汉东：《法哲学家对知识产权法的哲学解读》，载《法商研究》2003年第5期。

〔2〕 See Mark A. Lemley, *Ex Ante Versus Ex Post Justifications for Intellectual Property*, 71 University of Chicago Law Review 129 (2004).

权正当性的新生理论学说,其理论层级更为基础既是毫无疑问的,也是理所应当的。不仅如此,专利制度正当性理论这种理论层级划分,还是"人格财产学说""劳动财产学说"等专利制度的哲学基础,即"根基性理论"遵循"道义论"伦理,以及"专利激励学说""专利竞赛学说"等专利制度运行原则,亦即"运行性理论"采用"功利论"伦理的重要佐证。具言之,"人格财产学说"与"劳动财产学说"作为专利制度的哲学基础,其本质是为证成专利制度本身之善,"道义论"伦理无疑是其必然选择;而"专利激励学说"与"专利竞赛学说"作为专利制度的运行原则,其目的在于实现专利制度最终结果之善,因而"功利论"伦理才是其根本进路。

二、专利制度正当性证成中的伦理价值抉择与框架设计

"道义论"与"功利论"两种伦理路径在专利制度正当性证成中分庭抗礼,虽能以不同理论背景与理论层级对这两种不同伦理面向的正当性路径进行充分的诠释与解读,但在专利制度正当性的具体证成之中却使人们在两种伦理路径之间抉择时左右为难。通常而言,相似的法律制度不一定总有相同的效果,因为它们并不总是有相同的动机与导向。[1] 专利制度正当性证成的不同伦理路径,也往往会因为伦理面向的不同形成对专利制度正当性的不同理解与认知。从"道义论"伦理下的"人格财产学说"与"劳动财产学说",到"功利论" 伦理下的"专利激励学说"与"专利竞赛学说",两种伦理路径中的每一个专利制度正当性学说都有自身完备的逻辑结构,也都是合乎道德且能为专利制度提供形式正当性的,但它们却不一定具有实质正当性,因为它们所证成的正当性往往并不是合乎社会

---

〔1〕 参见[法]孟德斯鸠:《论法的精神》,袁岳编译,中国长安出版社 2010 年版,第 203-204 页。

发展所要求的正当性。[1] 由此，为达到对专利制度实质正当性的证成标准，无疑需要根据所处的社会背景与存在的客观情况展开伦理路径的价值判断。然而，面对日益复杂的现实情况，专利制度正当性伦理基础的确定也并非进行“道义论”与“功利论”的伦理面向选择这么简单。因为在专利制度正当性证成中，“道义论”与“功利论”两种伦理路径之间并不是非此即彼的对立关系，虽不同路径下各理论学说的正当性证成的依据与进路各不相同，但它们往往是能够同时成立并互为补充的。因此，要想科学合理地作出专利制度正当性基础的理论选择，不应拘泥于“道义论”与“功利论”两种路径之间的伦理面向差异，而应将专利制度正当性证成“道义论”伦理路径与“功利论”伦理路径整合成一个有机统一体，[2] 根据专利制度的实际需要，对不同伦理面向下的两种路径进行综合考量，在两种路径并行的条件下作出专利制度正当性证成的伦理基础抉择，构建起融合“道义论”与“功利论”双重伦理价值追求的专利制度正当性理论框架。

（一）不同伦理面向下两种路径之间的互补关系

在专利制度正当性证成中，“道义论”与“功利论”两种路径具有鲜明的伦理面向差异，二者分别以制度本身和制度的最终结果作为制度正当性的衡量标准。然而，二者在理论运行中却并不冲突，它们是一种能够并行的互补关系。[3] 如图 3－4 所示，诚然，在“道义论”伦理路径下专利制度的正当性源于道德权利、自然权利等财

---

〔1〕 参见罗能生：《产权正义论》，载《山东社会科学》2003 年第 2 期。

〔2〕 参见［英］G. E. 摩尔：《伦理学原理》，陈德中译，商务印书馆 2018 年版，第 40－41 页。

〔3〕 See Jeanne C. Fromer, *Expressive Incentives in Intellectual Property*, 98 Virginia Law Review 1745 (2012).

产权制度的法哲学根基,〔1〕而在“功利论”伦理路径下专利制度的正当性则在于制度运行中人们普遍对快乐、免除痛苦的幸福欲求,〔2〕但它们在专利制度的正当性证成中却并不矛盾,而是一种并无理论交叉的互补关系。二者不同的伦理面向实质上也只是意味着对于专利制度正当性证成的不同层面。由此,对于专利而言,仅从“道义论”或“功利论”伦理路径中的某一学说出发所展开的制度正当性证成无疑也是不全面、不周延的。〔3〕

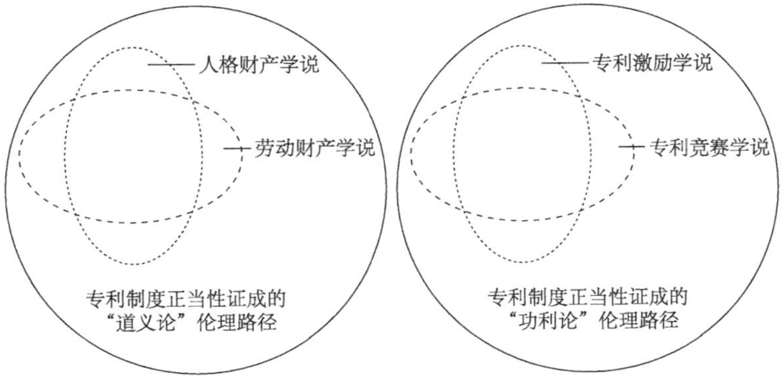

图 3－4　专利制度正当性证成中两种伦理路径的互补关系

然而,必须格外注意的是,在“道义论”或“功利论”伦理路径之内,“人格财产学说”与“劳动财产学说”、“专利激励学说”与“专利竞赛学说”等不同理论学说之间却存在核心内容的重叠与交叉。易言之,在专利制度正当性证成的两种互补伦理路径内部,具体理论学说之间的关系并不是互补的,相反,其是一种相互冲突的替代关

〔1〕参见吴汉东:《法哲学家对知识产权法的哲学解读》,载《法商研究》2003 年第 5 期。

〔2〕参见[英]约翰·穆勒:《功利主义》,徐大建译,商务印书馆 2014 年版,第 9 页。

〔3〕See Mark A. Lemley, *Faith－Based Intellectual Property*, 62 UCLA Law Review 1328 (2015).

系。而造成这一情况的缘由是“人格财产学说”与“劳动财产学说”,以及“专利激励学说”与“专利竞赛学说”在伦理面向上的同一性,因为相同的伦理面向意味着学说在理论背景上的相似性和理论层级上的一致性,相应地,学说的理论内核与伦理价值追求也是趋同的。[1]

因此,基于不同伦理面向下两种路径间的互补关系以及路径内部理论学说间的替代关系,若想实现对专利制度正当性的充分证成,则需要对“道义论”与“功利论”伦理路径进行综合考虑,立足专利制度所处的现实情况,从“道义论”与“功利论”伦理路径下的替代性学说中选取最为适宜的理论基础,分别从专利制度设计本身以及制度运行效果两个层面展开对专利制度的正当性衡量,实现对“道义论”伦理路径与“功利论”伦理路径的合理兼顾。换言之,对专利制度的正当性证成,不仅要从专利制度本身出发进行伦理本性考察,还要从专利制度的运行效果出发展开伦理效果的评价,从而确保专利制度的本身之善与最终结果之善都能获得有效的伦理证成。

(二)不同伦理面向下两种路径并行的框架设计

专利制度正当性证成中“道义论”与“功利论”两种伦理路径的互补关系,意味着二者对专利制度的正当性的阐释与论证并不冲突且并行不悖。申言之,对专利制度正当性的充分证成,需要从“道义论”与“功利论”两种伦理路径并行展开。通常来说,法律制度的正当性并非其自身固有的,而是源于法律制度对社会的道德价值要求的契合程度。[2] 包括专利制度在内的所有民事法律制度正当性的判断标准无疑也在于此,而实质上这一标准又可以划分为两个层面:一个层面是法律所体现的人类理性程度的高低;另一个层面则

〔1〕 参见[德]尼采:《论道德的谱系》,赵千帆译,商务印书馆2018年版,第54-55页。

〔2〕 参见王淑芹:《道德法律化正当性的法哲学分析》,载《哲学动态》2007年第9期。

是法律为社会所接受的程度的高低。[1] 其中，前者是从制度本身出发所进行的伦理考量；而后者则是从制度运行效果出发所展开的伦理评判。虽说道德评价的最终根据是行为的效果，但是行为的善恶邪正归根结底却是因为它们本身所要实现的目的。[2] 亚里士多德在对法治从制度本身与制度效果两个层面进行双重定义时，便突出强调了对制度本身之伦理考量的基础性与优先性，即“已成立的法律获得普遍的服从，而大家所服从的法律又应该本身是制订得良好的法律”[3]。这其中法律制度本身的伦理正当性无疑是法律制度产生良好伦理效果的基础与前提。具体到专利制度而言，对制度本身伦理正当性的考量（“道义论”伦理路径下的制度正当性证成）当然也是制度运行效果层面正当性评判（“功利论”伦理路径下的制度正当性证成）的前提条件，并且应在专利制度正当性证成的过程中被优先应用。而对“道义论”伦理路径对制度本身之伦理考量在专利制度正当性证成中的基础性与优先性的肯认，则不仅是对“道义论”伦理路径相比“功利论”伦理路径理论层级更为基础的重要反映，同时也为专利制度正当性证成中两种伦理路径并行的架构设计提供了基本指引。

因而，基于两种伦理路径在专利制度正当性证成中的不同地位与作用，两种路径并行的基本架构应进行有先后顺序的步骤划分，如图 3－5 所示，“道义论”伦理路径从财产权的哲学基础出发，对专利制度本身正当性的伦理考量应当被率先应用，若得出否定答案，即可得到专利制度不具有正当性的结论；若得出肯定答案，则进入“功利论”伦理路径，再从专利制度的运行效果着手展开制度正当性的最终评判。因为当今专利制度不仅仅是知识财产私有的一项权

〔1〕 参见赵万一：《论民法的伦理性价值》，载《法商研究》2003 年第 6 期。

〔2〕 参见［美］弗兰克·梯利：《伦理学导论》，何意译，广西师范大学出版社 2002 年版，第 100 页。

〔3〕 ［古希腊］亚里士多德：《政治学》，吴寿彭译，商务印书馆 1965 年版，第 199 页。

利，它还是政府公共政策的制度选择以及世界贸易体制的基本规则。[1] 而在专利制度运行中，“最大多数人的最大幸福”的“功利论”伦理往往是制度正当性的依据，因为制度的运转不是为了某一个单个人的利益，而是为了所有人的长期利益，为了人们都能在与其他人的互动中获得利益。[2] 诚然，“功利论”伦理下这一为了绝对多数，抑或大多数时候所表现的相对多数，往往都只是意见无法统一时解决问题的权宜之策，[3]但其对专利制度运行效果的正当性评价却是最为有效，也最为可行的。因此，只有当“道义论”与“功利论”伦理路径都得出肯定答案时，才能真正为专利制度提供全面、周延的正当性依据。即使理论依据能与“道义论”或者“功利论”中一项伦理路径相契合，也无法对专利制度进行充分且有效的正当性证成。

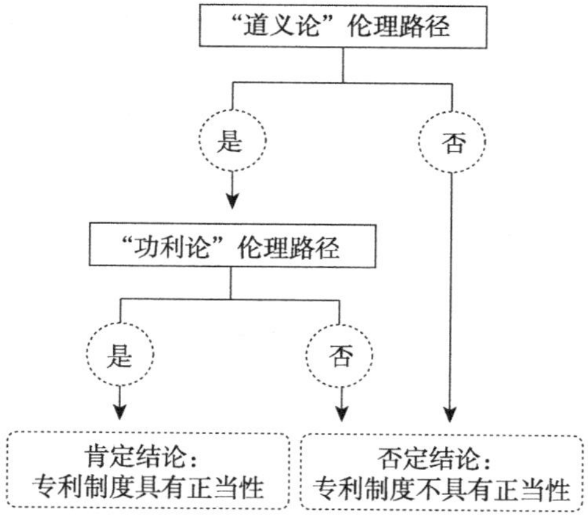

图3－5　专利制度正当性证成中两种伦理路径的并行架构

〔1〕参见吴汉东：《知识产权本质的多维度解读》，载《中国法学》2006年第5期。

〔2〕参见［德］克里斯托夫·吕特格：《市场经济和伦理：秩序伦理和企业伦理》，载单继刚、甘绍平、容敏德主编：《应用伦理：经济、科技与文化》，人民出版社2008年版，第3－15页。

〔3〕参见［美］罗斯科·庞德：《法的新路径》，李立丰译，北京大学出版社2016年版，第87页。

但是,必须格外注意的是,在当下的专利制度实践中,无论是立法中的制度目标,还是对新技术、新市场运营机制的制度应对,"功利论"伦理路径都是专利制度正当性的主导标准,而"道义论"伦理层面最为基础的财产标准却被旁落,专利制度正当性基础的伦理迷失也由此触发。为此,有学者呼吁回归"道义论"伦理传统,在"功利论"伦理路径的价值主导下,明确"道义论"伦理路径在专利制度正当性证成中的基础性与优先性的地位;[1]更有学者提出在"功利论"伦理路径中提高对道德权利、自然权利等"道义论"理念的重视程度,并将这些"道义论"伦理路径中的道德权利、自然权利也纳入"功利论"伦理路径范畴,转化为一种彰显发明人个人天赋与名誉的"表达性激励"。[2] 这虽然是化解专利制度正当性伦理迷失问题的一种创造性的理论创新,但并不能从根本上解决问题。只有从"道义论"伦理路径与"功利论"伦理路径的理论层级出发,确立"道义论"伦理路径对制度本身之伦理考量在专利制度正当性证成理论架构上的基础性、优先性地位,按照从制度本身到制度运行效果的顺序,分步骤地设计两种伦理路径在专利制度正当性证成中的并行架构,才能彻底解决专利制度正当性基础的伦理模糊问题,从而实现对专利制度正当性充分且有效的伦理证成。

本章小结

论及专利制度的正当性,无论是"道义论"伦理路径下以黑格尔哲学思想为基础的"人格财产学说"和以洛克哲学思想为基础的"劳动财产学说",还是"功利论"伦理路径下以行为后果为基准的

[1] 参见胡波:《专利法的伦理基础——以生物技术专利问题为例证》,载《法制与社会发展》2008 年第 2 期。

[2] See Jeanne C. Fromer, *Expressive Incentives in Intellectual Property*, 98 Virginia Law Review 1745 (2012).

“专利激励学说”和以竞争效果为基准的“专利竞赛学说”，都是必须要阐释与解析的重要理论学说。不同伦理路径下不同伦理面向的这些理论学说分别形成于不同时期、不同国家，支撑着不同体系的专利制度。[1] 而差异化的道德立场与伦理取向也决定了这些正当性理论的价值偏向与逻辑漏洞。[2] 如此一来，专利制度正当性基础的选择也就成为一个理论难题，到底何种伦理面向最为适宜，以及到底哪个理论学说最为适合？因而，对专利制度正当性基础的伦理界定也就变得尤为关键，它既是对其在正当性层面伦理基础模糊问题的直接回应，同时也是从理论高度对化解其运行中的伦理困境所给出的有效对策。

“道义论”与“功利论”两种伦理路径下的理论学说虽分别从不同的伦理面向出发，给予专利制度以正当性的伦理证成，但二者之间并非相互矛盾、相互冲突的，它们只是分别从制度本身与制度运行效果侧重揭示了专利制度的正当性。[3] 其中，“道义论”伦理路径下的“人格财产学说”与“劳动财产学说”分别以“意志—人格—财产”之“三段论”式伦理架构和“共有”要素为前提、“劳动”要素为核心、“需求”要素为保障之伦理架构，对专利财产权的正当性作出了道德权利的辩护与自然权利的论证。而“功利论”伦理路径下的“专利激励学说”和“专利竞赛学说”，则以“最大多数人的最大幸福”这一“功利论”伦理的终极追求为基础，分别从行为后果与竞争效果入手，按照从直接目标/效果到终极目标/效果的逻辑进路，展开对专利制度正当性的伦理证成。当然，“人格财产学说”“劳动财

[1] 参见曹新明：《知识产权法哲学理论反思——以重构知识产权制度为视角》，载《法制与社会发展》2004 年第 6 期。

[2] See Mark A. Lemley, *Faith - Based Intellectual Property*, 62 UCLA Law Review 1328 (2015).

[3] 参见彭学龙：《知识产权：自然权利亦或法定之权》，载《电子知识产权》2007 年第 8 期。

产学说”“专利激励学说”“专利竞赛学说”等理论学说在为专利制度提供正当性伦理基础的同时，也因为各自所存在的伦理取向与价值偏向暴露出理论的不足与缺陷。

在专利制度正当性证成过程中，两种伦理路径关注“制度本身之善”与“制度后果之善”的不同伦理面向，无疑是“道义论”与“功利论”伦理路径下理论学说的伦理价值基础。[1] 但实质上，“道义论”与“功利论”伦理路径的差异源于不同的理论产生背景，其中，“道义论”伦理思想被较早地作为理论基础来证成财产权私有的伦理正当性，“人格财产学说”和“劳动财产学说”都是从财产权私人占有这一情形本身出发来证成其伦理正当性的，在专利制度产生后这些学说更是被延伸到无形财产之上，以证成专利权私有的正当性；而“功利论”伦理思想则被应用得相对较晚，其所指引的“专利激励学说”与“专利竞赛学说”也都是在专利制度产生之后，以专利制度架构为基础所形成的正当性学说。除此之外，“道义论”伦理路径下“人格财产学说”和“劳动财产学说”这些为专利制度提供哲学基础的理论学说，在理论层级无疑也比“专利激励学说”与“专利竞赛学说”等“功利论”伦理路径中提供运行原则的这些学说更具有根本性。

虽然如此，但两种伦理路径却并不冲突，二者从不同层面给予专利制度以正当性证成，是一种能够并行的互补关系。[2] 因而，若想实现对专利制度正当性的充分证成，则必须有效兼顾“道义论”与“功利论”这两种伦理路径，并立足专利制度所处的现实情况进行综合考虑。具言之，基于两种伦理路径在专利制度正当性证成中的不同地位与作用，两种伦理路径的并行架构设计应采用有先后顺序的

---

〔1〕 See Shelly Kagan, *The Structure of Normative Ethics*, 6 Philosophical Perspectives 223 (1992).

〔2〕 See Jeanne C. Fromer, *Expressive Incentives in Intellectual Property*, 98 Virginia Law Review 1745 (2012).

步骤划分,其中,“道义论”伦理路径下从财产权的哲学基础出发对专利制度本身正当性进行考量的理论应被优先应用;而“功利论”伦理路径下以专利制度运行效果为标准的正当性评判则应在通过“道义论”伦理路径的正当性考量后,再予以应用。若“功利论”伦理路径的正当性评判也得以通过,即可实现对专利制度正当性的充分证成。

第四章　专利授权审查实践的伦理难题与法律破解

专利授权审查是专利权生成的必经程序，包含对专利申请的初步审查、实质审查等多个环节。在这一过程中，新颖性、创造性、实用性是对发明成果、技术方案进行授权审查的法定标准，而不违反法律、不违反公序良俗、不属于专利制度排除的客体范畴则是其中的限制条件。二者分别从正反两个方面给出了专利授权审查的客体要求，虽不能在形式上实现授权范围与排除范畴的"无缝"拼接，但二者并不存在逻辑上的空隙与重叠，因为二者之间实质上是法律一般条款与特殊条款的关系。[1] 其中，正面性的法定标准是对专利授权范围的一般性要求，应是专利授权中的一般性审查条款，而与之相反的限制条件是基于社会公德、公共利益的特殊性伦理考察，是专利授权的特殊性审查条款。根据"特别法优于一般法"的法律效力位阶原则，相比专利授权中的一般性审查条款，特殊性的伦理性审查条款无疑具有适用上的优先性。[2] 然而，在实践中，由于新技术与新产业不断迸发，这些具有优先效力的伦理性审查条款往往并不能充分发挥效用，尤其是在经济利益的驱动下，专利授权审查甚至会出现"伦理最小化"的实用主义倾向。鉴于此，为避免这种

---

〔1〕 参见崔国斌：《专利法：原理与案例》（第2版），北京大学出版社2016年版，第56－57页。

〔2〕 参见张文显主编：《法理学》（第4版），高等教育出版社、北京大学出版社2011年版，第63页。

实用主义倾向蔓延而引发专利授权审查中的道德淡化问题，有必要从专利授权审查实践中伦理难题的源头入手，明确它们的基本由来，并以此为基础梳理出这些伦理难题的具体表现，从而提出有针对性的应对举措，使专利授权审查实践中的伦理难题得以有效克服。

第一节　专利授权审查实践中伦理难题的基本由来

专利授权审查是专利制度运行实践中一个以科技为依归、以法律为依据的重要环节。[1] 专利财产权由此肇始，发明创造经此蜕变并具备了财产权利的属性，而相应的伦理难题也从中衍生。随着科学与技术的发展进步，道德范畴中必然会出现种种规范和原则不明确的问题，而在对这些不断更新的科技成果进行专利授权审查时，原本属于技术伦理任务范畴的诸多规范和原则不明确的问题，也进入专利审查实践当中并成为其中的伦理阻碍。[2] 虽说专利制度为此设置了具有优先效力的伦理性审查条款，但随着新兴技术成果不断涌现，在科技政策与产业利益的影响下出现的实用主义导向诱发了专利授权审查中的“伦理最小化”思潮。这无疑会使专利制度中为化解伦理问题的伦理性审查条款日渐式微，甚至形同虚设，而相关的伦理难题则仍然存在于专利授权审查实践之中，制约着专利授权审查机制的有效运行。概言之，专利授权实践审查中的伦理难题在本质上是源自技术自身伦理问题的延展，而相关问题不能在伦理性审查中得到有效化解，在很大程度上是专利授权审查中“伦

[1] 参见曾陈明汝：《两岸暨欧美专利法》，中国人民大学出版社 2007 年版，第 71 页。

[2] 参见[德]阿明·格伦瓦尔德主编：《技术伦理学手册》，吴宁译，社会科学文献出版社 2017 年版，第 6 页。

理最小化”思潮的影响所致。

一、技术自身伦理问题在专利授权审查实践中的延展

专利授权审查作为专利制度运行实践的开端,其本身的体系架构与运转程序是具有严密的逻辑结构的,也是完全能够实现伦理自洽的。虽然不能彻底排除专利审查员对相关标准与条件之主观认知的影响,但在严格的授权标准与审查规程的限制下,专利授权审查实践并不会存在明显的伦理价值导向,其最终的结果也一般不会有所偏差。既然如此,专利授权审查中的伦理难题就必然不是内生性的了,而只能是来自其所审查的对象,即由发明创造与技术成果之上的技术伦理问题发展而来。技术伦理问题,毋庸置疑,是人们在技术的研发与使用的过程中出现的道德矛盾与伦理冲突。[1] 相关技术一旦被提出专利申请,势必会将原本的技术伦理问题引入专利授权审查实践之中。诚然,在生物医药等伦理问题突出的技术领域中,技术的研发工作在开始前便会进行伦理审查以防控风险,[2] 但是相关技术之上的伦理争议却并不会因此消失,若进入专利授权审查实践中仍然会带来伦理难题。进言之,若这些具有伦理争议的发明创造或技术方案通过授权审查被授予专利权,它们的流通速度就会加快,传播范围也会扩张,相关的伦理问题无疑会被成倍地放大。[3] 而技术自身伦理问题在专利授权审查中的这种延伸,实质上就是将解决伦理问题的全部压力都施加在专利授权审查中的伦理性审查之上,而这一压力显然是超过了专利授权审查机制所能承受的范围,或许最终的结果只是以专利授权审查中伦理性审查的失

---

〔1〕 参见庄友刚:《科技伦理讨论:问题实质与理论自觉》,载《观察与思考》2017 年第 3 期。

〔2〕 参见张金钟:《生物医药研究伦理审查的风险意识和风险管理》,载《中国医学伦理学》2013 年第 5 期。

〔3〕 参见刘鑫:《论专利伦理》,载《自然辩证法研究》2020 年第 12 期。

灵来掩盖其中突出的技术伦理问题。

（一）专利审查中相关伦理问题的具体呈现

在专利授权审查实践中出现的伦理问题往往并不是出自制度本身，而是由技术发展中的伦理问题延展而来。通常而言，一项技术中所存在的伦理问题无非就是该技术能否造福人类，能否保证人与自然及社会的和谐相处，相应地，在科研活动中人们也时刻面对着"能做什么"和"应做什么"的伦理衡量。[1] 若该项技术进入专利授权审查之中，这种"能做什么"和"应做什么"的道德选择也就演变成了"能否授权"以及"如何授权"的一种法律判断和政策考量，当然也更是一种伦理抉择。[2] 而这一技术性伦理争议在专利授权审查实践中进一步延伸的问题，在当下新兴技术的发展中表现得极为突出。尤其是对于生物技术、人工智能技术这些伦理争议较为严重的新兴技术而言，一旦专利授权审查被开启，它们原本的技术伦理问题即刻便会转变为专利性判断中的伦理衡量难题。由此，为全面呈现技术伦理问题在专利授权审查实践中的延展过程，不妨以生物技术与人工智能技术为例，将它们在专利授权审查中出现的相关伦理问题具体地进行描绘与阐述。

1. 生物技术伦理问题在专利授权审查中的具体体现

对于生物技术而言，伦理层面的探讨与争论是与之相伴而生的。自基因技术等生物技术产生以来，对相关技术的道德非议就从未停止。从生物技术侵蚀自然秩序所引发的人的"非人化"争

---

〔1〕 参见陈爱华：《科学伦理的哲学审思——基于认识论维度的追问》，载单继刚、甘绍平、容敏德主编：《应用伦理：经济、科技与文化》，人民出版社2008年版，第107页。

〔2〕 "知识产权法实际上是法律和政策的集合体。只有'保护不保护'是法律问题，'保护多少、保护什么、不保护什么'都是一个国家的公共政策。"参见徐瑄：《知识产权的对价理论》，法律出版社2014年版，第354页。

议,[1]到"人造生命"的合成生物的"设计"与"重构"过程中关于权利主体、技术标准以及责任承担等方面的伦理诘问,[2]与生物技术相关的伦理争议不绝于耳。随着生物技术的深入研究与应用,对其进行专利保护的要求与实践使专利制度与伦理之间的关系变得越来越紧密、越来越复杂。[3] 虽说一直以来理论界都认为对生物技术予以专利授权是存在巨大伦理风险的,尤其是其中的基因等生命物质,给予他们以专利保护更是有失伦理妥当性的。[4] 但是生物技术开发与应用中的高昂资金投入和巨大市场风险却诱使人们开启了给予生物技术以专利授权的实践尝试。[5] 诚然,对于生物技术而言,专利保护无疑是最适宜也最有效的制度模式,但却也是伦理问题最为突出的,生物技术开发与应用中本身所具有的伦理非议与争论并不会有所消减,甚至反而会演变为对专利制度的道德考量。[6] 因此,在给予生物技术发明(产品/方法)以专利授权时,提高产业发展并不是评判的唯一标准,还需要对其进行必要的伦理限制。[7] 具体到专利授权审查实践而言,则应进一步将伦理层面的考量与评判作为生物技术与专利制度进行互动的前提与基础,并以基本的伦理原则为道德指引,以社会公共利益为价值基准,展开对

---

[1] 参见李宏伟:《现代生物技术伦理价值冲突的哲学思考》,载《自然辩证法通讯》2005 年第 6 期。

[2] 参见李真真、董永亮、高旖蔚:《设计生命:合成生物学的安全风险与伦理挑战》,载《中国科学院院刊》2018 年第 11 期。

[3] 参见曹新明:《知识产权制度伦理性初探》,载《江西社会科学》2005 年第 7 期。

[4] See Graham Dutfield, *Intellectual Property*, *Biogenetic Resources and Traditional Knowledge*, Earthscan Press, 2004, p. 3.

[5] 参见李崇僖:《再探基因专利问题:美国经验省思》,载《月旦法学杂志》2014 年第 224 期。

[6] See Anna Kingsbury, *Patenting Life*: *Human Genetics*, *Ethics and Patent Law*, 3 Yearbook of New Zealand Jurisprudence 89 (1999).

[7] See Emanuela Arezzo, Gustavo Ghidini, *Biotechnology and Software Patent Law*, Edward Elgar Publishing Limited, 2011, p. 87.

生物技术相关发明创造的专利授权审查。[1]

2. 人工智能伦理问题在专利授权审查中的具体体现

对于人工智能技术而言，伦理问题的本质源自其脱离人类控制与干预的自主性，这既是人工智能技术与早先技术的根本区别之所在，也是人工智能技术的道德风险之所在，因为人工智能技术这种独立自主的工作能力，不仅带来了技术后果的不可预见性问题，同时也引发了技术研发与应用的控制层面的一系列法律挑战与伦理难题。[2] 具言之，人工智能独立自主的运行模式无疑会使其具有替代人类的潜质，尤其是人工智能自主生成发明创造与技术成果的出现，更彰显其具有代替人类进行智力创造活动的能力。虽然这其中具有诸多造福人类社会的有益之处，但若出现人工智能危害人类的情形也势必会造成颠覆人类伦理观念的不良后果。随着人工智能生成发明创造与技术成果的日渐增多，给予其专利授权的呼声与诉求也会越发强烈，而人工智能技术运行后果之伦理风险的难以预测和控制的问题，也会进入专利授权审查实践中并成为重要的考量因素。在具体的专利授权审查中，承担技术后果与控制伦理风险的人工智能生成发明成果的发明人却往往难以识别，但专利权的授权又是以发明人的识别为开端的。[3] 自主进行发明创造的人工智能并不具备主体资格，既不能自己申请专利和行使权利，也无法自己

---

〔1〕 See Elizabeth Siew - Kuan Ng, *Immoral Inventions—Interaction between Ethics and Biotechnology Patent Law*, 22 Singapore Academy of Law Journal 931 (2010).

〔2〕 See Matthew U. Scherer, *Regulating Artificial Intelligence Systems: Risks, Challenges, Competencies, and Strategies*, Harvard Journal of Law & Technology 363 (2016).

〔3〕 See Ben Hattenbach, Joshua Glucoft, *Patents in an Era of Infinite Monkeys and Artificial Intelligence*, 19 Stanford Technology Law Review 32 (2015).

承担法律责任以及不良技术后果所产生的社会责任。[1] 由此,人工智能技术运行中所存在的伦理困境也就完全体现于专利授权审查实践之中,并成为人工智能时代专利授权审查的伦理难题。

(二)专利授权对技术伦理问题的放大效应

通常而言,一项发明创造在被赋予专利权以前,对发明人来说往往并没有什么特别的意义,[2] 而当其通过审查获得专利授权之后,发明创造就具备了以权利形态参与产品流通和市场竞争的能力。如此一来,发明创造本身所固有并延伸至专利授权审查之中的技术伦理问题,也就随着专利产品的流通而不断扩散,进而产生对技术伦理问题的放大效应。技术本身是中立性的,更是盲目性的,单纯的技术探索、发明创造往往只是"实验室里的革命",即使存在伦理问题,即便对人类有害,也并不能产生实质的影响,而若这些技术成果、发明创造通过专利审查并被授予专利权,情况就大不一样了,不仅会将技术伦理问题带入相关市场形成市场风险,更会引发社会性的伦理挑战,对人们的日常生活造成困扰。[3] 由此,为进一步明晰专利授权对技术伦理问题的放大效应,有必要分别从市场和社会两个层面出发,阐述发明创造在通过专利审查而获得授权之后,相关技术伦理问题的具体表现及其对市场运行与社会运转造成的影响与冲击。

1. 专利授权导致技术伦理问题转变为市场风险

作为一项基于市场需要而建立并存在于市场环境中的无形财

---

〔1〕 See Liza Vertinsky, Todd M. Rice, *Thinking about Thinking Machines: Implications of Machine Inventors for Patent Law*, 8 Boston University Journal of Science & Technolog Law 585 (2002).

〔2〕 See Justin Hughes, *The Philosophy of Intellectual Property*, 77 Georgetown Law Journal 287 (1988).

〔3〕 参见王景川、胡开忠主编:《知识产权制度现代化问题研究》,北京大学出版社 2010 年版,第 28 页。

产权制度，专利制度一般被认为是一种市场回报机会的奖赏。[1]而对于具体的发明创造而言，专利权的授予不仅是相关技术成果商品化与市场化的开端，同时也是相关技术研发与应用产业化的起点。易言之，发明创造在获得专利授权后，相关技术产品在一定期限内的排他性生产与销售权利的保障下会被更完整、更安全地投入市场，使发明人收回成本、获取收益的同时，也加快了技术成果的市场流通与扩散，推进产业化进程。[2] 然而，这一过程中，原本技术成果中存在的技术伦理问题也会随着专利权的授予，附于专利产品之上，并在专利产品的快速市场流通乃至产业化运营中不断发酵，甚至转变为相关市场运行的伦理风险。以生物技术为例，专利授权无疑可以推动转基因食品和基因药品等先进发明成果的迅速市场化与产业化，但也使相关技术安全性的伦理问题被引入市场与产业运营的层面，若不加以充分的伦理衡量，其影响范围也会从技术层面的伦理争议扩大到市场层面的伦理风险与安全隐患。[3] 不仅如此，从国际市场来看，对生物技术中的发明创造予以专利授权将引发更为严重的市场风险。由于相关技术大多为少数发达国家企业所拥有，赋予这些技术成果以专利授权实质上也就是给予这些发达国家在相关市场上的垄断性地位，相应地，市场层面的伦理风险无疑也会因这种不良市场结构的形成而进一步加剧。

2. 专利授权致使技术伦理问题演变为社会困扰

作为一项与社会公共利益密切相关的私人财产权制度，专利制度本身就是一种以利益平衡为基础架构起来的法律制度，旨在实现

---

〔1〕 See Peter Drahos, *A Philosophy of Intellectual Property*, Ashgate Publishing Limited, 1996, p. 119 - 122.

〔2〕 参见［苏丹］卡米尔·伊德里斯：《知识产权：推动经济增长的有力工具》，曾燕妮译，知识产权出版社2008年版，第28页。

〔3〕 参见胡加祥：《转基因食品安全性的法律思辨——“无罪推定”还是“有罪推定”》，载《法学》2015年第12期。

激励技术创新和满足知识产品需要这一社会利益之间的理想平衡。[1] 而专利授权审查更是向来都以私人权利与公共利益间的平衡作为第一要旨的。[2] 易言之，专利授权不仅仅是对私人权益的法律确认，同时也需要对社会公共利益进行全面的考察与衡量。而技术成果自身所蕴含的伦理问题无疑也是社会公共利益考量中的重要内容。虽然如此，原本技术成果中存在的技术伦理问题却并不会在这一社会层面的利益衡量中有所消减，利益衡量只是专利授权与否的一个伦理指标。若相关发明创造或技术成果通过审查并被授予专利权，该发明创造或技术成果本身所具有的技术伦理问题也会随之延展，影响社会利益的实现，并且会带来一系列的社会安全与伦理问题，若规制不力，这些问题甚至会集中产生且大量出现，造成广泛影响，这大大超过个人能理解和掌控的风险范围，是威胁健康与安全的公共风险。[3] 以人工智能技术为例，其自主生成发明创造与技术成果使其在这一过程中扮演着“发明人”的角色，但无论是专利审查机构还是专利司法机关却都不知如何给予人工智能以明确的法律定位。[4] 若给予这些发明创造与技术成果以专利授权，则势必会使其技术本身蕴含的技术后果的不确定性与主体资格的不具备性等伦理难题扩大化，对社会公共利益产生制约效果，给社会带来无法预计的风险，使技术层面的道德难题演变为影响社会

---

〔1〕 参见黄玉烨：《知识产权利益衡量论——兼论后 TRIPs 时代知识产权国际保护的新发展》，载《法商研究》2004 年第 5 期。

〔2〕 参见云昌智：《诠释全球化下法律伦理与社会利益的平衡之维——张晓都〈专利实质条件〉之评析》，载《电子知识产权》2003 年第 10 期。

〔3〕 See Peter Huber, *Safety and the Second Best: The Hazards of Public Risk Management in the Court*, 85 Columbia Law Review 277 (1985).

〔4〕 See Ryan Abbott, *I Think, Therefore I Invent: Creative Computers and the Future of Patent Law*, 57 Boston College Law Review 1085 (2016).

安全与秩序的伦理挑战。[1]

二、专利授权审查实践中"伦理最小化"思潮的影响

为应对技术自身伦理问题在专利授权审查中的延伸与扩展，对发明创造或技术成果的伦理考量往往予以优先适用，并被作为专利授权的实质性审查的第一步。但是，随着伦理问题纷繁复杂的新兴技术不断涌现，以及与之相伴的高科技产业日益兴起，传统的专利制度尤其是授权审查机制受到极大地冲击，不仅专利授权的客体范畴被不断拓展，专利权的授权标准及审查程序也被不断变革。[2] 无独有偶，在专利授权审查中具有优先适用效力的伦理考量也因新技术与新产业的发展而备受质疑与挑战，甚至还出现了专利授权审查的"伦理最小化"思潮，要求在专利授权审查实践中最大限度地减少乃至消除对发明创造与技术成果的伦理考察与道德衡量。[3] 而在这一"伦理最小化"思潮的影响下，专利授权审查中的伦理考量在实践中越来越不受重视，相应的伦理标准与道德约束也日益流于形式。如此一来，延伸到专利审查实践中的发明创造与技术成果本身所存在的伦理问题，也就并不会成为专利授权的伦理障碍，而且还随着专利权的授予还会被扩展到相关市场乃至整个社会之中，并进一步演变为专利技术的市场风险与社会困扰。鉴于此，为深入探究"伦理最小化"思潮对专利授权审查实践中伦理问题的影响，有必要明确专利授权审查中这一"伦理最小化"思潮产生的现实基础与社会背景，并在此基础上，对专利授权审查"伦理最小化"的观点及其

---

〔1〕 参见吴翠丽：《科技伦理：风险社会治理的应对之策》，载单继刚、甘绍平、容敏德主编：《应用伦理：经济、科技与文化》，人民出版社 2008 年版，第 147 页。

〔2〕 参见胡开忠：《高科技发展与专利保护的创新》，载《科技与法律》2004 年第 3 期。

〔3〕 See Matthias Herdegen, *Patents on Parts of the Human Body Salient: Issues under EC and WTO Law*, 5 The Journal of World Intellectual Property 151 (2002).

依据进行梳理与总结，并给予客观的评价与判断。

（一）专利授权审查实践中“伦理最小化”产生的基础与背景

在专利授权审查实践中，对技术伦理问题的考察与衡量虽为专利授权实质性审查的第一步，但却往往并没有被充分应用，新技术、新产业的迅猛发展而产生的专利授权审查“伦理最小化”思潮，更使这一具有优先效力的伦理考量失去“用武之地”。专利授权审查中这一“伦理最小化”思潮的产生，究其根本，源自专利制度本身的鲜明现代化特征。在制度设计与运行中，人们总是通过法律制度的现代化去推动新兴科技与高新产业的现代化发展，[1]而科技创新与产业革新所引发的改变却往往会对人们的基本伦理道德认知造成冲击，无论是生物技术与生物制药产业，还是人工智能技术及相关智能产业，这些新技术和新产业中都毫无例外地存在诸多的伦理挑战与道德争议。因而，为给新技术的专利保护与新产业的专利保障扫清道路，实践中出现了一系列“伦理最小化”的观点与思路，主张在专利授权审查中回避伦理考察与道德衡量以保证相关发明创造或技术成果的可专利性。[2] 由此，可进一步将专利授权审查中“伦理最小化”思潮产生的现实基础或社会背景归为为赋予新技术以专利保护与激励之客观需要和给予新产业以专利保障与运营之利益诉求两个方面。

1. 对新技术予以专利保护与激励的客观需要

专利授权审查中的“伦理最小化”思潮，无疑是对新技术予以专利保护与激励之客观需要的制度映射。新兴技术飞速发展为人类带来巨大福利的同时，技术跨度与深度的加强也使人类社会的基础伦理观念与道德认知被不断突破，因而专利授权审查中的伦理考量

〔1〕 参见吴汉东：《知识产权的制度风险与法律控制》，载《法学研究》2012 年第 4 期。

〔2〕 参见胡波：《专利法的伦理基础——以生物技术专利问题为例证》，载《法制与社会发展》2008 年第 2 期。

也就成为这些新技术获得专利保护与激励的制度阻碍。例如,生物技术以作为全人类共同遗产的基因等生物资源为基本研究对象,若给予其以专利授权,使原本由人类共同拥有的有限生物资源为专利权人所垄断无疑是具有巨大伦理风险的,不仅会阻碍相关技术的后续研发,更会影响全人类的共同利益。[1] 人工智能本身作为人类创造物即属于客体范畴,而其所生成的发明创造或技术成果则为客体生成之次级客体,若给予其以专利授权也会产生一系列有悖于伦理理性的负面效应,不仅会颠覆专利制度为保护人类努力所形成技术方案的主体性要求,[2] 更会形成对传统民法理论下主体框架的重大冲击。[3] 而所有这些对新技术予以专利授权的伦理风险与道德困境,在专利授权审查实践中无一例外都是相关发明创造或技术成果通过伦理考量的现实障碍,也都会成为不予专利授权的充分理由。但是,诸如生物技术、人工智能技术等新兴技术的研发与应用,却又离不开专利制度的保护与激励。高昂的技术研发投入与低廉的技术仿制成本是这些新技术的一个共性,因而一旦失去了排他性专利权的保护与激励,这些发明创造与技术成果的研发与应用也就会失去原本的活力。[4] 由此,为推进新兴技术蓬勃发展,专利审查中清除生物技术、人工智能技术等新兴技术专利授权伦理障碍的"伦理最小化"观点应运而生,并逐渐影响了专利授权审查的具体实践活动。

2. 对新产业进行专利保障与运营的利益诉求

专利授权审查中的"伦理最小化"思潮,在很大程度上也是对新

---

〔1〕 See Adriane Scola, *Uncommon Genes, Unpatentable Subject Matter*, 34 Seattle University Law Review 909 (2011).

〔2〕 See John R. Thomas, *The Patenting of Liberal Professions*, 40 Boston College Law Review 1139 (1999).

〔3〕 参见吴汉东:《人工智能时代的制度安排与法律规制》,载《法律科学(西北政法大学学报)》2017 年第 5 期。

〔4〕 参见肇旭:《Myriad 案与基因专利的未来》,载《河北法学》2014 年第 1 期。

产业进行专利保障与运营之利益诉求的重要反映。新兴技术的迅速发展势必会促使一系列高新产业出现，而这些以新技术为基础的新产业则需要专利制度为其提供法律保障以及为其市场运营助力。因而，对于高新产业而言，其核心技术能否获得专利授权于其发展而言具有至关重要的作用。然而，那些支撑高新产业的新兴技术却往往存在诸多的技术伦理问题，并常常在专利授权审查的伦理考察与道德衡量过程中“败下阵来”，被不予授权。如前所述，无论是生物技术还是人工智能技术，这些新兴技术中所存在的伦理问题都会是阻碍它们通过专利审查并获得专利授权的桎梏与枷锁，而相应的生物制药产业、人工智能产业等高新技术产业的发展也往往会因此受到阻滞。虽说专利制度并非促进技术创新的唯一手段，但其以市场为基础的回报机制却往往是最直接、最高效的，同时也是最能推进发明创造与技术成果产业化的。[1] 尤其是在高新产业中，技术研发与应用的巨大成本往往会转化为产业化运营的风险。若其中的核心技术不能及时获得专利授权，产业的发展无疑会极其受限。构成高新产业的核心技术成果往往因为技术本身的伦理问题，受阻于专利审查中的伦理考量过程而无法及时获得专利授权，显然，这些高新技术成果的产业化进程也会因此受到影响。由此，在高新产业的利益驱动下，专利授权审查中“伦理最小化”的倡议与日俱增，并逐渐演变成一种为新兴技术的产业化运营谋求专利保障的实践性的思潮，深刻影响着专利授权审查实践活动。

（二）专利授权审查实践中“伦理最小化”论辩的依据及评价

基于新技术研发与应用客观需要以及新产业运营与发展的利益诉求，专利授权审查实践中出现了一系列“伦理最小化”的观点与思路，企图减少乃至消除对相关发明创造或技术成果在专利审查过

---

〔1〕 See Emanuela Arezzo, Gustavo Ghidini, *Biotechnology and Software Patent Law*, Edward Elgar Publishing Limited, 2011, p. 10 - 12.

程中的伦理考察与道德衡量,并以专利权的授予为这些新技术与新产业的持续发展提供支持与保障。一般来说,专利权排他性财产权的本质使专利授权这一活动本身就具有高度的伦理相关性。因为专利权的授予势必会造成私人对发明创造或技术成果的独占,并带来知识垄断的社会争议,[1]与此同时,它也会在很大程度上对后续创新活动造成阻碍。若技术方案本身存在较大的伦理问题,专利权的授予则会将其中的伦理问题移转甚至加剧。诚如科学与技术不受限的推进会引发现代化的"人造风险",[2]专利授权审查实践中伦理考察与道德衡量的不足同样也会导致制度风险。为此,专利授权审查机制往往将伦理考量作为实质审查的第一步,并以发明创造或技术成果的合伦理性率先判断它们的可专利性。然而,专利授权审查中的"伦理最小化"思潮却主张降低这一伦理考量标准,即通过回避发明创造或技术成果中的伦理问题来使它们获得专利授权。通常而言,专利授权审查实践的价值中立性,以及专利授权审查活动对于伦理问题影响的有限性往往是"伦理最小化"观点与思路的主要论辩理由,这些依据虽看似合理,但并不可取,其会使专利授权审查机制乃至整个专利制度失去伦理指引而陷入无尽的道德批驳与指责之中。鉴于此,有必要分别从专利授权审查的"价值中立"与"有限影响"这两种主要的"伦理最小化"论辩理由出发,通过对其中具体论辩依据进行归纳总结,厘清二者对专利授权审查"伦理最小化"辩护与论证的主要进路,并以此为基础对二者进行客观的评价与批驳。

1. 专利授权审查 "价值中立"之"伦理最小化"辩护及其反驳

在专利授权审查的"伦理最小化"论辩中,专利制度实践本身的

---

[1] See Daniel J. Hemel, Lisa Larrimore Ouellette, *Beyond the Patents—Prizes Debate*, 92 Texas Law Review 303 (2013).

[2] 参见吴翠丽:《科技伦理:风险社会治理的应对之策》,载单继刚、甘绍平、容敏德主编:《应用伦理:经济、科技与文化》,人民出版社 2008 年版,第 142 页。

“价值中立”是其中的重要辩护理由。在专利授权审查“伦理最小化”的支持者看来，专利的授权审查活动乃至整个专利制度实践都是“价值中立”的，应保持专利制度的客观性，及其单纯技术色彩，并最大限度地回避其中的伦理问题，使包括专利授权审查在内的全部专利制度实践活动都远离道德层面的非议与论争。〔1〕 进言之，专利授权审查的“价值中立”也使所有技术、所有产业，无论其中是否存在伦理问题与道德困境，都能不受伦理因素限制被授予专利权，不同技术领域、不同产业模式下的不同特征、不同需求也并不会对专利的授权审查活动产生决定性影响。〔2〕 因而，在“价值中立”的专利授权审查实践中，对发明创造与技术成果的可专利性判断，也就仅限于技术层面的考察，而不论其是否存在道德问题、是否会引发伦理风险。如此一来，伦理问题便可被有效排除出专利授权的审查内容，相应的专利授权审查的“伦理最小化”目标也可由此达成。

但是，在实践中，专利授权审查的“价值中立”是不可能实现的，它只是理论层面的一种不成熟的假设。这是因为法律制度在任何时候和任何地方，都不能脱离伦理道德的影响，〔3〕专利制度当然也并不例外。整个制度演进历程都深受社会伦理环境与道德氛围的制约，诚然，授权审查机制在专利制度中是较为程式化的内容，但其也无法完全不受伦理道德的影响。在不同的社会背景和道德传统下，专利授权审查实践活动的价值取向必定有所差异，而那种源于人们对自身理性和对科学技术理性过分自信的“价值中立”观点无

〔1〕 参见胡波：《专利法的伦理基础——以生物技术专利问题为例证》，载《法制与社会发展》2008 年第 2 期。

〔2〕 See Emanuela Arezzo, Gustavo Ghidini, *Biotechnology and Software Patent Law*, Edward Elgar Publishing Limited, 2011, p. 9 – 10.

〔3〕 参见［英］哈特：《法律的概念》，张文显等译，中国大百科全书出版社 1996 年版，第 181 页。

疑是脱离现实的，进言之，专利授权审查中“价值中立”所促成的“伦理最小化”则无非是科学技术至上论和科学技术万能论等不合理的乐观主义情绪的一种扩散与蔓延。[1] 因此可以说，以专利授权审查的“价值中立”为理由的“伦理最小化”辩护是不成立的，它只是一种脱离现实的理想主义的假设，在专利授权审查实践中往往是不具有可行性的。由此，基于专利授权审查的“价值中立”这一辩护的不成立性，可进一步得出对于专利授权审查中“伦理最小化”论辩的否定结论。

2. 专利授权审查“有限影响”之“伦理最小化”论证及其批判

在专利授权审查的“伦理最小化”论辩中，对技术伦理问题的“有限影响”是其中的关键论证依据。通常来说，专利授权审查实践过程中所呈现的伦理问题大多是由发明创造与技术成果中存在的技术伦理问题延展而来，专利制度自身架构设计中的道德争议对其的影响却往往微乎其微，甚至可以忽略不计。因而，专利授权审查中的伦理考察与道德衡量也并不能将这些伦理问题充分化解。对发明创造与技术成果的伦理考量只是影响专利授权与否，一项发明创造或技术成果即使通过专利审查获得授权，若其他法律中有禁止性规定，该专利技术也无法在实践中被应用，而若该发明创造或技术成果因道德原因不被授予专利权，也并不能阻止这一有害技术的实施。[2] 易言之，专利权授予往往只是为发明提供诱因，即使存在对社会有害的技术，经过专利授权审查中的伦理考量后也仅仅只是不予授权，并不能对有害技术的恶影响产生直接的遏制效果，因而，专利授权审查应减少不必要的伦理考察，把焦点集中在发明创造与技术成果的利用之上，将阻止有害技术的不当利用的任务交给其他

〔1〕 参见吴翠丽：《科技伦理：风险社会治理的应对之策》，载单继刚、甘绍平、容敏德主编：《应用伦理：经济、科技与文化》，人民出版社2008年版，第146页。

〔2〕 参见陈桂荣：《公共健康视域下专利伦理审查机制的问题与对策》，载《昆明理工大学学报（社会科学版）》2014年第5期。

更为有效的法律制度进行规制。[1]

但是,必须要格外注意的是,专利授权审查对发明创造或技术成果中伦理问题的“有限影响”,并不能成为否定专利授权审查实践中对发明创造与技术成果进行伦理考察与道德衡量的理由,当然也并不能成为论证专利授权审查“伦理最小化”的有力依据。诚然,专利授权审查中的伦理考量对技术伦理问题的影响是有限的,并不能使发明创造或技术成果中所存在的伦理问题发生根本性改变,但专利权的授予对其中的技术伦理问题却具有放大效应,如前所述,其不仅会使技术层面的伦理难题转变为市场范围内的道德风险,也会将技术层面的伦理挑战演变为社会层面的道德困扰,因而这一伦理考量并非毫无用处,它使专利授权审查机制的社会责任得以彰显。技术的不断发展使其对自然、社会以及对人的身体和精神的干预日益深化,相应的技术伦理要求随之同步提高。[2] 专利授权审查中对于伦理道德问题的考量无疑也应被高度重视,而不能因其效果与影响的有限性而对其予以否定。相反,也正是由于其对技术伦理问题的“有限影响”,更应对其予以强化,改善专利授权质量的同时,也使专利授权审查中的伦理问题获得应有规制,避免专利授权审查实践落入“伦理最小化”的陷阱。[3]

---

〔1〕 参见[日]岛并良:《专利客体论的方法及其结构》,载吴汉东主编:《知识产权年刊》(创刊号),北京大学出版社2005年版,第50-59页。

〔2〕 参见[德]阿明·格伦瓦尔德主编:《技术伦理学手册》,吴宁译,社会科学文献出版社2017年版,第5-6页。

〔3〕 See R. Polk Wagner, *Understanding Patent-Quality Mechanisms*, 157 University of Pennsylvania Law Review 2135 (2009).

第二节 专利授权审查实践中伦理难题的具体呈现

任何法律限制都必须具有正当性,唯一的正当理由,只能是这种限制会带来更多自由。[1] 而在专利授权审查中,对发明创造与技术成果的伦理约束与道德限制,也正是基于对社会公德与公共利益的考虑,避免对某些特殊发明创造或技术成果的专利授权会损害社会其他成员的广泛自由。一般而言,专利授权审查中所存在的伦理问题大多源自技术自身伦理问题的延展,而"伦理最小化"思潮的影响也使本身针对这些伦理问题而设置的具有优先效力的伦理考量大打折扣。剔除外部因素的影响,专利授权审查中的伦理难题实质上是由具体实践中对发明创造与技术成果之伦理考察与道德衡量的怠忽所致。毋庸置疑,作为专利授权实质性审查的第一步,对发明创造与技术成果的伦理考量是可专利性判断中必不可少的环节。从《TRIPS 协定》第 27 条第 2 款明确给予成员方基于社会公德或公共利益需要在其境内对危及人类与动植物生命或健康以及危害环境的发明创造或技术成果不授予专利权的例外,到各国家及地区在专利制度中专门设置的专利授权公序良俗条款与伦理例外规则等以道德考量为主要内容的相关规定,伦理问题不仅是专利授权审查活动中一个普遍存在的难题,同时也是国际条约与各国家及地区都极为重视的领域。然而,在实践中,这些对发明创造与技术成果进行伦理考量的相关规定却并不能被充分适用,甚至还被丢在一旁而不被应用。其中,不仅专利授权的公序良俗要求被人们日渐忽略,专利授权的伦理例外规则更是被置若罔闻、一再突破。如此一

---

〔1〕 参见[美]罗斯科·庞德:《法的新路径》,李立丰译,北京大学出版社 2016 年版,第 13 页。

来，不只专利授权审查中存在的伦理道德问题无法获得其是否影响最终专利授权的合理界定，甚至还会进一步使其升级为制度运行实践中的道德困境与伦理难题。

一、专利授权审查实践中对公序良俗条款的日渐忽略

公序良俗作为民事法律制度中为维系人类社会共同生活而限制法律行为之内容的一般性规范，滥觞于罗马法并为法国、德国民法及其他近世诸民法所承继。[1] 所谓公序良俗，包括“公共秩序”与“善良风俗”两个层面的内容。[2] 其中，公共秩序，系指社会之公安与公益；而善良风俗，则难以给出确切定义，应就特定环境下整个民族之意志决定之，不能囿于某一特殊情形。[3] 但无论是公序所指称的公共秩序还是良俗所指称的善良风俗，均具有浓厚的国家与社会伦理色彩。[4] 而这也决定了公序良俗在民事行为与民事活动中的基础性地位及其在民事法律规范中的最高原则属性。[5] 由此，进一步从民事法律的基本原则框架来看，公序良俗实质上就是在权利产生阶段弥补禁止性规定不足的一项概括性条款，也可以是针对法律行为内容进行的“内容审查”。[6] 然而，不能否认的是，条款概括性在很大程度上却也意味着具体内容的不明确性，虽说公序良俗这种不确定的开放性使法律能够适应价值理念的发展及社会

[1] 参见史尚宽：《民法总论》，中国政法大学出版社2000年版，第40页。

[2] 参见曾世雄：《民法总则之现在与未来》，中国政法大学出版社2001年版，第28页。

[3] 参见梅仲协：《民法要义》，中国政法大学出版社2004年版，第119页。

[4] 参见谢潇：《公序良俗与私法自治：原则冲突与位阶的妥当性安置》，载《法制与社会发展》2015年第6期。

[5] 参见杨立新：《中国民法总则研究》（上卷），中国人民大学出版社2017年版，第160页。

[6] 参见于飞：《民法基本原则：理论反思与法典表达》，载《法学研究》2016年第3期。

伦理的变迁而演变进步，但是在这一过程中也充分彰显出其在适用之中不易涵摄的本质属性。[1]

随着科学技术与商品经济的发展，传统民法中的“物权—债权”二元结构受到冲击，专利权等新型财产权类型的出现使现代民法的财产权体系日益开放、多元。[2] 相应地，作为民法基本原则的公序良俗也不再仅仅局限于传统的民法框架结构，在由专利权等新型财产权组成的现代民法的财产权体系架构中也同样发挥着重要作用。[3] 然而，在专利制度等新型财产权制度的运行实践中，公序良俗往往并不能被有效地适用，其概念的不确定性往往会引发实践中难以对其具体内容予以清晰界定的混乱局面。[4] 这一情况在专利授权审查实践中表现得尤为突出。通常而言，对发明创造与技术成果的伦理考量是专利授权审查的第一步，而公序良俗则无疑是其中的基本要求。我国《专利法》在总则第 5 条便确立了公序良俗原则对专利制度的引领，即明确将不违反公共秩序与善良风俗作为专利授权的消极要件。[5] 无独有偶，《欧洲专利公约》[6]《德国专利法》[7]《瑞士专利法》[8]《日本专利法》[9]《韩国专利法》[10]等诸多专利制度中也都专门设置了类似的公序良俗条款。而公序良

---

〔1〕 参见王泽鉴：《民法总则》，北京大学出版社 2009 年版，第 277 页。

〔2〕 参见吴汉东：《财产权的类型化、体系化与法典化——以〈民法典（草案）〉为研究对象》，载《现代法学》2017 年第 3 期。

〔3〕 参见杨巧：《民法理论在知识产权中的运用》，载《政法论坛》2004 年第 4 期。

〔4〕 参见李岩：《公序良俗原则的司法乱象与本相——兼论公序良俗原则适用的类型化》，载《法学》2015 年第 11 期。

〔5〕 参见尹新天：《中国专利法详解》（缩编版），知识产权出版社 2012 年版，第 34 - 39 页。

〔6〕 参见《欧洲专利公约》第 53 条第（a）款规定。

〔7〕 参见《德国专利法》第 2 条第（1）款规定。

〔8〕 参见《瑞士专利法》第 2 条第（1）款规定。

〔9〕 参见《日本专利法》第 32 条规定。

〔10〕 参见《韩国专利法》第 32 条规定。

俗在适用上的涵摄难题却导致各国在专利审查实践中对公序良俗条款极少援用。尤其是随着生物技术、人工智能技术等新兴技术不断涌现，专利授权审查中的伦理争议与日俱增，此时原本应当发挥效用的公序良俗条款却因具体内容的不明确性而难以施展，而且，在相关新技术产业的利益驱动下，专利授权审查实践中的公序良俗要求日渐式微，甚至被束之高阁，沦为摆设。鉴于此，为深入挖掘专利授权审查实践中伦理难题的具体由来，有必要就其中公序良俗条款被日渐忽略的情形展开具体分析，归纳专利授权审查中公序良俗适用难题的特殊表现并探究其形成原因。

（一）专利授权审查实践中公序良俗适用难题的特殊表现

作为民事法律制度的一项基本原则，公序良俗经历了从一般价值理念到正式法律条款、从消极限制到积极干预、从回避到回归等一系列的转变。[1] 具言之，早在古罗马时期，“法”即正义，并被当时的法学家定义为一种“善良和公正的技艺”。[2] 而近代以来，财产权观念的兴起以及私人财产权出现，则更是源自人的伦理判断与伦理要求。[3] 由此，以国家与社会伦理为基础的公序良俗原则在民事法律制度中的基础性作用受到重视，其地位与日俱增，并成为人们公认的民法基本原则之一。而在专利制度中，由民法公序良俗原则所延伸的公序良俗条款，也是专利授权审查实践中的根本性标准且具有适用上的优先性。然而，随着公序良俗原则在民事法律规范中秩序底线与伦理底线之基础性作用的确立，民事法律制度实践中对公序良俗原则的过度适用问题也应运而生。无独有偶，在专利授权审查中公序良俗条款的适用难题也随着制度实践的不断推进

---

〔1〕 参见杨华：《马克思主义视域下的“公序良俗”及其时代性》，载《现代法学》2018年第4期。

〔2〕 参见［意］彼得罗·彭梵得：《罗马法教科书》（修订版），黄风译，中国政法大学出版社2005年版，第4－6页。

〔3〕 参见刘坤、赵万一：《财产权制度的存在基础》，载《现代法学》2004年第5期。

而逐渐暴露，但其与民事法律制度实践中公序良俗原则适用中所出现的问题在方向上却并不相同。在专利授权审查实践中公序良俗条款不存在被过度适用之虞，反而呈现出被人们忽视的具体形态。由此，不妨分别对民事法律制度中公序良俗原则过度适用的风险以及专利授权审查中公序良俗条款的缺乏重视的问题进行归纳与梳理，并从中发掘出专利授权审查中公序良俗适用难题的特别之处。

1. 民事法律制度中公序良俗原则的过度适用风险

公序良俗原则是当代法治精神的重要体现，其作用在于强调民事主体进行民事活动必须遵循社会所普遍认同的道德，从而对私法自治进行必要限制，对现行法的不足予以充分弥补。[1] 同时，公序良俗在民法的基本原则中也是一项没有贯彻于民事法律制度始终的概括性条款，它与诚实信用原则一样只涉及民事法律制度实践的一个层面，其中，诚实信用原则的核心功能在于规制权利的行使，而公序良俗原则的核心功能则在于对法律行为的效力评判。[2] 然而，由于实践中民事主体所进行的具体民事活动纷繁复杂，公序良俗原则常常存在被过度适用的风险。具言之，公序良俗具体内涵的不明确性，往往使公序良俗原则的适用危及法的安定性。[3] 虽说公序良俗原则只是对私法自治予以限制而没有否定私法自治，但其概念不确定的性质却决定了它潜藏以维护伦理道德之名而被滥用以致侵害私法自治的致命危险。[4] 不仅如此，基于民事法律活动

---

〔1〕 参见杨立新：《把公序良俗作为民法基本原则体现了当代法治精神》，载《中国司法》2017 年第 4 期。

〔2〕 参见于飞：《民法基本原则：理论反思与法典表达》，载《法学研究》2016 年第 3 期。

〔3〕 参见李双元、杨德群：《论公序良俗原则的司法适用》，载《法商研究》2014 年第 3 期。

〔4〕 参见易军：《民法上公序良俗条款的政治哲学思考——以私人自治的维护为中心》，载《法商研究》2005 年第 6 期。

本身所具有高度伦理性，[1]公序良俗原则在相关案件审理中无疑具有关键的指引作用，尤其是在穷尽法律规则而无法找到合理根据时，公序良俗原则便会成为其中的法律依据。但在司法实践中，公序良俗原则往往会被不当适用，甚至过度适用，出现以一般道德标准替代公序良俗、完全割裂公共秩序与善良风俗等对公序良俗内涵的不合理界定的问题，[2]以及公序良俗原则僭越具体法律规则的"向一般条款逃逸"的情形。[3]

2. 专利授权审查中公序良俗条款的缺乏重视问题

在专利制度中，以秩序底线和伦理底线为表征的非特定当事人的利益为保护重心的公序良俗原则同样是其运行中所必须遵循的基本原则。[4] 包括专利制度在内的整个知识产权制度实践中处处浸润着民法的理念，公序良俗原则在其中构成了相关制度运行的最低道德标准。[5] 专利授权审查中的公序良俗条款更是公序良俗原则在专利制度中的具体体现。但是，这一条款在实践中却呈现出与民事法律制度中公序良俗原则完全不同的运行风险，其不仅不会出现被过度使用的危险，反而存在不被重视的现实困境。虽说以公序良俗条款为基础的伦理考量是专利授权审查的第一道关卡，其对发明创造或技术成果的可专利性具有极其关键的影响，但是由于公序良俗内涵的不确定性，这一伦理层面的考量往往缺乏具体的可操作标准，因而也就流于形式，并不能真正发挥其秩序底线和伦理底线效果。而且，以工业应用为基础传统的发明创造与技术成果大多也

[1] 参见赵万一:《论民法的伦理性价值》，载《法商研究》2003 年第 6 期。

[2] 参见蔡唱:《公序良俗在我国的司法适用研究》，载《中国法学》2016 年第 6 期。

[3] 参见罗时贵:《中国民法公序良俗原则的法律性质》，载《重庆大学学报(社会科学版)》2018 年第 5 期。

[4] 参见于飞:《公序良俗原则与诚实信用原则的区分》，载《中国社会科学》2015 年第 11 期。

[5] 参见马一德:《知识产权法与民法的关系——以公序良俗为连接点》，载《知识产权》2015 年第 10 期。

并不存在太大的伦理道德问题，这也就进一步加剧了实践中人们对公序良俗条款的忽视。直到第四次科技革命中生物技术的持续发展以及逐渐开启的具有伦理争议的生物技术专利保护，才使人们意识到专利授权审查中对公序良俗的需要。[1] 然而，基于长期以来公序良俗条款在专利授权审查实践中的形式主义运作，虽有现实需要却也难以立刻被予以重视，与此同时，新兴技术产业发展中的经济利益巨大驱使，也会诱发人们在趋利本性下对公序良俗条款的"选择性遗忘"，进而导致专利授权审查呈现出"伦理最小化"的实践模式。[2]

（二）专利授权审查实践中公序良俗适用难题的形成原因

在专利授权审查实践中，公序良俗的适用难题突出表现为人们在实践中对专利制度中公序良俗条款的漠视与忽略。从表面来看，专利授权审查中对公序良俗条款缺乏重视的问题与传统民事法律制度中公序良俗原则过度适用的风险存在巨大的效果差异，但究其本质而言，二者拥有共同的根源，即公序良俗内涵的不确定性，而这往往也是民事活动中公序良俗适用难题出现的一般缘由。当然，不容否认的是，在专利授权审查中的公序良俗适用难题与传统民事法律制度中的明显不同，但也必然存在专利授权审查实践中特殊诱因的影响。因此，在探寻专利授权审查中公序良俗适用难题形成原因时，应按照从一般到特殊的逻辑进路，首先从实践中公序良俗适用难题出现的一般缘由出发，分析其对专利授权审查中公序良俗适用难题的影响，并在此基础上立足专利授权审查实践，探究其中造成公序良俗适用难题的特殊诱因，找出专利授权审查中与传统民事法

---

〔1〕 See Hannah Mosby, *Biotechnology's Great Divide: Strengthening the Relationship between Patent Law and Bioethics in the Age of CRISPR - Cas 9*, 19 Minnesota Journal of Law, Science and Technology 565 (2018).

〔2〕 See Matthias Herdegen, *Patents on Parts of the Human Body Salient: Issues under EC and WTO Law*, 5 The Journal of World Intellectual Property 151 (2002).

律制度中公序良俗适用难题效果性差别的形成因由，从而使专利授权审查中公序良俗适用难题的形成原因得明晰。

1. 专利授权审查中公序良俗适用难题出现的一般缘由

公序良俗作为民事主体在民事活动中所必须遵守的基本准则，是从民族共同的道德感和道德意识中抽象出来的。[1] 因而，公序良内涵俗也就随着人类历史的演进而不断变更，同时也因传统文化与社会环境不同而有所差异。诚然，公序良俗概念范畴的开放性，使其能兼容并蓄且与时俱进，实现法律实践与社会伦理的同步和契合，但这种概念范畴的开放并包也往往意味着具体内涵的不确定，相应地，公序良俗适用上的不易涵摄问题也由此衍生。[2] 虽说专利授权审查中公序良俗条款适用与民事法律制度中公序良俗原则适用有所差异，但公序良俗的适用难题也并不能脱离公序良俗具体内涵不确定的根本性影响。易言之，无论是民事法律制度中公序良俗原则的过度适用风险，还是专利授权审查中公序良俗条款的缺乏重视问题，在根本上都源于公序良俗概念与内涵的不确定性。因为在具体的适用中，民事法律制度中的公序良俗原则和专利授权审查中的公序良俗条款都必须率先查明其中公序良俗的对应内容，而只有在确定公序良俗的内容之后，才能展开对相关民事法律行为以及发明创造或技术成果是否违反公序良俗的具体判定。[3] 而在具体的运行实践中，也正是由于公序良俗适用范围的普遍性及其本身概念范畴的不确定性，使得裁判者往往难以对其进行清晰的界定，同时也无法给出完全脱离个人文化背景与伦理立场影响的客观释义。[4] 因此，可以说，公序良俗自身概念与内涵的不确定性是公序

---

〔1〕 参见王利明：《论习惯作为民法渊源》，载《法学杂志》2016 年第 11 期。

〔2〕 参见王泽鉴：《民法总则》，北京大学出版社 2009 年版，第 277 页。

〔3〕 参见戴孟勇：《论公序良俗的判断标准》，载《法制与社会发展》2006 年第 3 期。

〔4〕 参见李岩：《公序良俗原则的司法乱象与本相——兼论公序良俗原则适用的类型化》，载《法学》2015 年第 11 期。

良俗适用难题出现的一般缘由，不仅民事法律制度中公序良俗原则的过度适用风险从中滋生，专利授权审查中公序良俗条款的缺乏重视问题也由此而来。

2. 专利授权审查中公序良俗适用难题产生的特殊诱因

公序良俗条款在专利授权审查中的优先适用，实质上是为保证专利权与社会基本秩序和伦理要求的契合。因为私权从其成立的本源起，就只能是与社会全体的福祉相调和才能够存在的。[1] 专利权当然也不例外，在专利授权审查中设置专门的公序良俗条款也是为了实现专利法律秩序与伦理道德秩序之间的协调，保证专利权私有与社会全体成员福祉之间的平衡。[2] 然而，在具体的专利授权审查实践中，公序良俗条款却往往不受重视，很少被援用。毋庸置疑，公序良俗概念与内涵的不确定引发的涵摄难题是造成这一情况的根源所在。但专利授权审查实践中对发明创造与技术成果的实用主义态度也是不可忽视的重要诱因。长期以来，专利授权审查一直都注重对发明创造与技术成果新颖性、创造性、实用性等可专利性积极要件的考量，对发明创造或技术成果是否有悖公共秩序与善良风俗的可专利性消极要件则关注甚少。虽说专利授权审查中大多数的发明创造与技术成果并不存在违背公序良俗的情况，尤其是早先的传统机械设备一般而言更是没有伦理道德层面的争议，因此，这在很大程度上引发了人们在专利授权审查中对公序良俗条款的忽略，但其只能算是专利授权审查中公序良俗适用难题产生的表面原因，更为深层的诱因则是专利授权审查的实用主义理念对公序良俗要求的侵蚀与颠覆。此外，当下新兴技术与高新产业的蓬勃发展，进一步使饱含伦理争议的发明创造与技术成果进入专利授权审

[1] 参见[日]我妻荣：《我妻荣民法讲义Ⅰ：新订民法总则》，于敏译，中国法制出版社2008年版，第30页。

[2] 参见刘银良：《“公序良俗”概念解析》，载《内蒙古大学学报（人文社会科学版）》2004年第6期。

查之中，公序良俗审查的诉求也越发强烈，但事实上，在相关新技术产业的利益驱动下专利授权审查实践往往仍然是实用主义导向的，而其中的公序良俗适用难题无疑也会随之进一步加剧。

二、专利授权审查实践中对伦理例外规则的不断突破

在专利授权审查中，伦理例外规则是为缓解专利授权与伦理道德之间的紧张关系而规定的对特定技术或方法不授予专利权的一种制度设计，其实质上是对违反公序良俗一般性条款情形的一种具体化列举。易言之，专利授权审查中的公序良俗条款和伦理例外规则是一种一般到特殊的关系，二者分别是对专利授权审查中伦理考量要求的概括式界定与列举式规定。纵观世界主要国家专利制度对专利授权审查中伦理考量的规定，可以发现，除去日本、韩国等公序良俗条款的单一概括式立法，包括《德国专利法》[1]《瑞士专利法》[2]在内的很多国家的专利制度都在公序良俗条款的一般性规定统领下设置了专门的伦理例外规则，对相关违反公序良俗的情形进行具体列举。我国《专利法》也不例外，在原则性公序良俗条款之下于第 25 条中规定了科学发现例外、智力规则例外、诊疗规则例外等 6 种具体的不授予专利权的情形。当然，也有相当多的国家在专利制度中并未设置专门的公序良俗条款，仅以伦理例外的规则对不授予专利权的情形进行具体列举，从而实现对专利授权的伦理考察与道德衡量。其中也可以划分为两种类型：一种是以公序良俗要求兜底的不完全列举，如《俄罗斯民法典》（知识产权部分）[3]、《菲律宾知识产权法典》[4]以及《南非专利法》[5]所采取的就是这样的

---

〔1〕 参见《德国专利法》第 2 条第（2）款规定。
〔2〕 参见《瑞士专利法》第 2 条第（1）、（2）款规定。
〔3〕 参见《俄罗斯民法典》第 1349 条第 3 款规定。
〔4〕 参见《菲律宾知识产权法典》第 22 条规定。
〔5〕 参见《南非专利法》第 25 条规定。

立法模式;另一种则是以《法国知识产权法典》[1]《印度专利法》[2]以及《巴西工业产权法》[3]为代表的完全列举,在这种立法模式中专利授权的伦理例外类型被法律严格限制,除非法律修订,否则不存在任何延展的空间。

毋庸置疑,公序良俗条款的一般性规定统领下的伦理例外规则是更为合理的立法模式。其既确立了专利授权审查的一般性伦理要求,又对有违伦理的情形进行了具体列举。相比之下,以公序良俗要求兜底的不完全列举模式虽稍逊一筹,但也在保证专利授权审查中的伦理考量可操作性的同时,适当弥补了完全列举模式可能存在的不全面问题。然而,在实践中,由于专利授权审查对公序良俗条款重视不足,在各种不同的立法模式下,专利授权审查中的伦理考量实质上都以具体性伦理例外规则为基础,并无太大差异。唯一的不同是,各国在具体规则中对伦理例外设定类型与数量的差异。虽然这其中各国立法有所区别,但科学理论与发现、智力活动的规则与方法等关键性的内容大都被作为伦理例外的对象。除此之外,还必须要格外关注的是,作为当今世界专利制度先行者的美国,虽未在专利制度中专门设置一般性的公序良俗条款与具体性的伦理例外规则,但并不表明美国没有对专利授权审查的伦理限制与道德要求,其在早期实践中就有实用性标准下的判例法将有悖于公序良俗的发明创造排除。[4] 早在 1817 年美国法官便在判例法中将实用性标准解说为"对社会有益的用途,即不能有损道德、健康或者社会良好秩序"。[5] 但后来由于道德判断的主观性以及道德标准的变化性,美国司法实践中逐渐将道德要求剔除出实用性标准,仅要

---

〔1〕 参见《法国知识产权法典》第 611 - 10 条第 2 款规定。

〔2〕 参见《印度专利法》第 3、4 条规定。

〔3〕 参见《巴西工业产权法》第 10 条规定。

〔4〕 参见李明德:《美国知识产权》(第 2 版),法律出版社 2014 年版,第 43 - 44 页。

〔5〕 See Bedford v. Hunt, 3 F. Cas. 37 (C. C. D. Mass. 1817) (No. 1, 217).

求发明创造具备最小的现实价值即可。[1] 与此同时,相关的伦理例外规则也由判例法确立,如自然现象例外[2]、抽象概念例外[3]、自然产物例外[4]、商业方法例外[5]等。其中,商业方法例外已于1998年因轰动一时的“富道银行案”[6]而被废除,商业方法也就此成为美国专利授权的客体范畴,并随实践发展在判例法中形成了专门的“机器或转换”的严格审查标准。[7] 无独有偶,随着新兴技术的发展,美国专利授权范围日益扩张,其他的伦理例外也存在被突破的巨大风险。而且,这一情况并不仅仅存在于美国,专利授权范围增大是当下全球的发展趋势,其他各国法律所明确规定的例外规则也在被不断吞噬,失去原有的约束效力。例如,对基因技术的专利授权即开启了生命物质的法律保护,其对诸国专利制度中的科学发现例外以及美国判例法上的自然产物例外都形成了巨大的冲击;而对于人工智能算法或软件的专利授权则往往会陷入对数据算法予以专利保护的漩涡,形成对专利制度中数学算法、智力活动方法、计算机软件等例外规则的挑战。但是,囿于人工智能技术的专利授权审查目前仍处于学术探究之中,还未真正在实践中充分展开,在此不加赘述。因而,不妨仅以基因技术为例,以求深入探究基因技术成果专利授权对相关伦理例外规则的挑战,并以此呈现出专利授权审查中相关伦理例外规则被不断突破的实践风险。

---

〔1〕 参见[美]J. M. 穆勒:《专利法》(第3版),沈超、李华等译,知识产权出版社2013年版,第231页。

〔2〕 See Funk Bros. Seed Co. v. Kalo Inoculant Co., 333 U. S. 127 (1948).

〔3〕 See Rubber - Tip Pencil Co. v. Howard, 87 U. S. 498 (1874).

〔4〕 See Diamond v. Chakrabarty, 447 U. S. 303 (1980).

〔5〕 See United States Credit System Co. v. American Credit Indemnity Co., 59 F. 139 (2d Cir. 1893).

〔6〕 See State Street Bank & Trust Co. v. Signature Financial Group, 149 F. 3d, 1368 (Fed. Cir. 1998).

〔7〕 See In Re Bilski, 545 F. 3d 943, 88 U. S. P. Q. 2d 1385 (Fed. Cir. 2008).

(一)世界各国开启基因技术专利授权对伦理例外规则的挑战

长期以来,无论是在专利理论研究中还是专利授权审查实践中,基因等生命物质不具有可专利性、不能被授予专利权的特质都是为人们所公认的。[1] 这是因为基因序列或者基因片段在本质上仍是一种自然存在,并非完全人为创造产生,因而其应属于科学发现而非专利发明,而且基因资源是属于全人类的共同遗产,并不能被授予专利权也不能被私人独占。[2] 专利制度中为保证专利授权审查有序进行所专门设置的科学发现例外或者自然产物例外也正是对基因技术成果不予专利授权的重要依据。然而,随着基因技术等生物技术的商业化程度不断加深,生命物质不可专利性的理论与实践共识也开始动摇。基因技术的发展革新使基础研究、应用研究、技术进步以及工业化应用之间的联系变得异常紧密,它们相互之间的转化也变得格外迅速。[3] 因而在基因技术中,科学发现与专利发明之间的界限也就变得不那么清晰了。不仅如此,基因技术的飞速发展也使植物、动物乃至人类的基因序列或片段等自然产物成为科学研究与技术应用的对象。由此,对基因技术的专利授权无疑会对专利制度中的科学发现例外或自然产物例外造成巨大冲击。然而,面对基因技术日益凸显市场价值的现实,相关的伦理限制在巨大商业利益的驱使下日渐式微,各国家对基因技术专利授权的态度也逐步从严格排除转变为适当妥协。20 世纪 70 年代,以"种子战争"为契机的《美国植物专利法案》修正案以及《美国植物品种保

---

〔1〕 See Graham Dutfield, *Intellectual Property, Biogenetic Resources and Traditional Knowledge*, Earthscan Press, 2004, p. 3.

〔2〕 See Eric J. Rogers, *Can You Patent Genes? Yes and No?* 93 Journal of the Patent and Trademark Office Society 19 (2011).

〔3〕 参见[德]库尔特·拜尔茨:《基因伦理学:人的繁殖技术化带来的问题》,马怀琪译,华夏出版社 2000 年版,第 4 页。

护法案》最早将专利权扩展至有生命的物质。[1] 随后,《美国专利法》在第103条中对基因技术的专利授权范围作出了较为明确的界定。面对基因技术带来的产业变革,欧盟于1998年颁布了《关于生物技术发明的保护指令》以规范基因技术专利授权的范围与模式。[2] 《德国专利法》和《瑞士专利法》也均在第1条关于"可以获得专利的发明"的规定中专门设置了基因技术的专利授权标准。

就基因技术自身的发展而言,其大致可以归纳为从"基因定位"到"基因分离",再到"基因合成"的顺序。一般来说,在这一发展过程中,基因技术的可专利性水平也是不断增强的。首先,对于识别定位环节中所发现的基因序列而言,其明显不能获得专利授权,因为对生物体基因的识别与定位只是一种基础性的科学研究,完全属于科学发现例外或自然产物例外的范畴。从1953年弗朗西斯·克里克和詹姆斯·沃森发现DNA分子的双螺旋结构,到20世纪初各国科学家共同完成人类基因组计划[3],测定出了由人类染色体中所包含的30亿个碱基对所组成的基因序列并绘制出了人类基因组图谱,每一项对具体基因序列在人体中的识别与定位,无一例外都是影响人类社会发展进程的重要科学发现,是相关专利技术研发的基础与根源,但却并不能满足专利授权的基本要求。

其次,对分离纯化环节中所获得基因序列的专利授权,虽然有

---

[1] See Lara E. Ewens, *Seed Wars: Biotechnology, Intellectual Property, and the Quest for High Yield Seeds*, 23 Boston College International and Comparative Law Review 285 (2000).

[2] See European Union Directive 98/44/EG on Legal Protection of Biotechnology Inventions.

[3] 人类基因组计划(human genome project)是由美国科学家于1985年率先提出,并于1990年正式确立的。美国、英国、法国、德国、日本和中国科学家共同参与了这一预算达30亿美元的人类基因测定计划。截至2005年,人类基因组计划的测序工作已经完成。其中,2001年人类基因组工作草图的发表被认为是人类基因组计划成功的里程碑。

争议,但确实是对专利授权审查中伦理例外规则的一种突破,因为经过分离纯化的基因序列在化学结构上并未改变,往往仍被认为是一种自然产物。当然,也必须承认,经过分离纯化的基因序列与生物体内存在的基因序列是不同的,它与周围的组蛋白是分离的,且没有共价地与组蛋白结合,同时,分离纯化的基因序列在自然状态下也是不存在的,并不完全是自然发生的产物,而是由非自然发生的物质组成,是人类智力劳动的成果。[1] 而且,现在专利制度对可专利性的判断也更加注重事物的实际用途,而往往并不关注使事物本身产生什么变化,以及其是否是自然界原本不存在的东西。[2] 分离纯化后的基因序列虽说不一定会比生物体内的基因序列在特定层面上更加有效,但要肯定的是,它一定会比生物体内的基因序列有更广泛的应用。[3] 而《德国专利法》和《瑞士专利法》也都是据此给予分离纯化而生的基因序列以专利授权的。[4]

最后,对转录合成环节中所生成的基因序列的专利授权则是对相关伦理例外规则更为彻底,也更具合理性的一种突破,因为基因序列经过转录合成,必然不再是纯粹的自然产物,而是一种人为创造的全新化学结构。[5] 早在 1980 年,美国联邦最高法院在 Diamond v. Chakrabarty 一案中,就曾判定经过遗传工程改造的细菌是可以获得专利授权的。[6] 举世瞩目的 Myriad 案也正是参照

---

〔1〕 参见曹丽荣:《从 Myriad 案谈基因专利的正当性及美国对基因专利授权实质性要件分析》,载《中国生物工程杂志》2013 年第 1 期。

〔2〕 参见尹新天:《中国专利法详解》(缩编版),知识产权出版社 2012 年版,第 247 页。

〔3〕 See Stephen H. Schilling, *DNA as Patentable Subject Matter and a Narrow Framework for Addressing the Perceived Problems Caused by Gene Patents*, 61 Duke Law Journal 731 (2011).

〔4〕 参见《德国专利法》第 1A 条第(1)(2)款,以及《瑞士专利法》第 1a 条规定。

〔5〕 See Arthur R. Miller, *Intellectual Property: Patents, Trademarks, and Copyright in a Nutshell*, 5th edition, Thomson Reuters, 2012, p. 26.

〔6〕 See Diamond v. Chakrabarty, 447 U. S. 303 (1980).

这一案例作出终审判决,认定经过转录合成的基因序列是符合可专利性要求的。[1] 诚然,相比识别定位环节中所发现的基因序列和分离纯化环节中所获得的基因序列,转录合成环节中所生成的基因序列与专利授权要件更加契合,也更易突破专利制度伦理例外的限制,但也必须注意,极少数转录合成所生成的基因序列在很多情况下也会存在新颖性、创造性不足的问题,进而导致无法获得专利授权。[2]

因此,可以说,无论是分离纯化的基因序列,还是转录合成的基因序列,对它们予以专利授权或多或少都是一种对科学发现例外或自然产物例外这些专利授权审查中伦理例外规则的冲击与突破。而在这一过程中,各国专利制度对基因技术可专利性的肯认,也正是它们对基因技术专利授权的态度从严格排除向适当妥协转变的重要体现。

(二)两种基因技术专利授权模式对伦理例外规则的不同影响

在世界各国对基因技术成果进行专利授权的法律态度从最初的严格排除向目前适当妥协转变之后,基因技术专利授权的实践活动也随之开启。通过归纳总结不难发现,各国对基因技术专利授权模式的选择,大体可以划分为以美国为代表的产品型和以德国、瑞士等欧洲国家为代表的用途型两种类型。其中,基因技术专利授权的产品型模式,是指采用产品权利要求的方式授予基因技术以专利权,将基因序列按照组合物对待,其权利范围涉及整个基因产品,既包含了基因序列本身,也涵盖了基因序列的全部用途;而基因技术专利授权的用途型模式,则是指采用用途权利要求的方式给基因专

---

〔1〕 See AMP v. Myriad Genetics 33 S. Ct. 2107; 186 L. Ed. 2d U. S. 124 (2013).

〔2〕 据统计,在美国联邦巡回法律 2010 - 2011 年的判决中,新颖性、创造性不足是生命科学专利权利要求无效最常见的法律原因。See Brandon Zuniga, *Lessons from the Federal Circuit: Avoiding Unpatentability for Life Science Inventions*, 95 Journal of the Patent and Trademark Office Society 223 (2013).

利进行专利授权，其权利范围仅仅涉及基因序列的某种特定用途。这两种模式对基因技术的专利授权范围存在较大差异，它们对专利授权审查中伦理例外规则的冲击程度也必然不同。

1. 基因技术专利授权的产品型模式及其对伦理例外规则的影响

作为基因技术研究的先行者，美国从自身基因产业发展需要出发，突破了专利制度中确立的“自然产物例外”等伦理例外规则，采取产品型的权利要求模式给予基因技术以专利保护。[1] 根据《美国专利法》规定，“具有新颖性和非显而易见性的一种组合物生物技术方法”是可以获得专利保护的，其权利要求中包含“方法中使用的组合物”以及“方法制造的组合物”。[2] 进言之，在《美国专利法》的产品型基因技术专利审查模式下，基因序列作为一种组合物不仅可以是方法专利的基础资源也可以是方法专利的产物，其保护范围既囊括了基因序列本身，也包含了其各种潜在用途。

如图4－1所示，在美国产品型基因技术专利审查模式下，专利权的授予是以特定的基因序列为基准的，“基因序列X”以及其所具有的“用途1”“用途2”“用途3”“用途4”等所有用途都是“专利X”的保护范畴，即使该用途目前尚未完全显现。如此一来，专利权人不仅可以独占“基因序列X”，由“基因序列X”所衍生的各项用途也为专利权人所垄断。毋庸置疑，美国这种对基因技术专利授权的产品型模式，无疑给予了基因技术一种范围相对较宽、强度相对较高的专利保护。虽说这是美国基于其自身基因技术领先、基因产业发达的现状而作出的立法选择，是其掌控甚至垄断全球基因药品、基因诊断市场的客观需要，但是其对“自然产物例外”等伦理例外规

〔1〕 参见付丽霞：《美国专利客体制度发展历程的回顾与疏解》，载《中国发明与专利》2019年第1期。

〔2〕 参见《美国专利法》第103条规定。

则的冲击与突破也是极具彻底性与颠覆性的，不仅极大地加剧本身数量有限的基因资源的稀缺性，[1]与此同时，也往往会引发基因技术为少数专利权人垄断而制约人们基因利益共享的“反公有地”悲剧。[2]

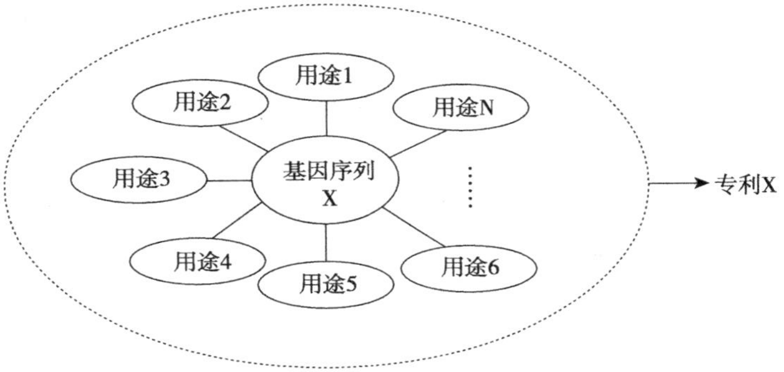

图4－1　美国产品型的基因技术专利授权审查模式

2. 基因技术专利授权的用途型模式及其对伦理例外规则的影响

基于基因资源有限性和基因技术风险性的考虑，德国和瑞士采取了用途型权利要求模式对基因技术进行专利授权审查，两国均在专利法关于“可以授予专利的发明”的规定中，将基因序列的特定用途纳入专利的保护范围。《德国专利法》在确定基因技术的专利保护模式时，突出强调在专利申请中说明基因序列或片段用途的过程中，应对该基因序列或片段的工业实用性加以具体描述，并将这一描述写进权利要求之中。[3]《瑞士专利法》也明确规定可以授予专

〔1〕“尽管自然所形成的生物基因存在着突变的可能性，但是其通常而言较为稳定，而作为主要研究目标的特殊基因则更是数量有限。”参见吕明瑜、张严：《基因专利冲突及其治理路径分析》，载《知识产权》2017年第4期。

〔2〕See Michael A. Heller, *The Tragedy of the Anticommons: Property in the Transition from Marx to Markets*, 11 Harvard Law Review 621 (1998).

〔3〕参见《德国专利法》第1A条第(3)(4)款规定。

利的基因序列或者片段，应当是由技术手段制备，并要求在专利申请时对其用途进行明确描述。[1] 进言之，在《德国专利法》和《瑞士专利法》的用途型基因技术专利审查模式下，专利法对基因技术的保护要以基因序列或片段的特定用途为基础，基因序列或片段潜在具有但在专利申请中并未提及的其他用途不在该专利保护范围之内。

如图4－2所示，在德国和瑞士的用途型基因技术专利审查模式下，专利权的授予是以特定的基因序列的特定用途为基准的，“基因序列X”具有“用途1”“用途2”“用途3”“用途4”等诸多用途，每一项用途都可以成为一项单独的专利，如“用途1”便可成为一项单独的专利“专利1”。当然，在实践中，一项专利中是可以包含某一特定的基因序列的多项特定用途的，但是必须是在专利申请中明示的，没有提到或者目前还没有发现的用途并不能被囊括。因此，与美国产品型的基因技术专利审查模式相比，德国和瑞士的用途型基因技术专利授权审查模式的立法设计对伦理例外规则的冲击与突破无疑相对较小，有效避免了专利权人对相关基因序列的过分垄断，为后续研究留下了充足的空间。但随着基因专利授权的不断增加，未来在用途型保护模式的运行中则可能会出现诸如“专利丛林”等制约基因技术持续发展的隐患。[2]

---

〔1〕 参见《瑞士联邦发明专利法》第1b条规定。

〔2〕 “从生物体中分离出现的基因序列或片段，以及分离后又经转录的基因序列或片段，往往具有基础性，它们一旦获得专利授权，将成为任何人进行基因药品等相关产品的研究与开发都难以绕过的错综复杂的专利丛林。”参见刘媛：《十字路口上的未来：基因专利问题研究》，载《科技管理研究》2015年第4期。

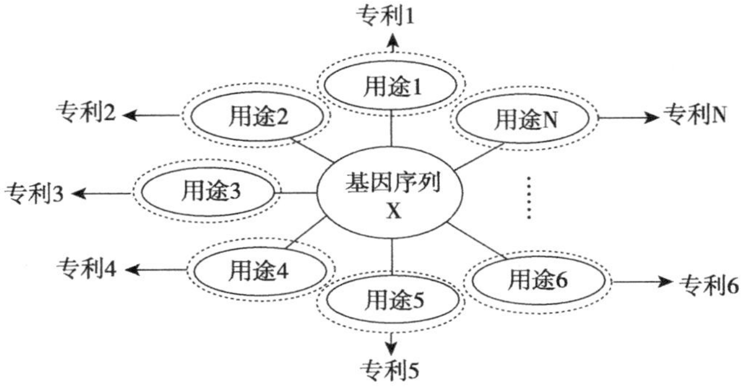

图4－2　德国和瑞士的用途型基因技术专利授权审查模式

第三节　专利授权审查实践中伦理难题的应对举措

面对由技术伦理问题所延展并由“伦理最小化”思潮所影响而衍生出的公序良俗条款被日渐忽略、伦理例外规则被不断突破等实践性伦理难题，专利授权审查机制必须及时作出回应，化解其中的伦理困境与道德纷争，使专利授权审查实践完成与社会基本伦理道德要求相契合的理性回归。包括专利制度在内的所有法律制度都与社会有着紧密联系，法律制度的发展取决于社会的需要，同时也为社会发展提供重要的制度支撑。〔1〕 社会生活中的伦理道德准则也势必应在法律制度中体现，并由法律制度所保障。专利授权审查中的伦理考察与道德衡量便是社会伦理道德要求在专利制度中的体现，但在具体实践中相关法律规则却往往不能充分发挥其效用，不仅一般性的公序良俗条款不受重视，类型化的伦理例外规则也受

〔1〕 参见王太平：《知识经济时代专利适格标的研究》，知识产权出版社2015年版，第119页。

到了来自新技术与产业的冲击。为此,应在专利授权审查中强化伦理考量的地位,改变目前专利授权审查实践中发明创造或技术成果道德衡量旁落的局面,消除专利授权审查中的伦理难题,实现专利授权审查机制对社会伦理道德要求的充分反映与有效保障。

虽说在实践中伦理道德问题一般并不存在明确具体的解决方案与判断标准,在错综复杂的伦理道德关系和争议面前,人们往往也只能根据社会生活中的基本伦理道德准则提出自己的建议,但这并不意味着人们对伦理困境与道德难题的化解是任意的、没有固定程式的,在普适性伦理道德规范的指引下针对现实问题的伦理对话实际上是有迹可循、拥有其自身规律性的,通过对相关伦理原则的具体化、伦理标准的动态化设定以及对运行过程的固定化与专门化,即可充分发挥基本伦理道德规范在与具体问题实际对话中澄清者、倡导者、促进者和信息员角色的作用,使社会生活中的伦理困境得以有效化解。[1] 对专利授权审查实践中所出现的一系列伦理难题而言也是一样,要想消除这些问题就必须展开一般性的伦理道德规范与专利授权审查实践的沟通与对话,不仅要将专利授权审查中伦理考量的具体内容细化,还要将其具体的运行机制程式化。唯有如此,才能有效地化解专利授权审查实践中公序良俗条款被日渐忽略和伦理例外规则被不断突破的伦理难题,使专利授权审查中的伦理考量真正成为对发明创造与技术成果进行道德权衡与检验的"试金石"与"过滤器",从而实现专利授权审查实践的伦理回归,彰显专利制度运行的伦理理性。

一、专利授权审查实践中伦理考量内容的精细化提升

在专利授权审查实践中,公序良俗条款被日渐忽略、伦理例外

〔1〕 参见[德]阿明·格伦瓦尔德主编:《技术伦理学手册》,吴宁译,社会科学文献出版社2017年版,第11页。

规则被不断突破等伦理难题的出现，虽源自技术本身伦理问题的延展以及“伦理最小化”思潮的影响，但这并非这些伦理难题产生的根本原因所在，而只是专利授权审查中伦理道德问题的固有由来。之所以公序良俗条款能够被忽略以及伦理例外规则能够被突破，在根本上则是因为条款与规则在内容上不够细致、不够严密。诚然，其中也存在新技术、新产业发展的重要诱因，但这也并不能将伦理考量内容层面的本质问题掩盖。由此，为将专利授权审查中出现的伦理难题有效化解，应率先从内容层面对专利授权审查中的伦理考察与道德衡量予以细化，使公序良俗条款所昭示的内容能够被充分地具体化，不至于再被轻易怠忽，也使伦理例外规则中的例外情形能够与时俱进、动态完善，以自身的及时更新来应对实践的冲击与突破。概言之，专利授权审查中伦理考量内容的精细化提升主要包含两个方面，即专利授权审查中公序良俗原则的具体化和专利授权审查中伦理例外标准的动态化。

（一）专利授权审查实践中公序良俗原则的具体化

作为社会秩序与伦理底线的法律表达，公序良俗既是民事法律制度中的一项基本原则，[1]也是专利授权审查中对发明创造与技术成果进行伦理考量的重要法律依据。经过长期以来的发展完善，公序良俗原则在民事法律制度中的作用方式已从消极限制转变为积极干预，并逐步成为对私法自治予以伦理限制的必要条款。[2]而在专利授权审查中，公序良俗原则的作用却仍处于消极限制的阶段，以至于其常常在实践中被忽视。但无论是在民事法律制度中，还是在专利授权审查实践中，公序良俗原则都由其概念范畴的不确

〔1〕参见于飞：《公序良俗原则与诚实信用原则的区分》，载《中国社会科学》2015年第11期。

〔2〕参见杨华：《马克思主义视域下的“公序良俗”及其时代性》，载《现代法学》2018年第4期。

定性造成了具体适用中的涵摄难题。[1] 进言之，公序良俗原则的具体化，无疑也是在民事法律制度以及专利授权审查实践中对其进行适用的基础与前提。通常而言，适用公序良俗原则对行为或事项进行合法性评定的核心在于对该行为或事项与社会伦理道德契合程度的判断，应以伦理理性对相关行为或事项是否为公众所普遍认同而展开权衡与检验。[2] 但对具体行为或事项是否符合公序良俗要求的判断，却往往无法仅基于社会的普遍伦理道德观念与规范而有效展开，这需要将普遍性的伦理道德观念或规范进行具体化，与相关行为或事项的具体场景相结合，并映射出社会伦理道德观念或规范在其中的具体表征。唯有如此，公序良俗原则才能在具体的社会实践中被合理适用。鉴于此，为保证公序良俗原则在专利授权审查实践中的有效适用，应从专利授权审查的实践情况出发，对公序良俗原则进行具体化，明确公序良俗原则在专利授权审查实践中的具体表征，并在此基础上归纳总结出专利授权审查中公序良俗条款具体化的策略与方法，从而充分掌握公序良俗原则在专利授权审查中进行具体化的实践奥秘。

1. 专利授权审查实践中公序良俗的基本含义与具体表征

所谓公序良俗，是指“公共秩序”与“善良风俗”。[3] 其中，公共秩序也可称作社会公共利益，是为全体社会成员的共同利益；而善良风俗则可称作社会公共道德，是为全体社会成员所普遍认许、遵循的道德准则。[4] 公序良俗的内容虽然随着时代的不同而改变，但其作为历史经验的总结和沉淀，总会体现人类生活中的一些

---

〔1〕 参见王泽鉴:《民法总则》,北京大学出版社 2009 年版,第 277 页。

〔2〕 参见甘绍平:《伦理学的当代建构》,中国发展出版社 2015 年版,第 416 页。

〔3〕 参见曾世雄:《民法总则之现在与未来》,中国政法大学出版社 2001 年版,第 28 页。

〔4〕 参见杨立新:《中国民法总则研究》(上卷),中国人民大学出版社 2017 年版,第 161 页。

共同的、合理的要求。[1] 在专利授权审查实践中，公序良俗最为基本的概念内核当然也会继续存在，并成为专利授权审查的基本伦理指引，但与此同时，公序良俗所表达的社会公共利益与公共道德也会相应地具备专利制度的色彩，在此基础上，"公共秩序"与"善良风俗"也就成为专利授权审查实践中不得违背的秩序底线与伦理底线。一般而言，私权得到承认的根据就在于它是社会共同生活的向上发展不可或缺的要件。[2] 专利权也并不例外，其对技术创新的激励与保障无疑是其推动社会共同生活的向上发展的突出表现。但也正是其与技术进步的高度相关性，使其在授权审查实践中时刻面临技术本身伦理问题的挑战，而且随着技术成果的不断革新，相关的伦理道德风险也与日俱增。虽说公序良俗具有内容上的开放性，其概念范畴完全可以将因技术革新而滋生的各种伦理风险与道德困境都纳入，但是，在具体适用中则必须根据具体技术的具体伦理问题对公序良俗的含义与指征进行具体的解析，否则公序良俗要求对于专利授权审查而言将丧失其应有的实践意义。

在专利授权审查实践中，公序良俗的具体表征与民事法律制度中的公序良俗原则并不相同。一般来说，作为民法基本法律原则的公序良俗，目标在于强调民事主体进行民事活动必须遵循社会所普遍认同的道德以补充民事法律制度中相关具体规定的不足。[3] 而其在具体适用中则是一种兜底性的原则规定，当穷尽法律规则后才能应用，而不能以法律原则僭越法律规则。然而，在专利授权审查实践中情况却大不相同，公序良俗条款的地位不再是一种兜底性的一般条款，而成为应予以优先适用的特殊性授权审查要求，其在位

---

〔1〕 参见戴孟勇：《论公序良俗的判断标准》，载《法制与社会发展》2006 年第 3 期。

〔2〕 参见[日]我妻荣：《我妻荣民法讲义Ⅰ：新订民法总则》，于敏译，中国法制出版社 2008 年版，第 31 页。

〔3〕 参见杨立新：《把公序良俗作为民法基本原则体现了当代法治精神》，载《中国司法》2017 年第 4 期。

阶上是优于新颖性、创造性、实用性等一般性专利授权审查要求的。造成这一情况的直接诱因无疑是公序良俗在民事法律制度中与在专利授权审查实践中作用方式的不同，在民事法律制度中公序良俗原则是对私法自治的一种积极干预，而在专利授权审查实践中公序良俗条款对发明创造或技术成果的伦理考量则是一种消极性被动限制。虽说专利授权审查是民事财产权利属性的专利权的生成过程，其本质也是一种民事法律活动，但其运行机制却不同于民事主体所进行的一般民事活动，并不是由民法上基本意思自治所支配，而是由国家行政权力所主导的一种权利授予活动，也正是基于这一原因，在专利授权审查实践中，公序良俗的具体表征不同于民事法律制度中的兜底性一般条款，而应是一种被予以优先适用的特殊性授权审查要求。

2. 专利授权审查实践中公序良俗条款具体化的策略与方法

一般而言，公序良俗内容的具体化，意味着对实践中公序良俗原则或条款适用情形的类型化。这既是公序良俗内容具体化的有效途径，也是处理实践中公序良俗原则或条款适用难题的常用策略。基于公序良俗原则在适用范围上的普遍性以及在适用中保持本土性和时代性的具体要求，民事法律制度中对于公序良俗原则的适用往往采取类型化的策略。[1] 因为这样一来，符合公序良俗特征的各种复杂法律关系能被合理分类，使其趋于明确也便于区分，从而使法官依据法律关系的“同理性”对同一类型的案件作出相近或相同的裁判。[2] 与此同时，也使法官在判断公序良俗的过程中，能够尽量抛弃其主观好恶等个人因素，从而最大限度地实现相关案

〔1〕 参见李岩：《公序良俗原则的司法乱象与本相——兼论公序良俗原则适用的类型化》，载《法学》2015 年第 11 期。

〔2〕 参见李双元、杨德群：《论公序良俗原则的司法适用》，载《法商研究》2014 年第 3 期。

件裁判的伦理正义。[1] 具言之,包括侵犯生命周期仪式、违反性道德而为的赠与、以人身为交易内容或附条件的民事协议等在内诸多类型的具体行为都是民事活动中公序良俗内容类型化的具体表现。[2] 而在专利授权审查实践中,公序良俗条款类型化的具体表现无疑是与民事法律活动中不同的,但不容否认的是,类型化对于专利授权审查中的公序良俗条款而言也是实现其概念与内涵具体化的重要手段与必要策略。通过对实践中专利授权审查公序良俗要求的类型化区分,不仅可以使公序良俗条款所包含的内容被更为具体地界定,也可以为专利授权审查实践工作的具体运行提供必要的参考与依据。

鉴于专利授权审查中伦理问题的技术原生性,在对专利授权审查中的公序良俗条款进行类型化的过程中也应以特定技术的伦理表征为基础进行类型划分,不能不加思考地依据民事活动中以具体事项的标准对公序良俗原则进行类型化的模式来进行专利授权审查中公序良俗条款的具体化。虽说专利权的授予具有一般性,只要是专利授权要求的发明创造或技术成果都能获得专利授权,并无技术领域层面的差异,但不可否认的是,不同技术领域中发明创造或技术成果的具体生成方式与难易程度都不相同,因而它们对专利授权的基本立场与诉求也各不相同,尤其是在研发投入和周期等方面的巨大差异,更会使不同技术领域中发明创造或技术成果的专利授权范围存在一定区别。[3] 相应地,专利授权审查中公序良俗条款的具体含义与作用方式在不同技术领域的发明创造或技术成果之上也有所差异。例如,在传统的机械工业中,发明创造与技术成果

---

〔1〕 参见戴孟勇:《论公序良俗的判断标准》,载《法制与社会发展》2006 年第 3 期。

〔2〕 参见李岩:《公序良俗原则的司法乱象与本相——兼论公序良俗原则适用的类型化》,载《法学》2015 年第 11 期。

〔3〕 See Emanuela Arezzo, Gustavo Ghidini, *Biotechnology and Software Patent Law*, Edward Elgar Publishing Limited, 2011, p. 9 - 10.

大多是机器与装置的存在，其只要不具有明显的社会危害性，在专利授权中就不会受到公序良俗条款的限制；而在与人类生命健康密切相关的食品、药品领域中，发明创造与技术成果的伦理考察和安全保障就显得格外重要了，专利授权审查中的公序良俗条款也应从该领域的特征出发，结合相关行政审批中的法规与标准进行具体化。因此，可以说，对专利授权审查中公序良俗条款进行具体化的方法，即为依照公序良俗内容类型化的一般策略，从不同技术领域的特征与伦理诉求出发，以不同的技术类型为标准实现公序良俗条款之不确定概念与内容的具体化。[1]

（二）专利授权审查实践中伦理例外标准的动态化

在专利授权审查中，科学发现例外、智力规则例外、诊疗规则例外等的伦理例外标准在某种程度上即是对公序良俗要求的一种具体体现，而这些伦理例外标准的设置也大都出于保证专利授权的合伦理性考量。在实践中，伦理例外规则却因新兴技术的不断涌现以及高新技术产业的利益侵蚀而被不断突破，失去了其原本的伦理价值与道德效用。毋庸置疑，新技术革命是知识经济时代专利适格标的发展演变的根本原因。[2] 在专利授权审查中伦理例外规则所受的冲击与突破，也当然源自新技术革命带来的技术创新与产业革新，但其却并不是造成这一情况的本质缘由，对于专利授权审查实践中伦理例外规则失灵的情形而言，技术与产业的革命只能算是促使其发生的直接诱因，而最为深层的原因则是伦理例外标准本身的滞后性。

一般来说，法律制度在运行过程中往往都不可避免地会出现滞后于实践的情况，虽说法律制度设立大多会有前瞻性的考量，但在

---

〔1〕 参见杨仁寿：《法学方法论》（第2版），中国政法大学出版社2013年版，第129页。

〔2〕 参见王太平：《知识经济时代专利适格标的研究》，知识产权出版社2015年版，第122页。

飞速发展的社会生活面前这种立足现状的前瞻性并不足以避免法律制度的滞后性，尤其是对专利制度而言，新兴技术成果与高新技术产业的极速更新，无疑使具体规则的滞后性问题更为凸显。在专利制度运行框架中，专利授权审查作为专利权的生成环节，其具体审查过程是以科技为依归并以法律为依据的。[1] 而科学技术的不断创新与法律规则的相对滞后，则带来了专利授权审查的实践困境。如前所述，专利授权审查中伦理例外标准本身的滞后性使其无法满足对新兴技术予以专利授权的现实需要，因而实践中也就出现了突破伦理例外规则的专利授权。这既是对专利授权审查机制的一种挑战，也是专利授权审查实践向新兴技术与产业的一种妥协。鉴于此，为消除专利授权审查中伦理例外规则被不断突破的情形，有必要采取动态性伦理例外标准，即以新兴技术的本质特征与运行方式为基础对伦理例外规则进行适当且及时的解释，并根据实践伦理例外规则所受到的冲击与突破，对伦理例外规则下具体内容与标准进行定期的修正与完善，从而使相关规则的伦理例外效用能在专利授权审查实践中得以充分发挥。

1. 专利授权审查实践中动态性伦理例外的必要性与可行性

基于专利授权审查实践中伦理例外规则被不断突破的现状与趋势，构建动态性的伦理例外标准是完全必要的。从基因技术专利到商业方法专利，专利授权审查中的科学发现例外与商业方法例外都在技术与产业的利益驱动下被攻破。不仅如此，未来对人工智能算法的专利授权也势必会造成对数学算法例外、智力活动方法例外的严重冲击。虽说当下世界各国的专利授权审查中都排除了对抽象概念或智力活动规则进行授权，算法作为人类智力活动的规则和方法的延伸，其本身就是一种抽象的概念和理论，[2] 因而也往往被

---

〔1〕 参见曾陈明汝：《两岸暨欧美专利法》，中国人民大学出版社 2007 年版，第 71 页。

〔2〕 参见郭姝梅：《涉及算法的专利申请审查标准横向研究》，载《专利代理》2016 年第 2 期。

认为是自然法则或抽象概念而被排除在专利授权范围之外,[1]但随着人工智能技术的飞速发展及其市场化与商业化水平的不断提升,作为人工智能技术的基础与主导的算法在不久的将来势必也会基于相关产业的利益诉求而被纳入专利法的保护范畴之内,[2]打破人们关于算法不具有可专利性的传统认知,形成对专利授权审查伦理例外的完全颠覆。由此可见,将专利授权审查中的伦理例外标准予以动态化无疑是很有必要的,其不仅有助于伦理例外规则的完善,更能够为专利授权审查实践的有序进行提供有力的伦理保障。

然而,对于专利授权审查中设置动态性伦理例外标准的可行性评断,并不会像必要性那般明显、直接。因为在各国专利制度中伦理例外规则大都由专门条文进行严格列举,除非法律修订,其所列举的项目不会有所改变。毋庸置疑,这是为保证专利授权审查中伦理例外明确性的考虑,同时也是发挥专利制度秩序稳定功能的必然选择。[3] 但必须格外注意的是,伦理例外项目的法定性并不意味着其中具体例外标准的固定性。任何一项法律制度都不会将所有细节都严格规定,因为太过细致的规定会使制度在适用上受阻,专利制度也无出其右。各国对专利授权审查中伦理例外规则的设计也都仅限于具体例外项目的列举,并无在法律中再作具体限定的做法,也只有这样才能为伦理例外规则留出充足的适用空间,从而最大限度地将复杂的实践情况覆盖。即使这样,专利授权审查实践中伦理例外规则被突破的情况还是不断出现,当然在某些时候这是由于伦理例外规则落后于新技术与新产业的发展,与实践存在脱节,

---

〔1〕 See Liza Vertinsky, Todd M. Rice, *Thinking about Thinking Machines: Implications of Machine Inventors for Patent Law*, 8 Boston University Journal of Science & Technology Law 590 (2002).

〔2〕 参见刘强:《人工智能算法发明可专利性问题研究》,载《时代法学》2019 年第 4 期。

〔3〕 参见[德]伯恩·魏德士:《法理学》,丁晓春、吴越译,法律出版社 2013 年版,第 40 – 41 页。

需要从立法上对其进行调整，但更多时候却并非伦理限制规则的问题，而是人们对其具体含义的理解偏差。为此，可以尝试在专利授权审查伦理例外规则所列举的具体项目之下，设置定期完善的动态性伦理例外标准指引实践以确保伦理例外规则被合理适用，使其对专利授权的伦理考量效用得以充分发挥。

2. 专利授权审查实践中伦理例外标准动态化运作的方法选择

专利授权审查中伦理例外标准的动态化运作，实质上就是在伦理例外规则所列举的具体项目之下，结合新技术及相关产业发展的情况对这些项目进行的一种定期性的解释，其目的在于使专利授权审查中的伦理例外规则更好地与实践相契合。科学技术飞速更新换代，针对其中伦理问题在专利授权审查中设置的伦理例外规则也应与时俱进，以定期更新的动态性伦理例外标准进行应对。诚然，在基因技术、人工智能技术的剧烈技术革命面前，伦理例外规则不断呈现被突破甚至被颠覆的情形，但必须注意这些技术变革的发生并非一蹴而就，其对规则的突破与颠覆也不是即刻发生的，而是有一个从量变到质变的过程，在技术变革的发展过程中，一开始并不会形成对专利授权审查中伦理例外规则的完全突破，只会是对其构成一定的冲击。若在此时就使动态性的伦理例外标准与之相匹配，专利授权审查中伦理例外规则的效用就可以得到有效保障，即使最终发生技术上的质变形成对原有例外规则的突破，在不断更新的动态性的伦理例外标准的保障下，专利授权审查实践中人们也不会因此手足无措，在接下来的法律修订中对伦理例外规则的完善也会有更为全面的参考与借鉴，从而实现动态性伦理例外标准诠释对相关规则的创造性作用。[1]

实践中，对专利授权审查中伦理例外标准的动态化运作，应根据具体伦理例外项目的特点，并结合相关技术与产业的发展现状，

[1] 参见梁慧星：《民法解释学》（第4版），法律出版社2015年版，第197页。

由专门机构以“细则”、“指南”或“建议”的形式进行定期性的规则释义与内容更新。在具体的标准制定中，应充分考量当前新兴技术的发展特点与未来趋势，采用逻辑解释、历史解释、目的解释等多种法律解释方法对相关规则进行释义。[1] 当然，对这些伦理例外规则的解释也应在合理的范畴之内，不能超越规则文义之“预测的可能性”。[2] 不仅如此，基于科学技术的飞快发展，相应的伦理例外标准的更新周期也应相应缩短，使之真正地“动”起来，将动态化运作落到实处。具言之，对于专利授权审查中伦理例外规则的定期性解释，即动态性伦理例外标准的建构，主要有两种路径可供选择：一是以专利授权审查中的伦理例外规则中所列举的具体项目为基准，分别从科学发现例外、智力规则例外、诊疗方法例外等具体的例外类型出发，分析各个例外类型在适用中存在的技术风险与实践挑战，为它们的适用设置详细的标准，并定期予以修订；二是专门以特定技术或产业所带来的伦理问题为基础，以技术领域与产业划分为标准探究其中对伦理例外规则的冲击及其潜在的突破风险，制定以特定技术或产业为专题的伦理例外标准，并根据技术或产业的革新而不断更新。其中，前者是从专利制度中伦理例外规则的具体项目类型出发的，是一种对法律规定具体适用的具体解释，在实践中往往会以“法律实施细则”的形式存在；而后者则是从特定技术或产业的划分出发的，是一种对技术或产业问题的法律释义，在实践中大多表现为“特定技术与产业的专利授权审查指南或建议”。二者在关注重点上各有侧重，在具体内容上也有所交叉，但在实践适用中却并不冲突，两种路径并行无疑会使专利授权审查中伦理例外标准更为全面、更为具体，也更有利于指引实践，充分发挥专利授权审查

---

〔1〕 参见沈宗灵主编：《法理学》（第2版），高等教育出版社2009年版，第429－430页。

〔2〕 参见杨仁寿：《法学方法论》（第2版），中国政法大学出版社2013年版，第130页。

中伦理例外规则的现实效用，彰显专利制度的伦理理性。

二、专利授权审查实践中伦理考量环节的常态化运转

在专利授权审查实践中，为化解公序良俗条款被日渐忽略、伦理例外规则被不断突破等伦理难题，仅仅通过公序良俗原则的具体化和伦理例外标准的动态化实现伦理考量内容的精细化是远远不够的，还需要注重伦理考量过程的合理性，使伦理考量成为专利授权审查的必经环节，并尽力推进这一环节的常态化运转。正如人们在法谚中所提及的，"正义不仅应得到实现，而且要以人们看得见的方式加以实现"[1]。因而，在对发明创造与技术成果的专利授权审查过程中，应将伦理考量的程式予以明确限定，不仅要创立进行伦理考察的特定程序，还要设置展开道德衡量的专门机构，从而使伦理考量成为专利授权审查实践中"看得见"的常态性步骤。概言之，专利授权审查中伦理考量环节的常态化运转是化解实践中道德难题与伦理困境的一种程序性保障，其主要涉及两个方面的内容，即专利授权审查中伦理考察程序的固定化和专利授权审查中道德衡量机构的专门化。

（一）专利授权审查中伦理考察程序的固定化

在专利制度的演进历程中，专利授权模式经历了从登记制、文献报告制到审查制的转变，目前多数国家都采用了审查制来进行专利授权。[2] 在这一过程中，对发明创造与技术成果的发明专利申请，不仅要经过初步的形式审查，还需要在强制性的充分公开后进行延迟性的实质审查才可被批准授权。[3] 而伦理性的考量则在初步审查和实质审查中均有体现，其中，在初步审查中明显违反公序

---

〔1〕 陈瑞华：《看得见的正义》，中国法制出版社 2000 年版，第 2 页。

〔2〕 参见吴汉东等：《知识产权基本问题研究（分论）》（第 2 版），中国人民大学出版社 2009 年版，第 267－268 页。

〔3〕 参见何怀文：《专利法》，浙江大学出版社 2016 年版，第 137－138 页。

良俗条款和伦理例外规则的发明创造或技术成果即会被排除出专利授权范畴；在实质审查中公序良俗条款和伦理例外规则也是对发明创造或技术成果可专利性审查的重要内容之一。[1] 然而，实践中能够通过初步审查予以驳回的明显违反公序良俗条款和伦理例外规则的专利申请往往很少存在，而在实质审查中公序良俗条款和伦理例外规则为基础的伦理考量也并不能充分发挥效用，进而使专利授权审查走向"伦理最小化"的实用主义，诱发专利授权审查的伦理争议与道德难题。毋庸置疑，公序良俗条款和伦理例外规则在内容上不够具体、详细是引发这一状况的重要原因，但其并非问题的全部，专利授权审查中伦理考察程序的不完备性也是造成伦理困境的关键因素。鉴于此，为实现专利授权审查的伦理正义，在细化伦理考量内容的基础上，更应设置固定化的伦理考察程序，一方面在运行顺位上将伦理考察机制设定为实质审查启动的第一步；另一方面则在运行方式上以指标评价模式展开对专利申请的伦理考察，从而使伦理考量能够真正成为专利授权审查中的一个环节而不再被轻易忽略。

1. 在程序运行顺位上将伦理考察机制设定为实质审查启动的第一步。通常而言，一项专利申请被受理后即进入偏重于形式的初步审查环节，通过初步审查后专利申请即被公开，并在特定时间内经申请方申请才启动实质审查，分别从新颖性、创造性、实用性等可专利性积极要件以及不违反公序良俗、不触及伦理例外等可专利性消极要件展开对专利申请的实质性审查，唯有积极和消极要件都能被满足的申请，才会被最终授予专利权。在当下实用主义倾向的影响下，专利实质性审查中的可专利性积极要件日益成为专利授权的核心标准，伦理性的消极要件逐步失去了其应有的效力。虽然这样

---

[1] 参见崔国斌：《专利法：原理与案例》（第2版），北京大学出版社2016年版，第408－409页。

能充分满足新兴技术及相关产业的发展诉求,但却往往会引发深远的道德困境。正如专利授权审查中缺少与科学界互动,会由技术水平差距而引发专利质量问题一样,[1]专利授权审查中对伦理道德问题关注不足,也会因缺乏道德衡量而造成专利技术的伦理争议。为此,应改变专利实质审查中可专利性积极要件与消极要件的平行运作模式,提升公序良俗与伦理例外等伦理考察的程序顺位,将伦理考察设置为实质审查的第一步,使实质审查中的可专利性消极要件恢复其应有的效力,从而充分地避免专利授权审查中爆发伦理道德危机。(见图4-3)

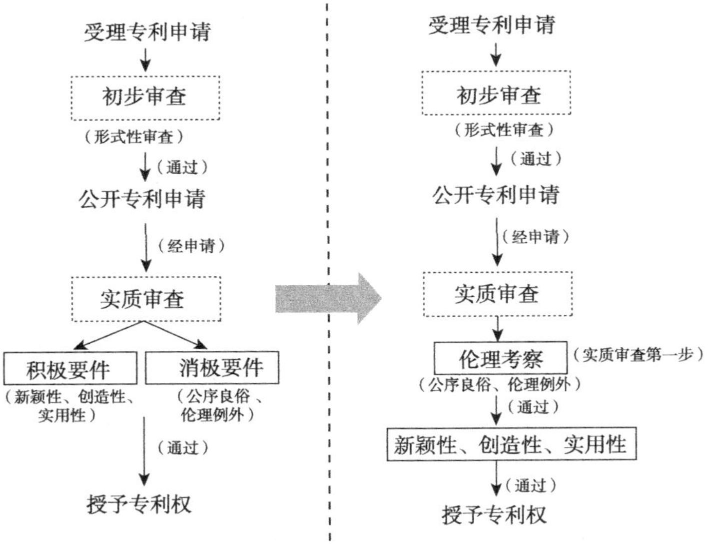

图4-3 伦理考察作为专利实质审查第一步的程序顺位

具体如图4-3所示,提升公序良俗与伦理例外等伦理考察的

〔1〕 See Beth Simone Noveck, *Peer to Patent: Collective Intelligence, Open Review, and Patent Reform*, 20 Harvard Journal of Law & Technology 125 (2006).

程序顺位,将伦理考察设置为实质审查的第一步,无疑是以公序良俗与伦理例外等消极性的伦理考察要件作为专利实质审查的第一道门槛,如果不能跨过这道门槛,实质审查就会戛然而止,相应的专利申请便会随即被予以驳回而不能进入下一个审查流程。[1] 申言之,在程序运行顺位上将伦理考察机制设定实质审查启动的第一步,实质上就是使专利授权审查中特殊性的伦理性审查条款相比一般性审查条款的优先性在程序层面得以充分实现与合理保障。这不仅是"特别法优于一般法"法律效力位阶原理的重要践行,还是对专利授权审查中伦理考察程序的有效完善,其在改变实质审查中的可专利性消极要件被日渐忽视之实用主义错误的同时,能使专利授权审查中的伦理风险得到最大限度的规避。

2. 在程序运行方式上以指标评价模式展开对专利申请的伦理考察。专利授权审查中伦理考察程序的固定化,不仅要保证伦理考察机制在专利实质审查中程序运行顺位上的优先性,还需要在程序运行方式上对专利申请中的伦理考察进行指标化与等级化。这是因为对事物或行为的伦理评判本身就会由于具体实践情形的不同,而在最高的正义价值之下形成差异化的价值等级顺序。[2] 当代著名伦理学家约翰·罗尔斯在对伦理正义两个原则的归纳中,即将确定与保障基本的平等、自由作为第一条正义原则,利益、财富的平等、合理分配则是居其下位的第二条正义原则。[3] 在专利授权审查的伦理考察环节中,伦理正义的实现也必然存在价值追求上的等级顺序,因而为保障对专利申请所进行伦理考察的充分性与科学

---

〔1〕 参见赵晶:《专利审查过程中"伦理审查"之初探——由两件明胶专利引发的思考》,载《中国发明与专利》2013 年第 3 期。

〔2〕 参见[德]尼采:《论道德的谱系》,赵千帆译,商务印书馆 2018 年版,第54－55 页。

〔3〕 参见[美]约翰·罗尔斯:《正义论》,何怀宏等译,中国社会科学出版社 1988 年版,第 60－61 页。

性，有必要以其中各种伦理价值的等级顺序为基础设置专门的指标评价体系，力求在程序运行方式上充分达到专利授权审查中的伦理理性要求。

不同于专利权配置中公平与效率间左右摇摆的伦理价值取舍，在专利授权审查实践中，安全与秩序的价值追求才是最趋近正义的道德选择。因而对专利申请伦理考察的过程中安全与秩序无疑也是最为根本的伦理要求。由此，在设计专利授权审查中伦理考察的指标评价程序时，也应以人类社会的安全与秩序为基点具体展开。对于社会中的每一个人而言，生存与发展等基本权利的实现都需要社会的安全与秩序作为保证。进言之，以安全与秩序为价值导向的专利伦理考察指标评价程序，在本质上无疑也是以保障人在社会中的生存与发展为宗旨的。[1] 基于此，专利授权审查中伦理考察指标评价程序的设计，应从人在社会中生存与发展的需要入手，不仅要做到对人的生存无害，而且还要实现对人的发展有益，并以此为基础对人类生命健康、社会稳定有序等具体考察要素进行评价指标层级划分，从而实现相关程序的合理设置。

具体如表4－1所示，依据专利授权审查中伦理考察评价指标从对生存无害到对发展有益的价值位阶，大致可将这一伦理考察的评价指标划分为四个层级，其中，第一级以人类最根本的生命安全为考量内容，是最为首要、最为基础的伦理评价标准；第二级以人类社会的公共健康为考察内容，如食品、药品等相关专利申请的安全性与稳定性就是该层级中伦理评价的关注重点；第三级以为人类生存与发展提供保障的自然环境为考核内容，不仅涉及对专利申请中一般性环境污染的预防，同时也包含了专利申请具有严重环境危害性的禁止；第四级则对专利申请的社会效用进行考评，着重衡量专

[1] 参见沈宗灵主编：《法理学》（第2版），高等教育出版社2009年版，第204－206页。

利申请是否存在对国家利益与社会公益的潜在危害。实践中，按照从第一级到第四级的顺序，分别从生命安全、公共健康、自然环境、社会效用的指标性内容展开对专利申请的伦理评价，无疑是较为合理，也较为全面的。当然，也必须承认以生命安全、公共健康、自然环境、社会效用进行划分的四层级的评价指标仍旧相对概括，但在实践中还应根据伦理考察中存在的具体问题，在每一层级的评价指标内部定期展开进一步的细化与完善，形成次级的评价指标，从而在专利授权审查中建构起更为详尽，也更具可操作性的伦理考察评价指标体系。

表4-1　专利授权审查中伦理考察评价指标的层级划分

指标层级	具体内容	价值位阶
第一级	生命安全	人的生存——无害
第二级	公共健康	↓
第三级	自然环境	↓
第四级	社会效用	人的发展——有益

（二）专利授权审查中道德衡量机构的专门化

为实现专利授权审查中伦理考量环节的常态化运转，仅仅推进伦理考察程序的固定化是远远不够的，还需要在完备的程序之上实现道德衡量机构的专门化。从一定意义上讲，道德衡量机构的专门化是专利授权审查中伦理考察程序固定化的基本前提，也是伦理考量环节的常态化运转的重要保证。[1] 这是因为只有在专利授权审

〔1〕 正如吴汉东教授在论述知识产权法院建设时所提及的“审批机构的专门化是司法专利专门化的基础前提”，专利授权审查中道德衡量机构的专门化无疑也是伦理考察程序固定化的基本前提和伦理考量环节的常态化运转的重要保证。参见吴汉东：《中国知识产权法院建设：试点样本与基本走向》，载《法律适用》2015年第10期。

查中设置了专门的道德衡量机构，才能确保伦理考察机制被作为实质审查启动的第一步予以开启，也才能保证对专利申请伦理考察的指标评价由专业的机构和人员负责开展，从而使伦理考量能够真正成为专利授权审查中的固定环节，并使其能够真正在实践中实现常态化的有序运转。

通常而言，对行为或事物的道德判断与伦理衡量从时间结构上可以被划分为事先的道德选择与事后的道德评价。[1] 在专利授权审查中，对专利申请中发明创造的道德衡量，从专利制度的时间结构来看，无疑是一种基于专利制度伦理要求而进行的事先道德选择；但就发明创造生成的时间结构而言，这一过程却是对技术成果的一种事后道德评价。基于此，在专利授权审查中，专门化的道德衡量机构在形式上主要有从专利制度本身出发的事先道德选择和以技术伦理问题为基准的事后道德评价两种模式。其中，从专利制度本身出发的事先道德选择模式，即在专利行政审查机关中负责实质审查的各个技术审查部门内部设置专门的道德衡量机构，由专职人员对进入实质审查的专利申请进行第一步的伦理考察；而以技术伦理问题为基准的事后道德评价模式，则是仿照生物医药等研究领域中对相关技术研发或实验进行伦理审查之伦理委员会的机制设计，在专利行政审查机构之外，设置由专业人员所组成的伦理委员会，并由其进行对专利申请的其他实质审查程序开启前的道德衡量。[2] 毋庸置疑，前者是较为高效的模式选择，但内部性的机构设置也注定了其缺乏对伦理疑难问题的应对能力；而后者虽能通过专业化的道德衡量给出合理的伦理判断，但会带来专利授权审查的成本增加与效率下降。鉴于此，为使两种模式的优势得以充分发挥、

---

〔1〕 参见何怀宏：《伦理学是什么》，北京大学出版社 2015 年版，第 77 页。

〔2〕 参见张金钟：《生物医药研究伦理审查的体制机制建设》，载《医学与哲学（A）》2013 年第 5 期。

缺点获得最大限度规避，在专门化道德衡量机构的具体设计中，应尝试将二者有机融合，形成以内部机构伦理考察为主、外部伦理委员会伦理评判为辅的专利授权审查道德衡量机构体系，从而为伦理考量环节的常态化运转提供合理、高效的专门化机构设计，确保专利授权审查实践的伦理正义。

具体的专利授权审查道德衡量机构体系安排与运行架构如图4-4所示，进入实质审查环节的专利申请，一般由专利行政审查机构中负责实质审查的各个技术审查部门内部设置的道德衡量机构进行伦理审查，若发现专利申请中存在初步审查中未能完全筛除的且较为明显的对伦理原则的违背，即直接驳回该申请；若专利申请中并不存在与专利制度伦理要求相悖的情况，则应将该专利申请推向实质审查的下一环节。而只有当专利申请中存在重大伦理争议，内设性道德衡量机构难以抉择时，才将该申请递交外部的相关伦理委员会进行更为专业化的伦理评判，如果伦理委员会最终商定该申请不符合专利制度的伦理要求，即将其驳回；而如果伦理委员会认为该申请符合专利制度的伦理要求，则开启对该申请进一步的实质审查。如此一来，通过内设性道德衡量机构与外部相关伦理委员会的密切配合与合理分工，便可从机构体系层面上完成对专利申请道德衡量的运行架构设计。但要想在实践中切实保证对专利申请道德衡量的有效进行，还需要在机构体系有序建构的基础上，对内设性道德衡量机构和外部相关伦理委员会的具体安排予以进一步明确，并以此真正实现专利授权审查中道德衡量机构的专门化。

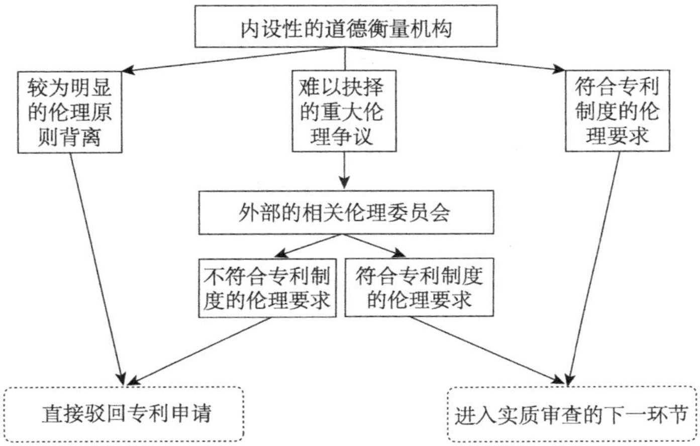

图 4－4　专利授权审查中道德衡量机构体系的运行架构

1. 专利申请伦理考察过程中对内设性道德衡量机构的具体安排

在专利申请伦理考察过程中，设置于实质审查中各个技术审查部门内部的内设性道德衡量机构是对大多数专利申请进行伦理考察的专门性机构。如前文所述，其设立的目的在于以最小的制度运行成本，实现伦理考察在实质审查中的优先进行，并保证相应的指标评价模式被予以有效适用，使伦理考量成为专利申请审查尤其是实质审查中常态化运作的固定环节。而要想使内设性道德衡量机构的这些预设目标都得以满足，则需要确保该机构在负责实质审查的各个技术审查部门中稳定的前置地位，并以较高专业水平的专职人员配备及科学合理的人员分工作为机构职能充分发挥的有力保障。[1] 与此同时，为使内设性道德衡量机构的工作得以高效开展，

〔1〕 正如吴汉东教授在谈及知识产权法院建设时，提到"应着力于审判人员的专职化和审判工作的专业化"，在专利授权审查机关下内设性道德衡量机构的设置中，工作人员的专职化与专业化无疑也是其应有的运行方向。参见吴汉东：《中国知识产权法院建设：试点样本与基本走向》，载《法律适用》2015 年第 10 期。

也应积极应用新兴的人工智能技术辅助进行专利申请的伦理考察。[1] 尤其是人工智能技术的超强数据挖掘与处理能力,使其能够在短时间内将专利申请中具有伦理风险的内容予以筛出,这种人机交互的数据分析无疑可以极大地减轻内设性道德衡量机构中伦理考察人员的工作压力。[2] 此外,还必须格外注意的是,在内设性道德衡量机构的实际工作中,每一项进入实质审查环节的专利申请都必须至少经过内设性道德衡量机构中不同专职人员的两轮伦理考察,若在两轮伦理考察中内设性道德衡量机构中的不同专职人员给出了相同的结论,即以此为专利申请的道德衡量结论。一旦两轮伦理考察中内设性道德衡量机构中的不同专职人员给出了不同的结论,则需要由第三位专职人员再次进行道德衡量,如其给出的结论及理由与上述二者的某一个相同,则以此作为专利申请的道德衡量结论,但如果其给出结论及理由与上述二者并不一致,或其认为该专利申请中存在较大伦理争议而难以抉择,则将该专利申请递交外部的伦理委员会进行评判。

2. 专利申请道德衡量过程中对外部相关伦理委员会的具体安排

在专利申请道德衡量过程中,一旦存在重大伦理争议,内设性道德衡量机构难以抉择,该申请将会被递交外部的相关伦理委员会进行伦理评定。虽然伦理委员会在专利申请道德衡量中仅起到辅助作用,只是对内设性道德衡量机构的一种补充,但其所要处理的问题则是对存在重大伦理争议专利申请的伦理评判,其相比内设机构的道德衡量无疑更为关键,也更不容有失。而要想使外部相关伦理委员会能够在专利申请道德衡量中充分发挥其效用,则需要在明

---

〔1〕 参见刘强、周奕澄:《人工智能发明专利审查标准研究》,载《净月学刊》2018 年第 3 期。

〔2〕 参见李梦诗、黄骏雄:《从专利审查的角度来看人工智能领域的发展潜力》,载《科技创新导报》2018 年第 27 期。

确相关伦理委员会职能的基础上，设置科学、合理的组织架构、人员配置与运行机制。一般而言，在具有重大伦理争议的专利申请中涉及的发明创造，大多是存在于生物医药等具体高度伦理相关性的技术领域中的发明成果，而这些技术领域中针对技术的开发与应用都已设置了专门的伦理委员会。[1] 因而，对于专利申请道德衡量的伦理委员会而言，其在组织架构上也就有两种选择：一是将相关事物委托现有的、运行较为成熟的专业伦理委员会处理；二是设立一个新的专门处理专利申请道德衡量的伦理委员会。毋庸置疑，第一种方式是更为节省资源的，也更为方便快捷的，但基于目前伦理委员会大多由医院或相关研究机构内部设置的情况，[2] 往往很难找到一个适合的伦理委员会对专利申请中的伦理问题作出评判，因而第二种方式无疑更具可操作性。除此之外，伦理委员会的人员配置与运行机制对专利申请中重大伦理争议道德衡量的展开也至关重要，不仅要由适当配比的专职人员与兼职专家构成，同时也要参照当下生物医药领域中伦理委员会普遍采用的标准操作规程，[3] 制定出相关的标准与规程，并以此形成完备的运行机制，从而建构起符合专利申请中重大伦理争议道德衡量需要的伦理委员会。

本章小结

作为专利制度运行的起始环节，专利授权审查与技术创新之间是存在循环影响的，技术的进步促进了专利授权审查机制的演进，

---

[1] 参见许嘉齐：《提高医药伦理审查质量、促进生物医药科技发展》，载《医学与哲学（人文社会医学版）》2010 年第 3 期。

[2] 参见李红英、陈旻、李振良：《机构伦理委员会能力建设与监管问题》，载《医学与哲学（A）》2016 年第 11 期。

[3] 参见沈铭贤、胡庆澧、丘祥兴：《实质正义与程序正义——伦理委员会 SOP 解读》，载《医学与哲学（人文社会医学版）》2010 年第 3 期。

而发明创造经过审查后的专利授权则更是技术发展与革新的一种指征。[1] 其中,发明创造或技术成果上所存在的伦理问题,往往也会延伸至专利授权审查实践之中,并嬗变为制度运行层面的伦理难题。而这也正是专利授权审查实践中伦理难题的本质来源。一旦饱含伦理争论与道德非议的那些发明创造或技术成果通过审查被授予专利权,伦理难题也就不再是制约专利授权审查机制运行的技术伦理问题了,而会演变成影响范围更广、强度更大的市场风险与社会困扰。雪上加霜的是,为应对新技术与新产业的发展需要,专利授权审查实践中反而出现了以清除技术伦理阻碍为目的的"伦理最小化"思潮,致使相关的伦理难题不仅得不到有效遏制,甚至还助长了其不断蔓延的趋势。[2]

这些由技术自身伦理问题延展而来,并受"伦理最小化"思潮影响而被人们所"遗忘"的专利授权审查实践中的伦理难题,在具体制度层面映射为公序良俗条款的效力迷失与伦理例外规则的界限混沌,其在制度运行实践中即突出表现为人们对公序良俗条款的日渐忽略以及对伦理例外规则的不断突破。毋庸置疑,造成这种情况的原因在很大程度上是公序良俗条款自身不确定的开放性,[3] 以及伦理例外规则本身脱离技术变革的滞后性。[4] 但是,也必须承认,科技与产业驱动下专利授权审查实践中出现的实用主义倾向是不容忽视的关键诱因。在新兴技术及相关高新产业的利益诱导下,无论是概括性的公序良俗条款还是列举式的伦理例外规则,都难以抵御"糖衣炮弹"的轰击而不得不作出妥协。相应地,专利授权审查实

---

[1] 参见文家春:《专利审查行为对技术创新的影响机理研究》,载《科学研究》2012年第6期。

[2] See Matthias Herdegen, *Patents on Parts of the Human Body Salient: Issues under EC and WTO Law*, 5 The Journal of World Intellectual Property 151 (2002).

[3] 参见王泽鉴:《民法总则》,北京大学出版社2009年版,第277页。

[4] 参见王太平:《知识经济时代专利适格标的研究》,知识产权出版社2015年版,第119－122页。

践也失去应用的道德指引与伦理底线而嬗变为纯粹工具性的技术成果产权转化过程。[1]

因此,为克服专利授权审查实践中的伦理难题,化解公序良俗条款被日渐忽略和伦理例外规则被不断突破的不合理制度运行方式,有必要强化伦理考量在专利授权审查中的重要地位。一方面应在伦理考量内容上作精细化提升,既要从不同技术领域的特征与伦理诉求出发,参照公序良俗内容类型化的一般策略实现专利授权审查中公序良俗原则具体化,也要积极推进专利授权审查中伦理例外标准的动态化,以新兴技术的本质特征与运行方式为基础对伦理例外规则进行适当且及时的解释,并根据实践伦理例外规则受到的冲击与突破,对伦理例外规则下的具体内容与标准进行定期的修正与完善;另一方面则应在过程上使伦理考量成为专利授权审查中常态化的运转环节,不仅应实现伦理考察程序在专利授权审查中的固定化,将伦理考察机制设定为实质审查启动的第一步,并以指标评价模式展开对专利申请的伦理考察,同时还应保证道德衡量机构在专利授权审查中的专门化,逐步建构起以内部机构伦理考察为主、外部伦理委员会伦理评判为辅的专利授权审查道德衡量机构体系,确保专利授权审查中伦理考量环节的有序运转。

---

〔1〕 参见[日]竹中俊子主编:《专利法律与理论——当代研究指南》,彭哲等译,知识产权出版社2013年版,第140-147页。

第五章　专利权益分配实践的伦理争议与法律回应

专利权益分配是专利权运行的重要内容,涉及专利权益初次分配和再次分配两个层面的具体实践。其中,专利权益的初次分配是指专利申请通过审查后专利权属的确定过程;专利权益的再次分配则是指权利许可、权利转让等专利权利的交易过程。在专利权益的具体分配中,无论是初次分配还是再次分配,正义都是首要的伦理价值追求。对于正义的强调,并不一定会形成对利益的否认或排斥,很多时候正义可以被解释为某种利益。〔1〕 当代著名伦理学家约翰·罗尔斯在阐述伦理正义时,便将利益、财富的平等、合理分配作为仅次于平等、自由等人生存与发展基本要求的第二正义原则。〔2〕 通常而言,在权益配置之中,公平往往被认为是正义,也意味着相关运行机制的正当性与合法性。〔3〕 在专利权益分配实践中当然也不例外,专利权的公平配置也是最为符合伦理正义的权益分配方式。但何为真正的公平呢?权益分配的公平并不是一种强制性的形式上的公正与平等,而应是由利益相关人自由选择的并具有实效性的公正与平等,即社会上的每一个人都能自主地去拥有财

---

〔1〕 参见沈宗灵:《法　正义　利益》,载《中外法学》1993 年第 5 期。

〔2〕 参见[美]约翰·罗尔斯:《正义论》,何怀宏等译,中国社会科学出版社 1988 年版,第 60 - 61 页。

〔3〕 参见[古希腊]亚里士多德:《尼各马可伦理学》,廖申白译注,商务印书馆 2003 年版,第 94 页。

产，且社会应尽可能为每一个人财产的平等权利的实现提供现实条件。[1] 因而，在专利权益分配过程中，伦理正义的实现也就出现了自由与实效的伦理导向与价值选择，即交换正义与分配正义层面的伦理争议。具言之，就自由而言，其所对应的是交换正义，即应保障和实现个人在其财产上范畴的形成空间，是为专利权益配置中伦理正义的基本表征；就实效而言，其所对应的则是分配正义，即应使物归于最适于发挥其效用之人，是为专利权益配置中伦理正义的终极追求。[2] 由此，专利权益分配实践中所呈现的伦理争议，也无非是源于权益实际分配与交换正义的偏离，抑或与分配正义的背离。无论是在权益的初次分配过程中，还是在权益的再次分配过程中，都无出其右。若想将专利权益分配实践中的伦理争议予以化解，无疑也需要以交换正义的基本表征与分配正义的终极追求为伦理指引，保证专利权益的公平配置，从而使专利权益分配实践契合伦理正义的要求。[3] 鉴于此，为进一步明晰专利权益分配实践中的伦理争议及其应对措施，有必要分别阐释专利权益初次分配与再次分配中伦理争议的具体表现，对二者的形成原因展开深入探究，并以此为基础对专利权益分配实践中相关的伦理争议给出具体、可行的化解方式，从而实现专利权益分配的伦理正义。

第一节　专利权益分配实践中伦理争议的基本形态

专利权之所以被认为是财产权利即源自它的排他性。[4] 而权

---

〔1〕 参见罗能生：《产权公平论》，载《天府新论》2003 年第 1 期。

〔2〕 参见王泽鉴：《民法物权》（第 2 版），北京大学出版社 2010 年版，第 11 页。

〔3〕 参见刘鑫：《专利权益分配的伦理正义论》，载《知识产权》2020 年第 9 期。

〔4〕 See Robert P. Merges, John F. Duffy, *Patent Law and Policy: Cases and Materials*, Matthew Bender & Company Inc., 2002, p. 48.

利安排的排他性，即意味着专利权是由私人所独占享有的，也使得专利财产权制度具有突出的主体性，无论在制度设计还是人们的行为选择中，都涉及如何配置主体间权利的问题。[1] 易言之，专利权益的分配实质上是主体之间一种权利博弈与利益争夺，在专利权益的初次分配中，这种博弈与争夺主要集中于发明人相互之间以及发明人与投资者等利益相关人之间；而在专利权益的再次分配中，这种博弈与争夺则爆发在专利权人与受让人或被许可人之间。因而，处理主体之间相互关系的伦理规范，在专利权益分配过程中也发挥着价值指引的重要作用。[2] 但是，在实践中，专利权益的分配却往往并没有完全依照基本伦理要求进行，并由此诱发了一系列的伦理争议如在专利权益初次分配过程中，职务发明中雇员与雇主就专利权属的伦理论争、人工智能作为“发明人”时专利权属的伦理纠葛，在专利权益再次分配过程中，专利权人参与市场竞争时进行技术劫持的伦理非议、专利权人开展国际合作时进行贸易倾轧的伦理异议。由此，为深入了解专利权益分配中主体间伦理争议的具体表现，有必要分别对专利权益初次分配和再次分配中伦理纷争的上述例证予以详细梳理，从而为后续的原因探寻与策略选择奠定基础。

一、专利权益初次分配实践过程中的伦理争议

在专利权益的初次分配过程中，发明人的地位变迁是其中伦理争议的根本来由。一般而言，作为发明成果事实创造者的发明人，是专利权益初次分配中理所应当的权利享有者。因此专利制度在建立之初也将发明人作为原始专利权人以实现对发明人个人创造

---

〔1〕 参见罗能生：《论产权主体性原则》，载《吉首大学学报（社会科学版）》2003 年第 4 期。

〔2〕 参见何怀宏：《伦理学是什么》，北京大学出版社 2015 年版，第 10 页。

天赋的法律标榜。[1] 然而,在发明这一社会现象中,发明人并不是孤立的,相关成果往往是在团队性的互相支持下完成的。[2] 尤其是随着技术创新复杂程度的不断提升,一项发明成果的创造也不再是某一个或某几个发明人能独立完成的,而是需要由实力雄厚企业或者研究机构提供物质支持。与此同时,之前独立进行发明创造的发明人也逐步演变为企业或者研究机构的雇员,而这些企业或者研究机构则开始取代发明人,成为职务发明创造的专利权人。发明人由独立创造到受雇工作的这一转变,是社会生产力进步所带来的社会分工的必然结果,但却使专利权益的初次分配由智慧索引日渐转变为物质主导,而职务发明中雇员与雇主之间就专利权属的伦理论争也由此诱发。无独有偶,当前人工智能技术的飞速发展,更使发明创造不再由人类所垄断,作为人类创造物的人工智能在很多技术创新活动中扮演着“发明人”的角色,但人工智能终归不是人,即使在专利制度中将人工智能视为发明人,人工智能也不具备实际掌控发明创造专利权的能力,不过我们仍需继续以作为“发明人”的人工智能为连接点,在与之相关的编程者、使用者、数据提供者等相关主体之间展开专利权益的合理分配。[3] 人工智能作为“发明人”的情形,是人工智能技术不受人类干预、自主进行发明创造的突出表现,是科技驱动下机器代工的高级形式,但专利权益分配中相应的伦理纠葛却也应运而生。为此,有必要就社会生产从社会分工到机器代工的演进历程出发,探析专利制度中两次发明人地位转变在专利权益初次分配过程中所引发的伦理问题,从而勾画出专利权益初次分

---

〔1〕 See Keith Aoki, *Authors, Inventors and Trademark Owners: Private Intellectual Property and the Public Domain – Part II*, 18 Columbia – VLA Journal of Law & the Arts 213 (1994).

〔2〕 See Mark A. Lemley, *The Myth of the Sole Inventor*, 110 Michigan Law Review 750 (2012).

〔3〕 参见刘鑫:《人工智能生成技术方案的专利法规制——理论争议、实践难题与法律对策》,载《法律科学(西北政法大学学报)》2019 年第 5 期。

配过程中伦理争议的主要形态与具体表现。

（一）职务发明中雇员与雇主就专利权属的伦理论争

在职务发明关系中，伦理争议主要表现为雇员与雇主之间关于谁是职务发明最符合法律规定且最适应道德要求之所有者的论战。[1] 通常而言，专利权益的初次分配，即专利权属的确定，是以发明人的识别为起点的。[2] 在职务发明关系中也不例外，即使很多时候最终专利权会由雇主享有，这一权利配置也是以雇员发明人的确认为基础，同时以雇佣关系为桥梁予以实现的。这是因为雇员发明人的智力创造活动是发明成果生成的根本与源泉。而职务发明创造专利权往往由雇主所掌控则是由于发明人在产业中并不能扮演重要角色，其既不能自己独立完成发明创造，也不能自己独立使用发明创造。[3] 但雇主却基于其对职务发明研发的强大物质支持以及职务发明成果与其经营范围的巨大相关性，享有着职务发明创造的专利权，并主导着职务发明创造的研发与应用。[4] 进言之，在职务发明关系中，雇员与雇主都拥有掌控职务发明创造专利权的正当伦理根据，但二者却又由于其依据的不同伦理价值取向而不能完全将对方推翻，因而雇员与雇主之间就专利权属的伦理论争便由此产生。鉴于此，为深入剖析职务发明中雇员与雇主就专利权属的伦理论争的具体表现，有必要分别对二者的伦理缘由予以疏解，从

[1] See David R. Hannah, *Who Owns Ideas? An Investigation of Employees' Beliefs about the Legal Ownership of Ideas*, 13 Creativity & Innovation Management 216 (2004).

[2] See Ben Hattenbach, Joshua Glucoft, *Patents in an Era of Infinite Monkeys and Artificial Intelligence*, 19 Stanford Technology Law Review 32 (2015).

[3] See Mark A. Lemley, *Reconceiving Patents in the Age of Venture Capital*, 4 Journal of Small and Emerging Business Law 141 (2000).

[4] See Parker A. Howell, *Whose Invention is it Anyway? Employee Invention – Assignments and Their Limits*, 8 Washington Journal of Law, Technology & Arts 79 (2012).

而使雇员与雇主对职务发明创造专利权的伦理诉求都得以充分展现。

1.雇员享有职务发明创造专利权的伦理缘由

在职务发明关系中,雇员享有职务发明专利权的伦理缘由在于,其智力活动对职务发明创造生成不可替代的基础作用。虽说对于功能性、科学性、技术性的发明成果来说,智力活动的影响程度并不像文学艺术作品中那么强烈,专利技术成果中材料的选择一般是基于技术最优的考虑,而非对内容的独特表达,且更少地需要基于创造者的观点而进行修改以实现既定目标,[1]但是,也不能因此而否定智力活动对发明创造生成的根本性效用。这是因为与雇主同质化的物质保障相比,雇员发明人在主观能动性支配下的智力活动则是具有不可替代之独一性的。[2] 易言之,发明人的创新才是职务发明成果生成最为本质也最为核心的决定要素,而雇主的物质投入则是一种辅助性的支持与保障。进一步从技术创新的过程来看,雇员发明人对技术进化无疑具有基础性选择作用,即只有被发明人选中的知识才会被纳入技术研发的过程中。[3] 除此之外,还必须格外注意的是,虽然在当前技术创新合作化、集约化的趋势下,很多发明创造都在雇主的有力物质支持下进行的,但这并不意味着雇员发明人或者个人发明人完全失去了独立进行发明创造的机会,因为发明进程本身的不确定性会给予雇主、雇员发明人以及独立发明人以同样的机遇。[4] 不仅如此,在某些产业中,如计算机软件的研

---

〔1〕 See Roberta Rosenthal Kwall, *Originality in Context*, 44 Houston Law Review 874 (2007).

〔2〕 参见鲁莉、张永剑:《科技创新中职务发明人权益保障与激励机制研究》,载《科学管理研究》2015 年第 4 期。

〔3〕 参见杨中楷、徐梦真、韩爽:《论发明人的“个体选择”》,载《科学学研究》2014 年第 8 期。

〔4〕 参见吴红:《二十世纪以来发明人群体变化研究》,载《自然辩证法研究》2018 年第 9 期。

发，个人发明人无疑更加强大，雇员发明人的智力活动对职务发明成果的贡献也往往更为显著。[1]

2. 雇主掌控职务发明创造专利权的伦理依据

在职务发明关系中，雇主掌控职务发明专利权的伦理依据则在于，其物质投入对职务发明创造生成的不可或缺性。这是因为现代的技术发明的创造往往离不开雇员发明人的雇主所提供的人力、物力和财力条件，而且发明人自己也往往负担不了从请专利代理人到申请专利及维持专利有效的巨大及长期的开支。[2] 尤其是在生物制药领域中，一项发明创造的生成，需要大量的试验、充足的样本、准确的数据等诸多物质技术条件的支持，因而也只有资本雄厚的大型企业才有能力承担如此巨大的技术研发风险。[3] 基于此，专利制度往往更偏向于将职务发明的专利权配置给雇主，这不仅是由于雇主给予职务发明成果研发以必不可少的物质支持，也源自职务发明成果与雇主的经营范围密切相关，将职务发明归于雇主是有利于技术转化的，是符合经济理性的。[4] 进一步从企业这一最具代表性的职务发明雇主来说，其设立的本质目的即在于以内部指令取得价格机制，从而降低交易成本、提高生产效率，[5] 企业中职务发明的运行也无出其右，即使是在美国等"发明人主义"的专利制度架构下，企业为规避专利权属转让的交易成本，往往也会事先以同雇员发明人签订发明转让合同等方式，使职务发明完成后专利权自动归

---

〔1〕 See John R. Allison, Mark A. Lemley, *Who's Patenting What? —An Empirical Exploration of Patent Prosecution*, 53 Vanderbilt Law Review 2099 (2000).

〔2〕 参见郑成思：《知识产权论》（第3版），法律出版社2007年版，第99页。

〔3〕 See Graham Dutfield, *Intellectual Property, Biogenetic Resources and Traditional Knowledge*, Earthscan Press, 2004, p. 16.

〔4〕 参见和育东：《美、德职务发明制度中的"厚雇主主义"趋势及其借鉴》，载《知识产权》2015年第11期。

〔5〕 参见[美]罗纳斯·H. 科斯：《企业、市场与法律》，盛洪、陈郁译校，格致出版社，上海三联书店，上海人民出版社2014年版，第30－32页。

于雇主。[1] 因此,若将效率的最大化以及整体价值的最大化作为职务发明专利权配置的伦理正义,职务发明专利权由雇主进行掌控无疑是与这一正义导向最为契合的伦理选择。[2]

(二)人工智能作为"发明人"时专利权属的伦理纠葛

人工智能技术的迅速发展与广泛应用,使智力创造活动不再是专属于人类的"特权"。本身作为人类创造物的人工智能,可以在没有人类干预的情况下自主生成发明成果,实现对技术的创新与改进。这是人工智能与传统意义上的辅助人类完成工作的机器或装置的本质区别所在,其在发明成果的生成过程中扮演着"发明人"的角色。但人工智能并不具备主体资格,其不符合专利制度中人类发明人的基本要求,而这也引发了人工智能生成发明成果的专利权配置伦理难题。[3] 因为专利制度中专利权的配置是以发明人的确认为前提的,一般而言,发明创造的发明人就是当然的专利权人,专利权的转让与继受也是以发明人对权利的原始取得为基础的。如前所述,在职务发明关系中,专利权人开始由个人变成单位,而专利技术的发明人仍然是对该技术做出实质性贡献的个人,专利权的产生仍然是以雇员发明人的创造性成果为要件的。虽说专利制度中发明人往往被限定为人类,但在专利法律理论中其实并没有发明人必须为人类的限制,易言之,将人工智能纳入发明人的范畴是存在理论可能的,不仅如此,赋予人工智能以法律人格或者虚拟人格的设

---

〔1〕 参见[日]荒井寿光:《知识产权革命》,夏雨译,知识产权出版社 2017 年版,第 17 页。

〔2〕 参见蒋逊明、朱雪忠:《职务发明专利权归属制度研究》,载《研究与发展管理》2006 年第 5 期。

〔3〕 See Liza Vertinsky, Todd M. Rice, *Thinking about Thinking Machines: Implications of Machine Inventors for Patent Law*, 8 Boston University Journal of Science & Technology Law 585 (2002).

想也被相继提出,增加了人工智能作为专利"发明人"的潜在可能。[1] 然而,即使这些假设成为现实,人工智能本身主体资格的缺失性也势必会导致相应法律人格或者虚拟人格的不完全性,即使从法律上使人工智能具备成为发明人乃至是专利权人的权利能力,其对专利权的行使仍需由背后实际控制人工智能的自然人进行。由此,人工智能生成发明成果的专利权配置的伦理难题也就转变为了确定人工智能实际控制者的难题,即专利权事实控制者的伦理难题,这实质上只是改变了专利权属的伦理纠葛的表现形式,并没有从根本上将其予以化解。

因此,在人工智能作为"发明人"时,相关发明成果的专利权只能以人工智能的创造过程为基础,在对这一创新过程有所贡献的编程者、数据提供者、使用者等主体间进行配置。具体如图 5 - 1 所示,最终的发明成果无疑是由扮演着"发明人"角色的人工智能独立自主地创造生成,但在人工智能这一自主创造的过程中,编程者、数据提供者、使用者都有所贡献,其中,编程者创设了人工智能进行自主创造的运算程序;数据提供者为人工智能进行自主创造提供了必要的关键数据;而使用者是人工智能启动装置的触发者,直接决定了人工智能自主创造的时间与空间。虽然三者对人工智能发明成果的生成都具有贡献,但却都不具备获得发明成果专利权的充分理由,在人工智能作为"发明人"时,编程者、数据提供者、使用者之间关于专利权属的伦理纠葛便由此而来。

[1] See Colin R. Davies, *An Evolution Step in Intellectual Property Rights—Artificial Intelligence and Intellectual Property*, 27 Computer Law & Security Review 601 (2011).

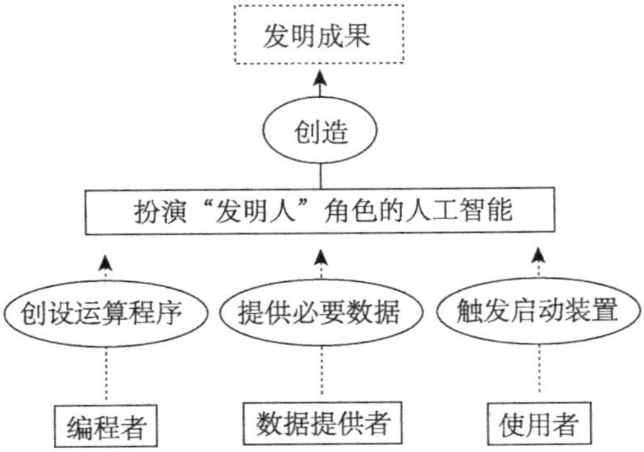

图5-1　人工智能作为“发明人”时各相关主体的创造贡献

鉴于各方主体在人工智能生成发明成果时的不同贡献程度，编程者、数据提供者、使用者都可能拥有获取人工智能生成发明成果的伦理依据。例如，编程者一般拥有人工智能程序的著作权，因而他们往往从物权中的孳息理论出发，为其成为专利权事实控制者进行伦理辩护，即人工智能所生成的发明创造无疑是原物（人工智能）的孳息，人工智能生成发明创造的专利权作为一种权利孳息也应由程序员或其雇主所掌控。[1] 但是，由于人工智能生成发明创造的过程中需要大量数据作为保障，拥有人工智能软件程序的著作权并不当然意味着拥有该软件程序创造物的专利权。虽然发明创造由人工智能生成，但其与物权上的孳息有很大不同，并非由作为原物的人工智能自然生成，而是需要数据提供者等相关主体提供实质性支撑与辅助。[2] 而数据提供者虽为人工智能生成发明创造提供了必要基础，直接决定了最终技术方案的内容与形式，但其并未影响人工智能的创造功能，因而将数据提供者作为专利权的事实控制者

---

〔1〕 参见黄玉烨、司马航：《孳息视角下人工智能生成作品的权利归属》，载《河南师范大学学报（哲学社会科学版）》2018年第4期。

〔2〕 参见王瀚：《欧美人工智能专利保护比较研究》，载《华东理工大学学报（社会科学版）》2018年第1期。

无疑是缺乏伦理上的公平性的。使用者则往往基于其最易激励与最需激励的属性展开伦理论辩,[1]他们作为人工智能生成技术方案最早发现者而成为该发明创造专利权的事实控制者,但这也是不公平、低效率且不合逻辑的,因为在人工智能生成发明创造的过程中,使用者仅仅实施了触发启动按钮或接通电源的行为,其并未对人工智能的发明创造活动产生实质性贡献,只是“发现”了人工智能的发明成果,而非自己“创造”了发明成果。[2] 因此,在人工智能作为“发明人”生成发明成果的专利权配置过程中,无论是编程者、使用者,还是数据提供者,任何一个主体都不能被笼统地认定为专利权人,应根据具体情况展开道德判断,唯有如此,才能使其中的伦理纠葛得以消解。

二、专利权益再次分配实践过程中的伦理争议

在专利权益的再次分配过程中,权利人对发明成果的控制与垄断决定了其在专利许可或转让中的核心地位,同时也是其中伦理争议产生的根源所在。诚然,专利权人是以技术方案向公众的公开作为取得垄断权利的交换筹码的,[3]但为了给创造者在未来发展领域上以更多激励,专利保护范围日益宽泛。[4] 与此同时,专利权人对发明成果的控制也不断增强,在很大程度上对转化运用和后续创

---

〔1〕 See Pamela Samuelson, *Allocating Ownership Rights in Computer - Generated Works*, 47 University of Pittsburgh Law Review 1185 (1986).

〔2〕 See Ryan Abbott, *I Think, Therefore I Invent: Creative Computers and the Future of Patent Law*, 57 Boston College Law Review 1079 (2016).

〔3〕 See Arthur R. Miller, *Intellectual Property: Patents, Trademarks, and Copyright in a Nutshell*, 5th edition, Thomson Reuters, 2012, p. 11.

〔4〕 See Edmund W. Kitch, *The Nature and Function of the Patent System*, 20 Journal of Law & Economics 275 (1977).

新造成了损害,[1]而作为垄断权利交换筹码的技术公开也不足以保证专利权益的配置平衡。这是因为专利保护范围的扩张以及保护力度的加大,无疑会使专利的数量激增,而在海量专利技术方案中难以避免的杂乱无章、良莠不齐也往往带来相应的辨别难题,进而引发专利公开机制的效果衰减,致使知识获取只能依赖技术许可或转让的专利权益再次分配完成。[2] 不仅如此,越来越多地通过专利权益再次分配,即以专利许可或转让为内容的契约机制来获得知识财产,更会加剧权利人对发明成果的垄断,同时也会导致穷人很难用公平交换的方式获得财产。[3] 申言之,专利权益再次分配过程中相应的伦理争论也往往由此衍生,一方面体现在专利权人不当利用其对技术成果的垄断而主导相关市场以及支配上、下游产业的技术劫持;另一方面则凸显为发达国家的专利权人以技术优势主导国际贸易活动而对广大发展中国家的利益倾轧。而这些伦理争议的产生,则是由专利权益再次分配中契合机制下的"平等"所造成的,因为这里的"平等"在本质上只是形式上的平等,是法律推定每个参与缔约的当事人都具有平等地位。[4] 而且,集中在少数专利权人手中、容易被组织化的突出的利益相对分散在多数人手中、不易被组织化的普遍利益来说,更容易在契约中被反映出来,进而产生民主化的危机。[5] 也正是因为契约机制的这种不完全性,所以更需要行为人在专利权益的再次分配过程中采取符合公平正义的、

---

〔1〕 See Arti Kaur Rai, *Evolving Scientific Norms and Intellectual Property Rights: A Reply to Kieff*, 95 Northwestern University Law Review 709 (2001).

〔2〕 See Mark A. Lemley, *The Myth of the Sole Inventor*, 110 Michigan Law Review 746 (2012).

〔3〕 See Peter Drahos, *A Philosophy of Intellectual Property*, Ashgate Publishing Limited, 1996, p. 87－88.

〔4〕 参见韩世远:《合同法总论》(第3版),法律出版社2011年版,第36页。

〔5〕 参见[日]田村善之:《知识产权法政策学初探》,载[日]田村善之:《田村善之论知识产权》,李扬等译,中国人民大学出版社2013年版,第5－6页。

有道德的行为加以弥补。[1] 当然，与此同时，也必须注意到，专利权人技术劫持所带来的伦理非议和贸易倾轧所引发的伦理异议在具体表现上的巨大差异。唯有如此，才能切实找到化解专利权益再次分配过程中的伦理争论的有效方法。鉴于此，有必要分别对专利市场竞争中专利权人技术劫持的伦理非议以及专利国际合作中专利权人贸易倾轧的伦理异议进行梳理，为化解专利权益再次分配过程中的伦理争论提供参考、创造条件。

（一）专利市场竞争中专利权人技术劫持的伦理非议

在专利市场竞争中，对专利权人技术劫持的伦理非议是专利权益再次分配过程中伦理争议的一大表现。专利权益的再次分配实质就是专利授权后发明创造或技术成果以财产权利形式进行市场交易与流通的过程，而专利技术的市场价值在某种程度上也就意味着该发明创造或技术成果可以被制成商品或者可以被转让或许可。[2] 然而，在实践中，专利权人为谋求暴利往往会陷入机会主义的怪圈，即以其所掌控的专利技术成果在市场上劫持交易相对人，大多表现为采用诉讼、禁令等方式胁迫交易相对人支付高于市场标准的许可使用费。[3] 虽说追求自我利益最大化是人的本性，人在追求自我利益最大化的过程中也普遍具有机会主义倾向，法律对道德的维护无疑应当致力于有效地抑制这种机会主义倾向转化为外在行为，[4]但法律制度并不总是能将这些机会主义的倾向有效压

---

〔1〕 参见[德]克里斯托夫·吕特格：《市场经济和伦理：秩序伦理和企业伦理》，载单继刚、甘绍平、容敏德主编：《应用伦理：经济、科技与文化》，人民出版社2008年版，第3－15页。

〔2〕 See Graham Dutfield, *Intellectual Property, Biogenetic Resources and Traditional Knowledge*, Earthscan Press, 2004, p. 48.

〔3〕 See Mark A. Lemley, Carl Shapiro, *Patent Holdup and Royalty Stacking*, 85 Texas Law Review 1991 (2007).

〔4〕 参见屈永华：《从儒家孝道的法律化看法律维护道德的限度》，载《法商研究》2013年第5期。

制。专利市场竞争中专利权人的技术劫持便是专利权人机会主义倾向的一种行为外化，而专利制度并不能对其予以充分控制，反而还造成了对正常专利市场竞争秩序的冲击。也正是这一原因，掀起了人们对专利市场竞争中专利权人技术劫持的伦理非议。尤其是在标准必要专利中，专利权人本身负有对外许可的义务，应当向所有标准实施者进行许可，其不当申请禁令救济或采取诉讼威胁的专利劫持则无疑是一种不道德的违约行为，不仅会破坏市场自由竞争秩序，还会造成标准实施者合法利益的严重损害。[1] 为此，有必要对专利权人在市场竞争中的技术劫持的一般性伦理问题进行梳理，并在此基础上展开对标准必要专利权人市场强权的具体表征与伦理挑战的剖析，以期实现对专利权人在专利市场竞争中的技术劫持所引发的伦理非议的全面呈现。

1. 专利权人在市场竞争中技术劫持的一般性伦理问题

专利权人在市场竞争中的技术劫持，即专利权人以向法院申请禁令、提起诉讼相威胁，阻碍相关市场主体正常使用其所享有的专利技术，直到这些市场主体同意支付给专利权人高昂的专利许可使用费，方才作罢。[2] 毫无疑问，专利权利人的技术劫持会对专利权益的再次分配构成极大的束缚，这种专利权人机会主义倾向的行为外化，在专利技术成果的许可与转让中凭空设置了壁垒，严重制约了专利技术成果的转化运用，也禁锢了专利财产权通过转化增加主体的经济利益的动态属性。[3] 不仅如此，这种机会主义导向下专利权人的技术劫持行为的破坏性也是极强的，不仅会提升市场准入

---

〔1〕 参见周莳文、邓钰玮：《论“专利劫持”的法律属性及其司法救济》，载《科技管理研究》2018 年第 8 期。

〔2〕 See Mark A. Lemley, *Ten Things to Do about Patent Holdup of Standards (and One Not to)*, 48 Boston College Law Review 149 (2007).

〔3〕 参见蔡琳：《论知识产权权利的动态属性》，载《人民论坛 · 学术前沿》2017 年第 15 期。

门槛,摧毁正常的专利市场竞争秩序,更会使市场上的技术创新成本急剧上升,导致专利制度偏离促进创新的根本目标。[1] 申言之,专利权人机会主义导向下的技术劫持,实质上是对专利制度"去伦理化"的一种不当的工具性利用,会使具备技术革新、技术普惠之"善"的专利制度沦为抑制创新、扰乱市场之"恶"。[2] 而这也进一步引发了人们关于专利市场竞争中专利权人技术劫持的伦理非议,以及围绕专利制度对促进创新而言究竟是"油门"还是"刹车"这一问题的伦理论辩。[3] 与此同时,专利权人机会主义倾轧所外化的不当技术劫持行为,则更说明了在专利市场竞争中制度运行所面临的伦理困境并非源自创新激励之艰难,而是源自技术转化运用中专利权人的掣肘与阻滞。[4]

2. 标准必要专利权人市场强权的具体表征与伦理挑战

专利市场竞争中权利人的技术劫持在专利技术上升为技术标准后,无疑会变得更为突出,不仅会使专利技术的市场优势转变为技术标准的市场强权,同时也会使人们对专利权人技术劫持的伦理非议进一步加剧。这是因为标准具有超强的网络效应和锁定效应,相关市场或产业从一项技术标准到另一项技术标准的转换,不可避免地会面临巨额的转换成本和沉没成本,因而一旦某项专利技术上升为技术标准,势必会极大地强化专利权人对相关市场的掌控力,与此同时,标准实施者一旦作出对标准的专用性投资,也就往往会

---

〔1〕 参见郑伦幸:《论我国专利劫持的法律规制》,载《学海》2018 年第 6 期。

〔2〕 See Mark A. Lemley, *Reconceiving Patents in the Age of Venture Capital*, 4 Journal of Small and Emerging Business Law 139 (2000).

〔3〕 See John M. Golden, *Innovation Dynamics, Patents, and Dynamic - Elasticity Tests for the Promotion of Progress*, 24 Harvard Journal of Law & Technology 47 (2010).

〔4〕 See Michael Abramowicz, John F. Duffy, *Intellectual Property for Market Experimentation*, 82 New York University Law Review 337 (2008).

陷入“被劫持”或“被锁定”的局面。[1] 由此,标准必要专利权人便具备了比一般专利权人更大的市场权力,若其利用标准必要专利要挟标准必要专利的实施者以获取不合理的高价,则必将造成更为严重的市场秩序损害后果与引发技术创新危机。[2] 易言之,标准必要专利权人的专利劫持,实质上已经从一般专利权人对被许可人的技术劫持转变为对标准实施者的“标准劫持”。相应地,有关专利权益再分配中专利技术许可或转让是否公平正义的伦理争议,也就演变为技术标准实施是否公平、合理以及是否无歧视的道德评判。[3] 实践中,为防止标准必要专利权人对标准实施者进行专利劫持,标准化组织也往往对标准必要专利权人设定“公平、合理、无歧视”的伦理要求,以保证技术标准的有序运行。然而,标准化组织却并未给出这一“公平、合理、无歧视”伦理要求的具体内涵,而是将解释的工作留给了司法人员。[4] 但正是这一伦理要求内涵的不确定性和模糊性,加之人们对标准必要专利权人专利劫持威胁的过度扩大和对标准必要专利权人寻求禁令救济权利的过分否定,在很多时候,反而滋生了标准实施者过度利用“公平、合理、无歧视”伦理限制反向劫持专利权人的情况,并由此形成了一种新的伦理挑战。[5]

(二)专利国际合作中专利权人贸易倾轧的伦理异议

在专利国际合作中,对专利权人贸易倾轧的伦理异议是专利权

〔1〕参见孟雁北:《标准制定与实施中 FRAND 承诺问题研究》,载《电子知识产权》2014 年第 11 期。

〔2〕参见祝建军:《标准必要专利使用费的公开——以治理专利劫持和反向劫持为视角》,载《人民司法》2015 年第 15 期。

〔3〕参见张平主编:《冲突与共赢——技术标准中的私权保护》,北京大学出版社 2011 年版,第 59 页。

〔4〕See Dennis W. Carlton, Allan L. Shampine, *An Economic Interpretation of Frand*, 9 Journal of Competition Law and Economics 531 (2013).

〔5〕参见李扬:《FRAND 劫持及其法律对策》,载《武汉大学学报(哲学社会科学版)》2018 年第 1 期。

益再次分配过程中伦理争议的另一大表现。专利权益的再次分配并不总是局限在某一国家的范围之内,其在很多时候也会跨越国界,由分属不同国家的专利权人与交易相对人展开全球范围内的专利技术转让或许可。这既是国际技术转让的一种表现形式,也是国际贸易中必不可少的重要内容。由于经济全球化不断推进,专利财产权制度不再仅仅是对私人知识财产权利的保护机制,更是国家的一种公共政策选择及国际贸易体制的基本规则。[1] 基于此,专利许可及转让的权益再次分配也必须秉持国际竞争的理念,重视对跨国专利利益关系的平衡,尤其是对广大发展中国家而言,不能继续拘泥传统观念,在掌控关键专利技术的发达国家之后亦步亦趋。[2] 这是因为在专利国际合作中权益的再次分配,大多是由发达国家的专利权人向发展中国家的专利技术实施者让与技术成果或给予使用许可。一旦发达国家的专利权人利用手中的技术权利展开对发展中国家的贸易倾轧,广大发展中国家的专利技术实施者便没有任何还手之力,只能任人宰割。而这无疑也使国际性的专利权益再次分配面临着严重的利益失衡,并呈现出权益分配显失公平的伦理态势。在医药产品专利中这一伦理风险表现得最为突出,由于医药产品研制的高技术与高投入的特性,相关专利往往由发达国家的大型医药企业所把控,而发展中国家要想生产这些医药产品则必须支付高昂的专利许可费。为此,有必要对专利权人在国际合作中贸易倾轧的一般性伦理问题予以阐释,并在此基础上进行对医药产品专利权人国际强权的具体表征与伦理挑战的探析,力求实现对专利国际合作中专利权人贸易倾轧的伦理异议的充分展现。

---

〔1〕 参见吴汉东:《知识产权本质的多维度解读》,载《中国法学》2006 年第 5 期。

〔2〕 参见唐春:《国际竞争视角下专利制度构建研究》,载《知识产权》2009 年第 2 期。

1. 专利权人在国际合作中贸易倾轧的一般性伦理问题

专利权人在国际合作中的贸易倾轧，是指发达国家的专利权人以其所掌控的先进技术成果，在以专利技术转让或许可为关键内容的国际贸易中展开对发展中国家广大专利技术实施者的倾轧，迫使这些发展中国家的专利技术实施者接受其有失公平、不尽合理的各种贸易要求。例如，美国贸易代表办公室每年都会专门发布《特别301报告》，不顾认知差异而以其自身的标准，指出广大发展中国家在对专利权等知识产权进行保护过程中存在的问题与缺陷，并以相关贸易合作为要挟要求广大发展中国家提升专利保护水平。[1] 这无疑是美国利用专利强权对广大发展中国家展开贸易倾轧的一种重要表现。诚然，作为知识或技术与权利结合的专利制度，其设立的基本目标在于促进知识或技术的创造、传播与应用，而相关权益的公平分配则在于为每个人自由而全面地发展创造必要条件。[2] 但是，法律制度所强调的公平并不是要否决一切差别待遇，而是要求差别待遇是公平的、经过论证的、有足够理由的，并且在某种程度上是适当的。[3] 进言之，在专利国际合作中发达国家专利权人对相关技术成果的掌控与垄断，实质上是专利制度所预设的一种公平的差别待遇，而发达国家专利权人利用他们的专利强权，在国际贸易中展开对发展中国家广大专利技术实施者的倾轧，则是缺乏足够理由的、不正当的，不仅如此，这种贸易倾轧的行为更是一种违背伦理理性的、不道德的勾当。

2. 医药产品专利权人国际强权的具体表征与伦理挑战

在医药产品相关的专利技术研发与应用的过程中，处于发达国家的专利权人对专利技术成果的掌控更为重视，其利用所享有的专

---

〔1〕 参见何华：《中美知识产权认知差异研究》，载《科研管理》2019年第3期。

〔2〕 参见李强：《知识产权制度合理性考辨——以制度的伦理性和效用性为视角》，载《兰州学刊》2006年第9期。

〔3〕 参见韦之：《知识产权论》（第2卷），知识产权出版社2014年版，第210页。

利技术成果对发展中国家广大技术实施者所展开的贸易倾轧往往更为突出，也更为强烈，很多时候甚至会影响医药产品在一些发展中国家的普及性，导致严重的公共健康危机与社会伦理难题。造成这一情况的原因在很大程度上是医药产品产业高投入、高风险、长周期的特性。通常而言，医药产品的研发大致可以分为以下两个阶段，即由创投企业进行基础研究的上游阶段和由大型制药公司进行具体医药开发的下游阶段。[1] 而无论是在上游阶段还是下游阶段，相关医药产品的研发都需要高昂的投资作为保障。不仅如此，医药产品市场转化往往比产品研发更为昂贵，也更具不确定性。[2] 基于医药产品与生命健康的高度相关性，其不能像其他技术成果一样，研发完成即可投入市场，医药产品还需要进行成百上千次的动物试验和临床试验以确保安全性与有效性，在此基础上仍需经过严格的行政审批才能进入市场。因而在高昂的物质投入和巨大的市场风险的客观诱因下，发达国家的医药产品专利权人利用专利强权以获取收益的诉求也变得异常强烈，为此，美国等发达国家更是给予医药产品专利以延期保护，从而弥补烦琐的行政审批程序对专利期限的损耗。[3] 除此之外，为避免广大发展中国家逾越专利保护规定，采用制造和进口通用药品的方式向其国民提供廉价药品，以美国为首的发达国家往往在国际合作中突出强调给予医药产品及相关方法以专利保护，使本国专利权利在相关国际贸易中获得专利

---

〔1〕 参见［日］田村善之：《创新与专利政策的结构关系——以生物发明为例》，载［日］田村善之：《田村善之论知识产权》，李扬等译，中国人民大学出版社 2013 年版，第 95 页。

〔2〕 See Mark A. Lemley, *The Myth of the Sole Inventor*, 110 Michigan Law Review 744 (2012).

〔3〕 See Robert P. Merges, John F. Duffy, *Patent Law and Policy: Cases and Materials*, Matthew Bender & Company Inc., 2002, p. 59 – 60.

强权，并以此从发展中国家攫取丰厚的经济利润。[1] 这无疑使发展中国家不能再随意制造或进口医药产品，而必须支付高昂的专利许可费，相应地，广大发展中国家医药产品的价格也会急剧攀升，引发对公共健康的巨大挑战，并由此造成影响社会持续发展的伦理困境。

第二节　专利权益分配实践中伦理争议的形成诱因

在专利权益分配中，伦理争议实质上是利益相关者互相之间对专利财产权展开的争夺与博弈，也是各方为自身获取专利财产权进行道德辩护所形成的对峙与论争。但是，利益相关者所进行的辩护往往都是以维护自身利益为出发点，并不总是强调专利权益分配的公平公正，因而也就或多或少地存在与伦理正义的偏差。基于法律规范的适用并不是纯粹的复制行为，而往往是创造性的、由意志所控制的。[2] 因而在实践中，专利法律制度的运行不可避免地会受到这些利益相关者之间伦理争论的影响，具体的权利配置也常常会出现与伦理正义不相契合的情况，比如对伦理正义基本表征的专利财产权配置自由之交换正义的忽略，抑或是对伦理正义终极追求的专利财产权配置实效之分配正义的违背。[3] 例如，在专利权益的初次分配中，雇员与雇主对职务发明专利权属的伦理论争，以及人工智能作为“发明人”时各利益相关者对人工智能发明成果专利权属的伦理纠葛，在某种程度上其实就是交换正义与分配正义的一种

〔1〕 参见周俊强：《与公共健康危机有关的知识产权国际保护》，载《中国法学》2005年第1期。

〔2〕 参见[德]伯恩·魏德士：《法理学》，丁晓春、吴越译，法律出版社2013年版，第76页。

〔3〕 参见王泽鉴：《民法物权》(第2版)，北京大学出版社2010年版，第11页。

对抗，具体的权益配置在实践中稍有不慎便会有所偏颇，进而造成主体之间的利益失衡，以及对伦理正义的偏离；而在专利权益的再次分配中，专利权人在市场竞争中的技术劫持，以及在国际合作中的贸易倾轧，则是专利权人为维护自身利益对专利技术之社会功用充分发挥分配正义的忽视，在某些极端情况下专利权人甚至会连交换正义都不顾，滥用契约机制以谋取暴利。换言之，专利权益分配中的伦理争议是由相关者的不同利益诉求所诱发的，在权益的初次分配中具体体现为各主体之间的利益失衡，而在权益的再次分配中则具体体现为专利权人所主导的契约机制的运转失灵。由此，为进一步明晰专利权益分配中伦理争议的形成诱因，有必要分别对专利权益初次分配中主体之间的利益失衡问题，以及专利权益再次分配中契约机制的运转失灵问题展开深入剖析，找出其中的症结所在，从而以此为基础发掘专利权益分配实践中伦理争议的破解之法。

一、专利权益初次分配实践中主体之间的利益失衡

利益平衡是包括专利制度在内的整个知识产权制度的内在价值，同时也是制度设计者价值取向和政策导向的具体体现。[1] 在专利权益的分配中，尤其是初次分配的过程中，利益平衡显得尤为关键，相关主体间的利益平衡不仅是展开专利权及相关财产权益合理配置的基本原则，同时也是实现专利权益初次分配之伦理正义的根本路径。进一步来说，专利技术成果的研究与开发也是这样，主体之间的利益平衡是研发工作有序开展的重要保证。专利技术的研发活动归根结底是由人来进行的，所以不仅相关主体自身的条件十分重要，对这些主体进行必要的物质激励也格外关键，而且基于专利技术研发造福人类的终极目标，还需要对具备良好自身条件的相关主体予以有效的调配，并给予他们以公平的物质激励，唯有如

[1] 参见吴汉东：《试论知识产权限制的法理基础》，载《法学杂志》2012 年第 6 期。

此，才能使参与专利技术研发的每一个主体都能尽其所能，发挥其工作成果的最大功用。[1]

然而，在具体的专利权益配置实践中，主体之间却往往是利益失衡的。以职务发明的专利权配置为例，在“重雇员主义”与“厚雇主主义”两种不同价值取向的影响下，世界各国形成了“雇员优先”与“雇主优先”两种不同利益偏向的立法模式。[2] 人工智能作为“发明人”时，在编程者、使用者、数据提供者等主体间选择其中任何一方授予专利权，无疑也会形成对其他二者的利益侵夺。也正是这种权益配置中主体之间的利益失衡，引发了人们对专利权益初次分配公平性与正义性的伦理诘问。但不容否认的是，那种与伦理正义要求完全契合的利益平衡实质上是一种专利权益分配的理想状态，在实践中是很难达到的，尤其是在社会生产力不断发展、技术创新模式飞速进化的情况下，专利权益初次分配中的利益平衡不再是静态的，而是一种与某一时段或时刻下主体间利益平衡不断趋近的动态性的均衡。其实，当前专利权益初次分配中所凸显的职务发明创造中雇员与雇主之间就专利权属的伦理论争，以及人工智能作为“发明人”时专利权属的伦理纠葛等潜在利益失衡情形，也并非“一日之功”，而是在专业化分工推进研发主体职能不断细化、集群化创新促进投资主体地位日益提升之后，才逐渐生成的。因此，对当下职务发明创造和人工智能的“发明人”的专利权益初次分配中主体之间的利益平衡，也应从其产生的具体诱因出发，探究达致利益动态均衡的路径。

---

〔1〕 参见陈爱华：《科学伦理的哲学审思——基于认识论维度的追问》，载单继刚、甘绍平、容敏德主编：《应用伦理：经济、科技与文化》，人民出版社 2008 年版，第 103 页。

〔2〕 参见刘鑫：《职务发明权利配置的价值导向与立法选择——兼评〈专利法修订草案（送审稿）〉的相关规定》，载《电子知识产权》2019 年第 8 期。

（一）专业化分工所导致的研发主体职能细化

高度的专利化分工是当今专利技术研发系统的运行基础，其中，不同技术环节中的设计者与制造者完全分开，但同时却又处于一定的系统之中，而这也带来了专利技术研发主体的职能细化及其专业分工内部人员知识构成的狭隘。相应地，在专利技术成果权益配置中各方主体之间的利益冲突越发凸显，同时与专利权属对应的不良技术后果的责任承担也因此缺位。[1] 最初，人类社会的生产分工发轫于18世纪以来的工业革命，专利化的生产分工则是直到19世纪末第二次产业革命爆发后才逐步形成的，而专利技术研发的主体性变革也由此肇始。在19世纪末以前，专利技术成果的研发者一般都是独立的个人发明人，他们往往以自家阁楼或地下室为研发场所进行“孤独”的发明创造，其中既有像大发明家爱迪生一样，以发明创造为业的职业性独立发明人，同时也有像莱特兄弟一样，并不以技术研发维持生计而仅仅热爱探索并执着于发明创造的非职业性独立发明人。[2] 进入20世纪以来，随着专业化分工的不断深化，企业研发和实验室研发的迅速崛起，使研发主体职能日益细化，在个人发明人独立研发以及数位个人发明人合作研发的基础性技术模式逐渐减少的同时，专利技术研发的职务化发展则在持续推进。[3] 20世纪下半叶，第三次、第四次产业革命的持续推进，极大地提升了专利技术成果的复杂性，同时也使技术研发的模块性不断增强，专利技术研发的协调化发展进程由此开启。[4] 如今，人工

---

〔1〕 参见王前、朱勤：《技术后果评价的伦理视角》，载单继刚、甘绍平等主编：《应用伦理：经济、科技与文化》，人民出版社2008年版，第217－218页。

〔2〕 参见吴红：《二十世纪以来发明人群体变化研究》，载《自然辩证法研究》2018年第9期。

〔3〕 See David C. Mowery, Nathan Rosenberg, *Paths of Innovation: Technological Change in 20th－Century America*, Cambridge University Press, 1998, p. 13.

〔4〕 参见刘洪民、杨艳东：《制造业共性技术研发协同知识链及知识流动模型——模块化协同视角的研究》，载《科技进步与对策》2016年第9期。

智能技术的兴起进一步带来了专利技术研发中“机器代工”的智能化趋势。概言之,在社会生产的专业化分工影响下,专利技术研发主体职能不断细化的过程大致可以总结为从技术研发合作化与职务化到协同化与智能化的发展演进。而专利权益初次分配中主体之间的利益失衡问题也正是在这一过程中不断深化的,相应的伦理争议也是在专利技术研发主体职能不断细化的演进中日益凸显的。鉴于此,为理顺专利权益初次分配中主体间利益失衡的具体来由,厘清相关伦理争议的形成诱因,有必要分别对专利技术研发的合作化与职务化进程中和协同化与智能化进程中的权益分配的失衡情形予以深入分析,发掘这些专业化分工所导致的研发主体职能细化问题对于专利权益配置失衡及相关伦理论争的影响。

1. 专利技术研发合作化与职务化进程中权益分配的失衡

合作化与职务化是社会专业化分工在专利技术研发过程中最为基本的表现形式。虽说是发明人的个体选择实现了新技术的产生,同时,也是一代又一代发明人的累积选择推动了技术发展的历史进程,[1]但是发明人个人的能力却往往是有限的,在相对复杂的技术难题面前,独立的个人发明人无疑是难以有效应对的,因而也就需要多个发明人相互协作、相互配合,共同攻克难题并形成新的专利技术成果。而且,发明人之间的这种合作并不是源于上级的权威迫使,同时也不是对于某种权威的盲目追随,而是因为他们自身认识到,只有基于这种自愿的合作,他们每一个参与技术研发的主体才能实现自己的目标。[2] 易言之,这种专利技术研发主体间的合作化趋势,实质上是社会生产力进步与科技研发复杂程度升高等

〔1〕 参见杨中楷、徐梦真等:《论发明人的“个体选择”》,载《科学学研究》2014 年第 8 期。

〔2〕 参见陈爱华:《科学伦理的哲学审思——基于认识论维度的追问》,载单继刚、甘绍平、容敏德主编:《应用伦理:经济、科技与文化》,人民出版社 2008 年版,第 103 - 104 页。

客观因素影响下作为专利技术基本研发主体之发明人的一种必然选择。然而,随着研发主体之间分工与合作的展开,各主体之间对相关专利技术成果的权益争夺也由此产生,一旦权益分配有所偏差便会造成各个研发主体之间的利益失衡,进而诱发各合作主体之间对权益公平配置的伦理争论。

不仅如此,随着人类社会生产力的不断提升,以及科学技术研发难度的进一步提高,仅仅依靠个人发明人主体之间的分工合作已不能满足各种复杂技术的研发需要。因为此时科技创新活动的开展,不仅需要广泛的原始资源收集、多学科的专家参与,更需要大量的资金、设备投入作为保障,而所有这些都远远超出个人发明人的能力范围,因而,相关的技术研发也往往大多由实力雄厚的科研机构或企业所主导,发明人则不得不成为其中的雇员,相关技术研发工作也因此不得不服从于雇主的发展方向。[1] 而这样一来,原本各个相互分工合作的发明人平等主体之间的专利权益分配,演变成了雇员发明人与其雇主之间权益配置。虽说在专利权益的分配过程中雇员与雇主之间在形式上仍然是平等关系,但是基于雇主在职务发明成果研发中的主导地位以及雇员对雇主的人身依附性,相关技术成果的专利权往往会由雇主所把控,对于雇员的权益分配也往往由雇主决定。[2] 由此,可以说,在专利技术研发的职务化运行中,主体之间本身就存在隶属关系,一旦处于优势地位的雇主展开对雇员发明人的利益侵夺,势必会引发主体间更为严重的利益失衡,进而诱发广大雇员发明人对权益公平配置的伦理抗争。

---

〔1〕 See Richard A. Kamprath, *Patent Reversion: An Employee – Inventor's Second Bite at the Apple*, 11 Chicago – Kent Journal of Intellectual Property 186 (2012).

〔2〕 See Parker A. Howell, *Whose Invention is it Anyway – Employee Invention – Assignment Agreements and Their Limits*, 8 Washington Journal of Law, Technology & Arts 79 (2012).

2. 专利技术研发协同化与智能化进程中权益分配的失衡

协同化与智能化是社会专业化分工在专利技术研发过程中不断深化的表现形态。专利技术产业化运营的持续推进以及高新技术产业的迅速发展,使专利技术的研发不再是某一个市场主体或创新主体的专属任务,而是整个产业体系内部的各个市场主体或创新主体内在演化动力与外部环境的相互交织与影响下的一种复杂的协同创新过程。[1] 尤其是对于中小企业而言,这种协同化的技术研发机制使他们能够共同攻克技术难题、承担技术风险,无疑是他们在当前开放式创新背景下实现可持续发展的必然选择。[2] 具言之,在市场主体或创新主体协同创新的过程中,不仅市场主体或创新主体要实现内部研发机构、研发人员的协同创新,还要同其外部的其他市场主体或创新主体形成良好的协同互动关系,互相开放边界、共享对方的互补性技术知识,从而创造新的技术成果。[3] 相应地,对这些协同创新所生成的专利技术成果的权益配置也就不再是局限于某一市场主体或创新主体内部,而是变成由市场主体或创新主体之间专利权益分配,再到各个市场主体或创新主体内部各个研发机构之间以及雇主与雇员发明人之间权益分配的一种双层性的专利权益分配,其中任何一个环节出现专利权益分配的不均衡都会或多或少地引发主体间的利益失衡,并进一步诱发不同层级的各个主体对专利权益公平配置的伦理论争。[4]

除此之外,人工智能自主生成发明创造的出现,使其与传统意

---

〔1〕 参见陈芳、眭纪刚:《新兴产业协同创新与演化研究:新能源汽车为例》,载《科研管理》2015 年第 1 期。

〔2〕 参见解学梅、刘丝雨:《协同创新模式对协同效应与创新绩效的影响机理》,载《管理科学》2015 年第 2 期。

〔3〕 参见何瑞卿、黄瑞华等:《合作研发中的知识产权风险及其阶段表现》,载《研究与发展管理》2006 年第 6 期。

〔4〕 参见刘鑫:《合作研发关系中的职务发明权利归属问题研究》,载《科技与法律》2017 年第 6 期。

义上的机器、设备区别开来,同时也开始了专利技术研发的智能化进程。[1] 人工智能"算法驱动与数据保障"的特殊运行机制给予其超强的数据检索与文本替换的能力,使其能够在生成发明创造的过程中有效规避现有技术,并以超越特定技术领域的方式进行工作,突破一般技术人员之理性人假设的辐射半径,进而引发专利授权标准的失灵。[2] 但这并不是制约人工智能生成发明创造获得专利保护的关键所在,这一制度设计与技术需要不相适应的矛盾,通过必要的规则完善与解释,扩大现有技术检索的技术范围、提高一般技术人员的技术水平即可化解。[3] 而真正的障碍则体现在伦理层面,正如前文所述,人工智能在发明成果的生成过程中事实上扮演着"发明人"的角色,但其自身却又缺乏必要的主体资格,若相关发明成果通过审查获得专利授权,难免会诱发编程者、使用者、数据提供者等对人工智能自主创新过程做出具体贡献的相关主体争夺专利权益的伦理纠葛。

(二)集群式创新所引起的投资主体地位提升

集群式的技术创新是科学技术飞速发展与社会专业化分工日益细化的必然结果。从技术研发的合作化与职务化到协同化与智能化,实质上是一个技术创新集群不断扩大、不断丰富的过程。其中,技术研发的合作化与职务化过程是个人发明人分工协作的集群,而技术研发的协同化与智能化则是市场主体创新活动的集群。之所以会出现技术创新的集群效应,是因为发明创造本身是一个艰

[1] See Matthew U. Scherer, *Regulating Artificial Intelligence Systems: Risks, Challenges, Competencies, and Strategies*, 29 Harvard Journal of Law & Technology 363 (2016).

[2] See Ryan Abbott, *I Think, Therefore I Invent: Creative Computers and the Future of Patent Law*, 57 Boston College Law Review 1079 (2016).

[3] 参见刘鑫:《人工智能生成技术方案的专利法规制——理论争议、实践难题与法律对策》,载《法律科学(西北政法大学学报)》2019 年第 5 期。

难的历程,裹藏着巨大的风险,技术成果研发的过程其实就像一场赌博。[1] 为抵御日渐增强的创新风险,相关主体不得不进行联合,集群式创新的规模也因此在不断地扩大。

然而,随着这种集群式创新规模的拓展,技术研发对雄厚资本支持下相关物质基础的依赖性也日益增强,而最为基本的发明人的智力活动却随着专业化分工细化的影响而式微。即使是发明人对技术研发所作出的基础性选择,其依据的也往往是技术成果的功用,尤其是技术成果所能带来的潜在经济效益。[2] 这是因为集群式创新模式下所研发的技术成果是一种产业要素的创造成果,其必然与资本相结合,而资本的逐利性也势必会在其中展现,因而这时保护技术研发成果的专利制度也不再仅仅是创造之因,同时也是创造与资本结合之果。[3] 由此,专利制度对发明创造与技术成果保护的核心也不再是激励发明人创新,更为关键的则在于投资利益的保障与维护。[4] 相应地,在专利权益的分配过程中,投资主体地位也随着集群式创新的扩展与深化而不断获得提升,甚至成为专利权益配置的主导者。如此一来,在发明创造或技术成果之上的相关专利权益的分配中便往往会对投资者予以优先考虑,并以投资者的意图来决定具体的权益配置。投资主体不光是追求自己利益的经济动物,也是有道德的、具有利他取向的市场主体或创新主体,其应当

[1] See Jay Jr. Dratler, *Incentives for People: The Forgotten Purpose of the Patent System*, 16 Harvard Journal on Legislation 129 (1979).

[2] 参见杨中楷、徐梦真等:《论发明人的"个体选择"》,载《科学学研究》2014 年第 8 期。

[3] 参见李琛:《知识产权法基本功能之重解》,载《知识产权》2014 年第 7 期。

[4] See Michael Abramowicz, John F. Duffy, *Intellectual Property for Market Experimentation*, 83 New York University Law Review 337 (2008).

也按照符合伦理道德要求的取向去行动,[1]但是实践中,投资主体基于自身利益的考量难免会将更多的权益把控在自己的手中,以使自己的物质投资获得最大程度的回报;而投入智能劳动的发明人则不得不受制于投资主体对专利权益的分配,因此往往难以获得其所期待的权益对价。相关主体间关于专利权益公平分配的伦理争论无疑也在这一过程中愈演愈烈,在职务发明关系中表现得最为突出,实践中基于刺激物质投资主体,即雇主投资积极性的客观需要,专利权益配置中一般也更多地考虑物质投资者在法律上的优先性。[2] 由此,作为投资主体的雇主与雇员发明人之间的专利权益配置的伦理争执随着投资主体地位的提升而越发严重。

为此,不妨以职务发明专利权益配置的具体实践为例,阐释投资主体地位提升对专利权益初次分配中主体之间利益失衡的影响以及其对相关伦理争议的诱导效应。综观当今世界各国专利制度中对于职务发明的专利权益配置,可以发现,主要有"雇主优先"和"雇员优先"两种模式,前者在职务发明的权益中将专利权直接赋予雇主,雇员只享有署名权及奖励与报酬的获取权;而后者则是将职务发明的专利权优先归于雇员,雇主只享有发明创造的优先购买权与免费实施权。其中,"雇主优先"的专利权益配置模式在制度设计本身就偏向雇主即投资主体,具有显著的"厚雇主主义"的价值导向,因而在具体的权益配置实践中也往往存在对雇员发明人合法权益的忽视,职务发明专利权益分配的利益失衡是源自制度架构本身的,主体之间尤其是雇员发明人对权益公平分配的伦理诉求也由此而来;"雇员优先"模式下"发明人主义"的专利权益初次分配,使雇员发明人能够掌控职务发明专利权,但是随着科技创新集约化的不

---

〔1〕 参见[德]克里斯托夫·吕特格:《市场经济和伦理:秩序伦理和企业伦理》,单继刚、甘绍平、容敏德主编:《应用伦理:经济、科技与文化》,人民出版社 2008 年版,第 3 – 15 页。

〔2〕 参见何敏:《职员发明财产权利归属正义》,载《法学研究》2007 年第 5 期。

断提升和职务发明转化运用需求的日益强烈，相关国家极力实现职务发明专利权向雇主的合法移转，专利权益分配的利益天平也开始向雇主即投资主体倾斜，并在很大程度上也呈现了“厚雇主主义”的价值导向，同样的伦理争议也在“雇员优先”模式中爆发。[1] 鉴于此，有必要分别对“雇主优先”模式中固有的“厚雇主主义”以及“雇员优先”模式中凸显的“厚雇主主义”予以阐释，力求厘清职务发明专利权益配置中投资主体地位提升所诱发的伦理争议。

1. 职务发明专利权益配置“雇主优先”模式中固有的“厚雇主主义”

“厚雇主主义”是职务发明专利权益配置“雇主优先”模式中所固有的价值取向，其凸显了“雇主优先”模式对投资主体的利益偏向。英国与法国作为“雇主优先”专利权益配置模式的典型代表，为避免专利权赋予雇员发明人优先享用而带来的专利权属移转的巨大交易成本以及由此造成对职务发明创造运用的制约与阻滞，[2] 两国在专利制度中都确定了职务发明专利权优先归于作为投资主体的雇主。其中，英国将雇员在执行雇主任务过程中作出的发明界定为职务发明，并规定无论该发明是雇员在正常工作的过程中作出的，还是在正常工作之外作出的，都应归于雇主所有；[3] 而法国在任务发明与非任务发明的类型化架构下，将职务发明界定为任务发明与任务之外可归属雇主之发明，其中任务发明的财产权利当然地由雇主享有，而“任务之外可归属雇主的发明”则是基于雇员执行职务原因、企业经营范围需求以及利用工作经验和工作便利等因素，

---

〔1〕 参见刘鑫：《职务发明权利配置的价值导向与立法选择——兼评〈专利法修订草案（送审稿）〉的相关规定》，载《电子知识产权》2019 年第 8 期。

〔2〕 See Robert P. Merges, *The Law and Economics of Employee Inventions*, 13 Harvard Journal of Law and Technology 10 (1999).

〔3〕 参见《英国专利法》第 39 条规定。

由雇主决定享有全部或部分专利权。[1] 毋庸置疑,"厚雇主主义"价值取向下专利权益配置的"雇主优先"模式,可以有效推动专利技术转化运用,实现专利技术的产业化、市场化与资本化,使雇主即投资主体的利益诉求得到充分满足。[2] 但是对于雇员发明人而言,这样的专利权益配置却往往是有失公平的,若作为投资主体之雇主过度利用其在职务发明创造中的强势地位展开对雇员发明人的利益倾轧,则势必对雇员发明人的合法权益造成巨大危害,致使专利权益配置中的伦理争议越发严重。

2. 职务发明专利权益配置"雇员优先"模式中"厚雇主主义"的凸显

"雇员优先"模式中的基本制度设计是基于"重雇员主义"的价值取向的,其职务发明专利权益配置也是以雇员发明人为原始权利人的,作为职务发明的投资主体的雇主只享有职务发明的专利实施权,不能禁止雇员实施或者许可第三人实施该专利技术。但是在实践中,由于当前技术创新的开放性与集约性,"雇员优先"对于决定技术研发方向的投资主体而言却往往意味着对职务发明创造控制能力的减弱,并由此带来职务发明创造时间成本和经济成本的增加。因而,基于雇主转化运用职务发明创造的客观需要,美国、日本等实行"雇员优先"模式的国家,纷纷采取措施推进职务发明专利权迅速由雇员移转给雇主,致使职务发明专利权益配置的"雇员优先"模式中也提升了对投资主体的利益保障,彰显了明显的"厚雇主主义"倾向。其中,美国采用发明预先转让协议的方式,由雇主与雇员单独订立协议或者在劳动合同设定相关条款,在发明研发工作开始

---

〔1〕 参见《法国知识产权法典》第611－7条第1款及第2款规定。

〔2〕 参见吴汉东:《专利技术转化与无形资产运营》,载《专利代理》2016年第2期。

之前即约定将职务发明专利权移转给雇主。[1] 这种发明预先转让协议最初是一些雇主为了保障自身投资利益的大胆尝试,随着越来越多的美国企业对其进行广泛应用,美国法院也逐步承认了发明预先转让协议的效力,给予作为投资主体之雇主以运用契约机制成为职务发明的合法原始专利权人的机会。[2] 日本为减轻企业负担、增强产业竞争力,在专利法2015年的最新修订中则专门增加了职务发明申请专利的权利在发明完成之时雇主即可原始取得的规定,同时还赋予雇主与雇员在合同或劳动规章中对职务发明创造的权利归属进行事先约定的权属选择权,即双方可以通过自由约定来选择权利归属他们中的任何一方。[3] 日本的这一法律修订,有效地增加了作为投资主体之雇主对职务发明专利权的控制,同时也极大地促进了职务发明的转化运用。[4] 因此可以说,职务发明专利权益配置的“雇员优先”模式中投资主体的地位也获得显著提升,并凸显了“厚雇主主义”的价值导向。而这无疑也会使作为投资主体之雇主对职务发明专利权绝对支配的情形出现在“雇员优先”的专利权益分配模式之中,加剧雇员发明人对职务发明专利权益公平配置的伦理争议。

二、专利权益再次分配实践中契约机制的运转失灵

契约机制,又称为合同法律机制,其中奉行合同自治原则,即

---

〔1〕 See Evelyn D. Pisegna - Cook, *Ownership Rights of Employee Inventions: The Role of Preinvention Assignment Agreements and State Statutes*, 2 University of Baltimore Intellectual Property Law Journal 163 (1994).

〔2〕 参见刘鑫:《美国职务发明预先转让协议的考察与启示》,载《科学管理研究》2018年第2期。

〔3〕 参见《日本专利法》第35条第3款规定。

〔4〕 参见刘鑫:《日本职务发明权属规则转变的梳理与借鉴——兼评2015年日本〈特许法〉修订》,载《电子知识产权》2017年第9期。

“当事人自己的事情，原则上由自己做主”[1]。这种契约自由系私法自治的典型表现，私法的构建是以“自决”为出发点的，任何人都享有自由，并按照自己的意思形成其私的法律关系。[2] 在专利权益的分配，尤其是再次分配的过程中，以当事人自主协商为基础的契约机制无疑是实现专利权或者专利技术使用权能移转的一般路径与主要方式。这是因为财产权利安排在本质上即是源自获得财产资格的物质的流通，而契约则是人类进行财产交易长期应用的手段且随着交易习惯的形成而逐步成为制定法的规范内容，[3] 在专利财产权利的制度安排上也并不例外。契约机制有效地推进发明创造或技术成果的流通，尤其是完成专利使用权能移转的许可合同更是发挥着保证权利利用的重要作用，其不仅是实践中技术传播与转化的主要方式，同时也是实现专利制度价值的基本途径。[4]

然而，在具体的专利权益配置实践中，私法自治指引下的契约机制并不能充分实现权利再次分配的公平与正义。毋庸置疑，契约机制使专利权人与受让人、被许可人得以通过自主协商，并依据意思自治下所达成的合意形成法律关系，完成权益配置。[5] 但也正是这种私法自治与契约自由，使专利权人具备了非常大的活动空间。[6] 这是因为在专利权益再次分配中，专利权人与受让人、被许可人之间虽然形式上在法律地位上是平等的，但实质的经济地位却并不平等，权利人对发明创造或技术成果专利权的掌控无疑给予其在缔约过程中的优势地位，并以此主导专利权益再次分配的方式与

---

[1] 韩世远：《合同法总论》（第3版），法律出版社2011年版，第15页。

[2] 参见王洪亮：《债法总论》，北京大学出版社2016年版，第44页。

[3] 参见苏永钦：《寻找新民法》（增订版），北京大学出版社2012年版，第434－435页。

[4] See Raymond T. Nimmer, *Breaking Barriers: The Relation between Contract and Intellectual Property Law*, 13 Berkeley Technology Law Journal 822 (1998).

[5] 参见王泽鉴：《债法原理》（第2版），北京大学出版社2013年版，第13页。

[6] 参见韦之：《知识产权论》（第2卷），知识产权出版社2014年版，第151页。

内容，受让人及被许可人则往往不得不作出必要的妥协。专利权人在市场竞争中的技术劫持以及在国际合作中的贸易倾轧，实际上就是专利权人利用自身优势地位，假借契约机制下意思自治之名，对受让人及被许可人进行压榨，致使专利权益再次分配公平有失，契约机制的运转失灵由此显现，而专利权益再次分配中的伦理争议也因此诱发。鉴于此，为深入了解专利权益再次分配中契约机制运转失灵所带来的伦理论争，不妨以专利权益再次分配实践中表现形式最为多样且应用范围最为广泛的专利许可机制为例展开具体分析，分别探究专利权人在技术独立许可中对契约内容的主导性决定，以及专利联盟在技术打包许可中对契约条款的格式性设定中契约机制运转失灵对相关伦理争议的诱发效应。

（一）专利权人在技术许可中对契约内容的主导性决定

通常而言，专利许可是指专利权人向被许可人所为的许可，主要包括普通许可、排他许可、独占许可三种类型，其中，普通许可是专利权人向不特定被许可人作出的专利权使用许可；排他许可是专利权人向特定被许可人作出的专利权使用许可，排除专利权人与该特定许可人之外的其他人使用该专利技术；而独占许可则是专利权人向特定被许可人作出的专利权使用许可，排除该特定许可人之外的其他人使用该专利技术，包括专利权人也在被排除的范围之内。[1] 无论是一般性的普通许可，还是具有使用排除范围的排他许可与独占许可，无一例外都是以专利权人与被许可人之间协商所达成的契约为基础的。在专利许可使用合同的缔约过程中，作为契约当事人的专利权人与被许可人都平等地享有缔结契约的自由和不缔结契约的自由，而且双方当事人可以通过自主协商决定缔约方

[1] 参见董美根：《知识产权许可研究》，法律出版社2013年版，第70、81－88页。

式及缔约内容。[1]

然而,在实践中,专利权人往往基于自身对技术成果的独占性的排他权控制主导契约的具体内容。这是因为相比被许可人所支付的合同对价而言,专利权所保护的发明创造与技术成果更为稀缺,即使这种使原本处于公共领域的发明创造、技术成果等知识资源发生"异化"而具有商品属性的稀缺,也是一种人为的强制性稀缺。[2] 而也正是这个原因,在契约自由的外衣下,专利权人往往会不当利用自身在交易中的优势地位展开对被许可人的劫持与倾轧,并采取远高于市场标准的专利许可费率以及严格的专利许可条件以获取更多的利润。虽说财产安排在很多时候即意味着一些人获得利润,另一些人受到损失,但只有这一获利与受损符合伦理正当性要求时,相应的财产安排才是合理的、道德的,易言之,相关获利和损失的正义就是财产授权正义的附随。[3] 而在专利技术许可中,专利权人对契约内容主导决定而使自身获利,被许可人因此受损的情况并不具有伦理正义性。这是因为契约自由并不意味着正义,契约机制的正义系平均正义,是契约上负担及危险的合理分配,强调一方的给付与他方的对待给付之间应具等值原则,[4] 显然,专利权人在技术许可中假借契约自由,通过要求不公平的专利技术许可使用费率和提出不合理的专利技术许可使用限制条件等手段而主导缔约,压榨被许可人的做法,都是有悖契约正义的,同时也是有违伦理理性的。由此,为进一步明晰专利权人在技术许可中不当利用自身优势主导契约内容的伦理风险,应以契约正义的伦理要求为

---

〔1〕 参见[日]我妻荣:《我妻荣民法讲义V1:债权各论》(上卷),徐慧译,中国法制出版社2008年版,第16页。

〔2〕 参见龙文懋:《知识产权法哲学初论》,人民出版社2003年版,第4页。

〔3〕 See Randy E. Barnett, *A Consent Theory of Contract*, 86 Columbia Law Review 269 (1986).

〔4〕 参见王泽鉴:《债法原理》(第2版),北京大学出版社2013年版,第111页。

基准,对专利权人寻求不公平的专利技术许可使用费率和提出不合理的专利技术许可使用限制条件等压榨被许可人的不道德的行为进行具体阐释。

1. 专利权人过度寻求专利技术许可使用费率的不公平性

在专利技术的许可使用过程中,契约机制的意思自治使专利权人同被许可人通过自主协商决定专利技术许可使用的方式、范围与费率等具体事项,其中专利权人通过技术使用权能的让与换取经济回报,被许可人则以经济利益来交易和获得专利技术资源的使用。[1] 这无疑是契约自由原则在专利许可使用中的突出体现,由专利权人与被许可人自主决定专利许可契约的缔约方式与内容,并以此达到资源交换的目的。[2] 然而,专利权人在其中却往往会利用自身优势地位,假借契约自由之名,向被许可人索要远高市场标准的专利技术许可费率。对于被许可人而言,这无疑是不公平的,但基于对专利技术使用的强烈需求,被许可人却也往往不得不接受溢价,甚至是极端不合理的高价,专利权人在市场竞争中技术劫持以及在国际合作中贸易倾轧的伦理非议也多半由此诱发。虽说与资本主义商品经济相伴而生的专利制度本身是由商业活动中的商事习惯的发生而形成,经济层面的有利可图是其萌生的根本缘由,[3]专利制度以一定期限独占权利的形式给予权利人以经济回报,更是对发明人智力投入的关键激励以及对投资主体物质投入的重要保障。[4] 但是,对经济利益的追求必须有所克制,不能恣意而

---

[1] 参见[日]竹中俊子主编:《专利法律与理论——当代研究指南》,彭哲等译,知识产权出版社2013年版,第71页。

[2] 参见王泽鉴:《债法原理》(第2版),北京大学出版社2013年版,第23页。

[3] 参见熊琦:《知识产权法与民法的体系定位》,载《武汉大学学报(哲学社会科学版)》2019年第2期。

[4] See Robert P. Merges, Peter S. Menell & Mark A. Lemley, *Intellectual Property in the New Technological Age*, 6th edition, Aspen Publishers, 2012, p. 131.

为。不仅如此，契约机制下的自由也是有限度的，不是完全的、随意的自由，专利权人向被许可人所提出的许可费率的要求唯有与契约正义相契合，才是真正可行的、有效的约定。

2. 专利权人过度区别对待专利技术被许可人的不合理性

在专利技术的许可使用过程中，不仅专利权人在契约自主外衣下过度寻求专利技术许可费率是不公平的、违背伦理理性的，专利权利人利用自身优势地位，通过设置差异化的技术使用条件，对不同的被许可人予以过度区别对待，无疑也是不合理的、不道德的。一般来说，亲自实施专利技术大多是专利权人展开技术研发的根本动因，但是这一理想状况往往会受到诸多客观条件的制约，需要通过专利权益的再次分配来获取经济回报。〔1〕 当然，也并不能排除一些专利权人进行技术研发本身就是以专利交易为出发点。不论专利技术研发的起因为何，实现经济利益的最大化都是权利人的本质目标，因而在具体的专利技术许可实践中，往往也出现了专利权人针对不同被许可人进行差异化定价、设置不同许可使用条件的区别对待手段。在契约自由的架构下，专利权利人与不同被许可人商定不同的许可条件也无可厚非，差异化的许可条件能够激发市场活力，为专利权人带来丰厚的经济回报，但是，若专利权人过度采用区别对待，则势必会严重影响相关市场的公平竞争，打破市场竞争的良好秩序。〔2〕 进言之，专利权人在利用契约机制实现专利许可使用的过程中，对专利技术被许可人区别对待是难以避免的，也是符合经济理性的，但是，一旦这种区别对待或者差别待遇被过度应用，突破了契约正义的基本底线，打破了契约自由与契约正义的动态平衡，则必然是缺乏合理性的，专利权人在市场竞争中技术劫持以及

---

〔1〕 参见董美根：《知识产权许可研究》，法律出版社 2013 年版，第 63 页。

〔2〕 参见宁立志、周围：《专利许可中差异化许可价格的反垄断法分析》，载《法商研究》2014 年第 4 期。

在国际合作中贸易倾轧的伦理争议往往也会因此诱发。[1]

（二）专利联盟在技术许可中对契约条款的格式性设定

专利联盟，又称专利池，是指两个或两个以上的专利权人达成协议，相互间交叉许可或共同向第三方许可其专利的联营性组织。[2] 其实质上是以契约为基础的合作机制，即不同权利主体为有效率地实现某个共同目标，通过协商在彼此间建构起一种以各种专利技术为筹码而形成的具体技术共享属性的私立规则。[3] 专利联盟发轫于19世纪中叶的美国，1856年成立的“美国缝纫机专利联盟”是最早出现的专利联盟，而随着工业制造和电子通讯技术的发展，实践中不断衍生出诸如MPEG－2、DVD 6C、DVD 3C以及3GPP等具有全球影响力的专利联盟。[4] 专利权人之间以合作契约为基础所形成的这种专利联盟，通过各方主体之间的充分协商，不仅消除了障碍专利，加强了技术互补，同时也极大地降低了交易的经济成本与时间成本，减小了交易风险，并使专利权碎片化难题被有效克服。[5]

然而，必须格外注意的是，虽说专利联盟是在专利权人自主协商的基础上建立的，但专利联盟在技术许可中对契约条款的设定却往往是格式化的。这是因为专利联盟作为一个整体，其所进行的专利许可无疑是一种以多数主体为相对人进行的交易，因为契约条款往往被定型化，由专利联盟制定，而被许可人则只有缔结契约与不缔结契约的自由，但没有对格式条款的内容进行逐一交涉的自由和

---

〔1〕参见韩世远：《合同法总论》（第3版），法律出版社2011年版，第40页。

〔2〕See Carlson Steven, *Patent Pools and the Antitrust Dilemma*, 16 Yale Journal on Regulation 360 (1999).

〔3〕See F. Scott Kieff, *Coordination, Property, and Intellectual Property: An Unconventional Approach to Anticompetitive Effects and Downstream Access*, 56 Emory Law Journal 344 (2006).

〔4〕参见詹映：《专利池管理与诉讼》，知识产权出版社2013年版，第2－4页。

〔5〕参见梁志文：《论专利公开》，知识产权出版社2012年版，第62页。

余地。[1] 毋庸置疑,定型化的格式条款可以有效降低个别磋商缔约所带来的交易成本,而这也正是专利联盟建立的目的之一。但是,由于当事人地位不平等,这种定型化的格式条款往往使经济上处于弱势地位的被许可人丧失选择的机会,进而引发交易双方的利益失衡。[2] 申言之,如何在契约自由的体制下维护契约正义,使作为经济上强者的专利联盟,不能假借契约自由之名,压榨专利技术的被许可人,是专利联盟在技术许可中对契约条款的格式性设定所带来的艰巨课题。[3] 而在专利联盟进行专利许可的具体实现中,这种定型化的格式条款是为专利联盟所给出的专利许可的"一般交易条件",无论是在专利联盟内部封闭性交叉许可中,还是在专利联盟对外"一站式"打包许可中都有应用,它们由专利联盟单方面起草,而多数被许可人并未对其内容产生直接影响,但囿于现实需要而不得不接受。[4] 由此,为深入探究专利联盟在技术许可中应用格式性契约条款所引发的伦理困境,应以定型化契约条款的运行原理为基础,分别对专利联盟内部封闭性交叉许可和专利联盟对外"一站式"打包许可中契约条款的格式化问题展开具体分析。

1. 专利联盟内部封闭性交叉许可中契约条款的格式化

在专利联盟内部封闭性交叉许可的过程中,格式化的契约条款一般适用于新加入专利联盟的权利主体。虽说专利联盟的初创成员是通过互相协商的个别化契约达成协议,并由此建立起专利联盟运营模式与管理机制的,但是对于新加入专利联盟的市场主体或权利主体而言,则不再具有运用个别化契约的机会,而需要服从专利

---

〔1〕 参见[日]我妻荣:《我妻荣民法讲义V1:债权各论》(上卷),徐慧译,中国法制出版社2008年版,第21页。

〔2〕 参见王洪亮:《债法总论》,北京大学出版社2016年版,第59页。

〔3〕 参见王泽鉴:《消费者的基本权利与消费者的保护》,载《民法学说与判例研究》(第3册),北京大学出版社2009年版,第17-20页。

〔4〕 参见[德]卡尔·拉伦茨:《德国民法通论》,王晓晔等译,法律出版社2003年版,第768页。

联盟初创成员所设定的参与机制,屈从格式化的契约条款,从而获得在专利联盟内部的技术交叉许可。而造成这一情况的原因,即在于构建专利联盟的初创成员大多是掌握某一行业或某一技术领域核心技术的专利权人,这些专利权人形成的专利联盟势必在本行业或本技术领域中具有绝对性垄断权力,而专利联盟封闭性的内部交叉许可也使这一垄断权力得以有效巩固,尤其是当初创成员的很多同质替代性专利技术均被纳入专利联盟中时,专利联盟更会衍生为由技术垄断市场的价格同盟。〔1〕一般市场主体或权利主体要想涉足该行业或该技术领域,必然无法绕开专利联盟的阻碍,加入该专利联盟是他们的唯一选择。但作为加入专利联盟的新成员,要想享有专利联盟中的交叉许可福利就必须要同意格式化的契约条款,接受专利联盟的管控,一方面将其开发的与专利联盟所涉技术领域相关的专利技术授予专利联盟;另一方面以公平、合理、非歧视的条件向专利联盟回授其以联盟内专利为基础而开发的专利技术。〔2〕专利联盟设定这些格式化条款无非是为了规避加入专利联盟的新成员的"搭便车"行为以维持专利联盟的技术优势。然而,一旦专利联盟对相关格式化条款的设定超越了合理界限,则必将构成对新加入专利联盟的市场主体或权利主体的过分压榨,并由此成为专利权益再次分配中伦理争议爆发的重要诱因之一。

2. 专利联盟对外"一站式"打包许可中契约条款的格式化

在专利联盟对外"一站式"打包许可的过程中,格式化的契约条款的适用则往往表现为"打包许可"模式下专利联盟将非必要专利技术或相关边缘产品专利与联盟内的核心专利技术搭售,以此攫取

---

〔1〕 See Ryan Lampe, Petra Moser, *Patent Pools and Innovation in Substitute Technologies—Evidence from the 19th - century Sewing Machine Industry*, 44 The Rand Journal of Economics 757 (2013).

〔2〕 See Reiko Aoki, Sadao Nagaoka, *The Consortium Standard and Patent Pool*, 55 The Economic Review 345 (2004).

高昂的许可费用。[1] 因为格式化契约条款预先拟定且可以重复使用的属性恰好与专利联盟这种利益诉求相契合，使被许可人失去相关契合条款的协商机会，只能笼统地选择是否将专利联盟一站式打包许可的全部内容予以接受。[2] 然而，在实践中，专利联盟利用格式化契约条款所对外展开的"一站式"打包许可，却往往会构成对技术垄断权力及其由此形成的市场支配地位的滥用，并形成对被许可人的技术劫持与倾轧，尤其是当专利联盟内核心专利技术的技术标准上升后，专利联盟利用格式化契约条款在"一站式"打包许可模式下的事实性搭售，必将升级为对标准实施者的拒绝许可或索取不合理的高昂许可费率的标准劫持与倾轧，进而与标准必要专利许可中公平、合理、无歧视的基本伦理准则发生严重背离。[3] 诚然，发明创造或技术成果在被专利制度赋予排他权之前并不属于自由范畴，但这一特权并非通常意义上的垄断，也并非必然生成垄断。[4] 而在专利联盟中情况却发生了改变，某一行业或某一技术领域中的关键性的核心专利技术形成聚集，也就形成了对相关市场的支配。专利联盟利用格式化的契约条款对外展开专利技术的"一站式"打包许可，虽能节约交易成本，方便被许可人进行专利技术的使用，但也使格式化契约条款的弊端暴露无遗，即使专利联盟在其中设置了不合理的条件或限制，被许可人碍于获取专利技术使用许可的强烈需求也往往会选择接受，而也正是这个原因诱发了专利权益再次分配中相关的伦理争议。

---

〔1〕 参见张平、马骁：《标准化与知识产权战略》，知识产权出版社 2002 年版，第 111－112 页。

〔2〕 参见王洪亮：《债法总论》，北京大学出版社 2016 年版，第 58 页。

〔3〕 参见罗娇：《论标准必要专利诉讼的"公平、合理、无歧视"许可——内涵、费率与适用》，载《法学家》2015 年第 3 期。

〔4〕 See Tom G. Palmer, *Are Patents and Copyrights Morally Justified? —The Philosophy of Property Rights and Ideal Objects*, 13 Harvard Journal of Law & Public Policy 817, 826 (1990).

第三节　专利权益分配实践中伦理争议的化解途径

面对专利权益分配过程中主体间利益失衡以及契约机制运转失灵等诱因所造成的伦理争议，无论是专利权益初次分配中职务发明雇员与雇主之间的专利权属的伦理论争、人工智能作为“发明人”时专利权属的伦理纠葛，还是专利权益再次分配里专利权人于市场竞争中技术劫持的伦理非议和专利权人于国际合作中贸易倾轧的伦理异议，专利权益分配机制都必须及时予以应对，找出这些伦理困境与道德纷争的化解方式，使专利权益分配机制在伦理正义的轨道上有序运行。众所周知，专利制度以赋予发明人独占权的方式来激励创新，并以技术的转化运用来实现功效。[1] 这使专利制度不仅具有激励技术创新之功能，更有促进产业发展之效用。[2] 其中，专利制度促进产业发展效用的发挥即是以专利技术的高效转化与充分运用为保障的，而专利技术的转化运用则更是以专利权益的合理配置为根本前提的。若不能将专利权益分配中的伦理争议予以有效化解，专利技术的转化运用势必会陷入伦理论争的漩涡，专利制度推进产业发展的效用也必然无法得以充分发挥。为此，应高度重视专利权益初次分配与再次分配中的各种伦理争议，并从它们的形成诱因出发探寻争议的平息途径，实现专利权益分配的伦理正义。

---

〔1〕 See Lydia P. Loren, Joseph S. Miller, *Intellectual Property Law*: *Cases & Materials*, Semaphore Press, 2010, p. 111 – 112.

〔2〕 参见吴汉东：《设计未来：中国发展与知识产权》，载《法律科学（西北政法大学学报）》2011 年第 4 期。

目的是一切法律制度与规则的缔造者。[1] 专利制度及其权益配置规则也不例外，只有确保专利技术权益归属明确与流转通畅，才能有效推进专利技术成果的高效转化与充分运用，从而实现专利制度促进产业发展的运行目标。因而，要想达到专利制度及其权益配置规则的基本目标，对专利权益分配中呈现的伦理争议绝不可姑息、放纵，而应以习惯、传统形成存在的伦理道德规范为基础，剖析人们内在伦理价值尺度以及社会舆论伦理评价体系对相关问题的态度与观点，并从中进一步提炼出专利权益分配实践的伦理价值导向与原则指引。[2] 与此同时，还应在明确权益分配中的伦理价值位阶与原则框架的基础上，加强专利权益初次分配与再次分配在规则设计与实施中的伦理保障，从而确保专利权益分配的伦理正义得以在专利制度实践中的全面落实。唯有如此，才能真正将专利权益初次分配中主体间利益失衡所引发的伦理难题以及专利权益再次分配中契约机制运行失灵所诱发的伦理困境都予以消除，使专利权益分配机制的具体实践与权益配置与公平正义的基本伦理要求相契合，从而实现专利权益分配实践的伦理回归，彰显专利制度运行的伦理理性。

一、明确权益分配中的伦理价值位阶与原则框架

在专利权益分配实践中，虽说专利权益初次分配与再次分配伦理争议的形成诱因不尽相同，无论是主体之间利益失衡导致的初次分配伦理争执，还是契约机制运行失灵造成的再次分配伦理争端，这些伦理论争从根本上说都是由专利权益分配的伦理价值位阶不明确与伦理原则指引不充分所引起的。通常而言，没有一种基本的

---

〔1〕 参见［德］伯恩·魏德士：《法理学》，丁晓春、吴越译，法律出版社 2013 年版，第 57 页。

〔2〕 参见吴翠丽：《科技伦理：风险社会治理的应对之策》，载单继刚、甘绍平、容敏德主编：《应用伦理：经济、科技与文化》，人民出版社 2008 年版，第 148 页。

社会道德水准和相应的信任与合作关系，经济和物质的生活就不能顺利地发展，甚至有可能陷入崩溃。[1] 在专利权益分配实践中，伦理价值位阶与原则框架的混乱和缺失无疑导致了权益配置的道德迷失以及各方主体之间毫无信任的利益争夺，也正是这个缘故，专利权益分配实践中往往出现利益失衡、运行失灵的问题，相应的伦理争议也由此层出不穷，严重影响了专利权益归属的确定与流转，极大地阻滞了专利技术成果的转化运用，使专利制度促进产业发展的社会功能失去应有效用。为此，有必要明确专利权益分配实践中的伦理价值位阶与原则框架，并力求通过必要的伦理价值选择与伦理原则建构实现专利权益分配的伦理正义。其中，一方面应以专利权益分配的实践特征为出发点展开基本的伦理价值选择；另一方面则应以专利权益分配实践中存在的各种伦理争议为基础确定其中所应遵循的伦理原则。

（一）专利权益分配过程中基本的伦理价值选择

一般来说，伦理正义是包括专利制度在内的所有法律制度，乃至社会制度的首要价值。[2] 在专利权益分配实践中也不例外，正义在这里是指符合伦理道德的权益配置机制的正确结果。[3] 因此，专利权益分配的正义性是为具体实践过程中的终极伦理追求。而在伦理正义的价值位阶之下，其他伦理价值的先后顺序则往往会因具体实践活动的特征而有所差异。[4] 例如，在专利权益分配过程中，首要的伦理正义价值之下与之最为趋近的即为公平与效率两

---

〔1〕 参见何怀宏：《伦理学是什么》，北京大学出版社 2015 年版，第 58 页。

〔2〕 See John Rawls, *A Theory of Justice*, Revised edition, The Belknap Press of Harvard University Press, 1999, p. 10.

〔3〕 参见［德］伯恩·魏德士：《法理学》，丁晓春、吴越译，法律出版社 2013 年版，第 156 页。

〔4〕 参见［德］尼采：《论道德的谱系》，赵千帆译，商务印书馆 2018 年版，第54 – 55 页。

项价值,其他的伦理价值则相对位阶靠后,与伦理正义的关系不那么紧密。进言之,专利权益分配过程中的伦理正义即来自公平与效率之间的价值取舍与抉择。然而,公平与效率两项价值本身却又相互对立,若过度强调权益分配的公平,则势必带来效率的低下,反之若过度注重权益分配的效率也势必会使公平有失。只有实现二者的协调与平衡才能确保专利权益的分配正义,而这不仅是保证专利权益分配伦理正义的必然选择,同时也是包括专利制度在内的所有法律制度必须解决但又难以解决的永恒主题。[1]

价值判断本身是一种利益衡量,意味着对某种价值背后的利益更为看重。[2] 专利权益分配中公平与效率两项价值的博弈,实质上也是一个利益衡量的过程,只有保证两项价值之间有机协调,才能真正实现专利权益分配的利益平衡。正如图 5－2 所示,在专利权益分配中的伦理正义是公平价值与效率价值相互协调、相互兼顾的正义,而非厚此薄彼,有所偏向。具言之,在首要的伦理正义价值的引领下,专利权益分配实践应通过公平与效率两项价值的有机协调来实现作为终极目标的伦理正义,其中,专利权益分配中的公平应是具有效率性的公平;而专利权益分配中的效率则应是公平基础上的效率。由此,为进一步明确专利权益分配过程中基本的伦理价值选择,有必要以终极的伦理正义价值追求为导引,展开对专利权益分配中公平与效率两项价值的具体内涵与相互之间伦理关联的阐释与剖析。

---

〔1〕 参见刘星:《西窗法雨》,法律出版社 2013 年版,第 125 页。

〔2〕 参见梁慧星:《民法解释学》(第 4 版),法律出版社 2015 年版,第 322 页。

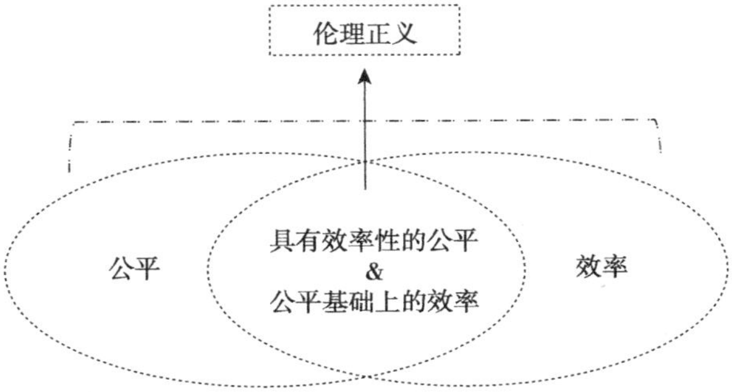

图5-2　专利权益分配中兼顾公平与效率的伦理正义

1. 专利权益分配中的公平是具有效率性的公平

专利权益分配中的公平，在实质上是一种社会层面上的公平，其源于利益对立的强、弱两大群体分化，而这种社会公平理念则是因对弱者权利保护而诞生，并以实现专利权益的分配正义为根本目标。[1] 进言之，专利权益分配中的公平，即意味着专利权益初次分配中的投资主体和与之存在利益对立且相对弱势的发明人主体之间，以及专利权益再次分配中专利权人和与之存在利益对立且相对弱势的被许可人之间的公平。而正是由于专利权益初次分配及再次分配中的各个相对立的利益主体之间本身经济地位的不平等，需要强化对处于弱势地位的发明人、被许可人的保护以避免他们的权益在具体分配中受到其中强势主体的侵夺，甚至导致专利权益分配的不正义与不道德。由此可见，在专利权益分配中，公平的价值保障无疑是实现伦理正义的根本进路。但是，也不能囿于公平对专利权益分配正义的重要作用而不遗余力地一味追求专利权益配置的公平性，却忽视了专利权益分配的效率。正如法谚中所云“迟来的

〔1〕 参见胡玉鸿：《正确理解弱者权利保护中的社会公平原则》，载《法学》2015年第1期。

正义即非正义"[1],缺乏效率性的公平也同样并非实质意义上的公平。因而,在追求专利权益分配正义的过程中,便不能只注重结果上是否公平,必须考虑所付出的时间与资源,即应在充分保证专利权益公平配置的同时也要有效兼顾权益分配的效率。[2] 因此,可以说,在专利权益分配实践中,唯有具有效率性的公平,才是公平价值在其中真正的伦理正义表征。

2. 专利权益分配中的效率是公平基础上的效率

专利权益分配中的效率,在实质上是以现存资源收益的最大化为标准的,其与包括专利制度在内所有法律制度的效率价值追求大致相同。[3] 在专利权益分配实践中,无论是投资者与发明人之间初次分配,还是专利权人与被许可人之间的再次分配,所要实现的伦理正义都应当是一种有效率的正义,是整体价值最大化下的正义,保证专利技术成果得以有效转化与充分运用,使专利制度促进产业发展与推进社会进步的整体效应得以最大限度地发挥。由此可见,在专利权益分配中,效率的价值实现无疑是伦理正义的重要保证。但是,也并不能因此将效率作为专利权益分配正义的唯一指标,过度地追求专利权利的分配效率,将主体之间权益分配的公平性要求置于一旁、不加理会。一旦效率价值被绝对化,而不再考虑公平,就往往会导致权益分配的不均衡,甚至两极分化,造成专利权益分配的运行不稳,影响甚至是从根本上损害效率价值的实现。[4] 因而,在追求专利权益分配正义的过程中,也就不能只讲求权益分

---

[1] 李龙主编:《西方法学经典命题》,江西人民出版社 2006 年版,第 54 页。

[2] 参见熊秉元:《正义的成本:当法律遇上经济学》,东方出版社 2014 年版,第 22 页。

[3] See Robert D. Cooter, Aaron Edlin, et al., *The Importance of Law in Promoting Innovation and Growth*, *Rules for Growth*: *Promoting Innovation and Growth Through Legal Reform*, Ewing Marion Kauffman Foundation, 2011, p. 8.

[4] 参见张文显主编:《法理学》(第 4 版),高等教育出版社、北京大学出版社 2011 年版,第 269 页。

配的效率,以最终结果的效益论处,而必须有效保证各个主体之间的利益平衡,即应在专利权益公平分配的基础上追求专利权益的分配效率,并以此实现专利权益分配实践中公平与效率之间的价值协调,确保专利权益分配的伦理正义。因此,可以说,在专利权益分配实践中,也唯有在公平基础之上的效率,才是伦理正义的根本体现。

(二)专利权益分配过程中所应遵循的伦理原则

在专利权益分配实践中,伦理基本原则是专利权益分配正义的道德衡量标准,是贯彻专利权益分配实践始终的伦理价值尺度,更是认识和处理专利权益分配中各种伦理争议的根本依据。[1] 通常认为,伦理原则源自人类社会生活中长期以来形成的伦理共识,尤其是20世纪中后期以来,面对生命医学研究中的伦理挑战,美国援引了国际法庭审判纳粹时期人体实验罪行的“纽伦堡人体实验法”中通过人类普遍接受的伦理原则的适用以化解先例和相关立法缺乏情况的做法,率先提出了生命医学伦理的四项基本原则,即无害(nonmaleficence)、行善(beneficence)、自主(autonomy)、公正(justice),并逐渐发展成为当今世界现代生命医学的伦理起点。[2] 确切地说,这四项由人类普遍伦理共识所提炼出的伦理基本原则,实质上不仅是生命医学伦理的基本准则,而且应是适用于应用伦理学所有分支领域的伦理原则。[3] 因而,隶属科技伦理、法律伦理以及制度伦理等应用伦理研究范畴的专利制度也不例外,上述四项原则也是专利制度运行的伦理基本原则,而作为专利制度运行重要环节的权益分配,无疑也必然要以这四项原则为其实践指引。

---

〔1〕 参见彭立静:《伦理视野中的知识产权》,知识产权出版社2010年版,第113页。

〔2〕 参见[德]鲁德格·霍内菲尔德:《科学和伦理:面临生物学、基因技术和医学挑战我们肩负的责任》,载单继刚、甘绍平、容敏德主编:《应用伦理:经济、科技与文化》,人民出版社2008年版,第91页。

〔3〕 参见甘绍平、余涌主编:《应用伦理学教程》(第2版),企业管理出版社2017年版,第14页。

如前所述,以人类普遍伦理共识为基础所形成的无害、行善、自主、公正四项生命医学中的伦理基本原则,在专利权益分配实践中也同样可以有效适用,且无丝毫违和。而这些伦理原则之所以适用范围如此广泛,究其根本,则是因为这些伦理原则来自以社会共同体中的不同成员所普遍认同与接受的价值原则、道德规范等为内容的伦理共识。[1] 即使如此,也并不能基于这些伦理原则的普适性而忽视专利权益分配实践的特殊性。为此,有必要以无害、行善、自主、公正这四项伦理基本原则为基础,结合专利权益分配的实践特征进行归纳总结,发掘四项普适性的伦理原则在专利权益分配实践中的具体表现。具体如图5-3所示,在专利权益分配的实践情景下,无害、行善、自主、公正四项伦理基本原则实质上可以被概括为与人为善的有益性原则和以人为本的主体性原则两个层面,其中与人为善的有益性原则是无害与行善两项原则的具体表现;而以人为本的主体性原则则是自由与公正两项原则的突出表现。由此,为进一步理顺专利权益分配过程中所应遵循的伦理原则,有必要分别对与人为善的有益性原则和以人为本的主体性原则的具体内容予以详细的阐释与剖析。

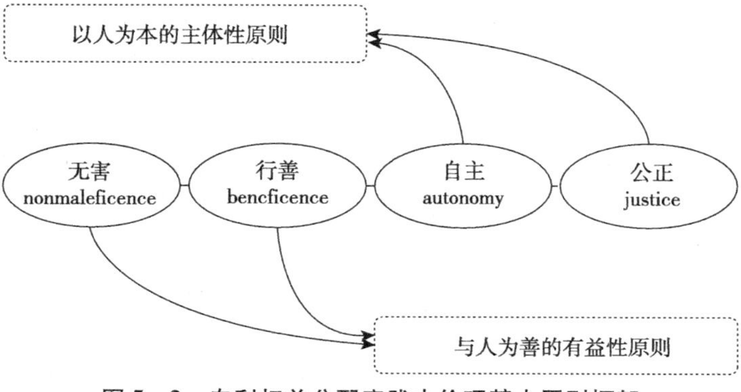

图5-3　专利权益分配实践中伦理基本原则框架

---

〔1〕 参见杨国荣:《论伦理共识》,载《探索与争鸣》2019年第2期。

1. 专利权益分配实践中与人为善的有益性原则

与人为善的有益性原则,要求专利权益的分配应是对他人及社会无害且有益的,即在保证专利权益配置不对他人合法权益及社会公共利益有所危害的基础上,寻求有益于他人合法权益及社会公共利益的权益分配结果,使专利权益分配之"善"的效用得到充分发挥。在普适性的伦理原则框架下,行善原则的适用是以无害原则的落实为基础的。[1] 专利权益分配实践也不例外,在实践中具体化的与人为善的有益性原则下,也同样要首先确保权益的配置是无害的,才能进一步实现权益分配的有益性目标。从某种程度上讲,这是由于专利制度设计本身具有鲜明的政策导向性,其往往被当作一种创新工具,而这就使专利制度成为一把"双刃剑",既拥有着积极的"善"的效用,也潜藏着消极的"恶"的危险。[2] 因此,在专利权益分配的实践过程中,首先应尽力规避专利制度运行的"恶"的危险,不将相关权益配置给那些会触发制度之"恶"的行为人,防止对他人合法权益及社会公共利益造成危害,在此基础上,更应极力发挥专利制度的"善"的效用,推进专利权益的合理配置,确保专利权益分配对他人合法权益及社会公共利益的有益性,使无害与行善的普适性伦理原则在专利权益分配实践中得以充分践行,实现专利权益分配的伦理正义。

2. 专利权益分配实践中以人为本的主体性原则

以人为本的主体性原则,即要求专利权益的分配以作为创新主体的"人"为基础与核心,既注重主体对专利权益的自主的享有与使用,更强调主体之间专利权益的公正配置,使专利权益分配与"人"

---

〔1〕 参见杨建兵、王传中主编:《生物医学伦理学导论》,武汉大学出版社 2007 年版,第 66 页。

〔2〕 See Mark A. Lemley, *Reconceiving Patents in the Age of Venture Capital*, 4 Journal of Small and Emerging Business Law 139 (2000).

的发展需要相契合,并有利于“人”持续性的长远发展。[1] 由此,不难发现,自主与公正两项普适性的伦理原则在其中都有突出的体现。而之所以将一般性的自主原则与公正原则具体表述为以人为本的主体性原则,是因为在专利权益分配实践中的自主与公正都形成于创新主体的“人”及其相互之间。其中,自主原则下主体对专利权益的自由支配是为个人乃至社会的进步源泉;[2] 而公正原则下主体间专利权益的合理配置则更是应当秉持以人为本的基本伦理价值观。[3] 由此,便应立足于以人为本的理念,把作为创新主体的“人”当作专利权益分配实践的出发点和落脚点,并且不断满足主体对于专利权益自主使用与公正配置的基本伦理需要,进而以此实现“人”的全面发展。[4] 无论是发明人与投资者之间专利权属确定的初次分配,还是专利权人与被许可人之间专利权益流转的再次分配,都应遵循以人为本的主体性原则,使普适性的自主原则与公正原则在专利权益分配实践中得到充分贯彻,确保专利权益分配的伦理正义。

二、加强权益分配规则设计与实施中的伦理保障

在专利权益分配实践中,为实现对其存在的各种伦理争议的有效化解,仅仅依靠伦理价值位阶的明晰和伦理基本原则的提炼是远远不够的,还需要在相应伦理价值与伦理原则的指引下,从具体的规则设计与实施着手,提出更为翔实也更具可操作性的策略与措施。这是因为对于实践中具体的专利权益分配伦理争议而言,价值

---

〔1〕 参见罗能生:《论产权主体性原则》,载《吉首大学学报(社会科学版)》2003 年第 4 期。

〔2〕 参见[英]约翰·密尔:《论自由》,许宝骙译,商务印书馆 2005 年版,第65－68 页。

〔3〕 参见袁泽清:《知识产权法律制度的基本伦理原则》,载《贵州社会科学》2018 年第 8 期。

〔4〕 参见曹新明:《知识产权制度伦理性初探》,载《江西社会科学》2005 年第 7 期。

与原则层面的指引即使经过细化与提炼，也还是较为抽象，不能有针对性地将一个个具体化的伦理争议予以化解。当然，这并不是对伦理价值与原则重要作用的否认，伦理层面的价值与原则是人类实践中毫无疑问的活动指南，更是帮助人类更好适应世界的有效工具。[1] 但是，因为伦理价值与伦理原则对于具体伦理争议解决所提供的是一种宏观上的方向指引，在实践中并不能将争议直接化解，因此还需要更具针对性的微观策略。究其根本，这种在伦理价值与伦理原则的宏观指引下，进一步从微观的规则设计与实践层面发掘具体解决措施的做法，是由于法律与伦理虽相互联系、相互影响，但二者在规范价值层次、调整范围、规范方式和强制程度等方面还是存在很大差异的。[2] 因而，要想化解法律制度运行实践中所呈现的伦理争议，不仅需要明确相应的伦理价值位阶与基本原则，更需要在这些伦理价值与伦理原则的指引下，找出法律层面的具体应对措施。鉴于此，对专利权益分配实践中所涌现的各种伦理争议，也应在公平与效率两项价值协调兼顾的伦理正义追求下，以及与人为善的有益性原则和以人为本的主体性原则两项伦理原则的指引下，结合专利权益初次分配和再次分配中伦理问题的不同表现与诱因，有针对性地提出化解伦理争议的微观策略与具体路径，加强专利权益分配规则设计与实施中的伦理保障，从而确保专利权益分配的伦理正义，实现专利制度实践的伦理回归。

(一)专利权益初次分配中实现伦理正义的微观策略与具体路径

专利权益的初次分配，亦即专利权的原始取得过程，是以发明创造的完成为基础，通过专利申请及行政机关的审批实现对专利权

---

〔1〕 参见王巍：《进化与伦理中的后达尔文式康德主义》，载《哲学研究》2011 年第 7 期。

〔2〕 参见刘华：《法律与伦理的关系新论》，载《政治与法律》2002 年第 3 期。

的最初取得，这一过程并不以他人已经存在的专利权为前提。[1]通常而言，作为发明成果创造者的发明人无疑是对应专利权理所应当的所有者。然而，随着发明创造复杂程度日益提升，对市场依赖不断增强，资本、场地等越来越多的物质要素影响了发明成果的创造，发明人智力活动对于最终成果的贡献度也随之下降，由此，作为发明成果创造者的发明人，便不再必然是这些发明成果专利权的原始取得人。[2] 相应地，投资主体在发明成果研发过程中的重要性则与日俱增，并逐渐取代发明人成为专利权的主要原始取得人。从社会分工到机器代工，专利技术研发的合作化与职务化，乃至协同化与智能化的发展趋势，使得专利权益初次分配中发明人与投资者之间的利益争夺愈演愈烈，专利权原始取得过程中主体之间的利益失衡频频显现，专利权益初次分配实践中的伦理争论也由此不断爆发。因而，为化解专利权原始取得过程中主体利益失衡所诱发的相关伦理非议，实现专利权益初次分配的伦理正义，也就需要在专利权益分配的基本伦理价值位阶与伦理原则框架的指引下，以兼顾公平与效率的正义价值追求为导向，遵循与人为善的有益性原则和以人为本的主体性原则，展开微观层面的策略选择与路径设计。进言之，基于当前专利权益初次分配中投资主体所占据的主导地位，在伦理正义的追求中应将不损害个人发明主体利益作为权益初次分配的微观策略，并在此基础上设置多元化的专利权益归属机制，给发明人、投资者等相关主体以更多的权益分配选择，从而充分实现专利权原始取得过程中的分配正义，并将专利权益初次分配实践中的伦理争议予以有效化解。

---

〔1〕 参见郑友德主编：《知识产权法》，高等教育出版社 2004 年版，第 176 页。

〔2〕 See Mark A. Lemley, Mark P. McKenna, *Owning Mark(et)s*, 109 Michigan Law Review 137 (2010).

1. 将有利于个人发明主体作为专利权益初次分配的伦理限制

在专利权益初次分配中，不损害且有利于个人发明主体，既是对具体实践活动的必要伦理限制，同时也是实现权益分配伦理正义之微观策略的关键与重点。这是因为人类的智力创造是发明成果产生的根源所在，而物质层面的支持与保障终究还是辅助性的。因而，为防止合作性的权利归属，专利制度在产生之初便确立了个人发明人的制度安排，[1]即使专利权已由他人所有，发明人的名字也会一直在专利之上。[2] 这不仅是对发明人创造天赋的法律标榜，也是对发明人智力活动在发明成果创造过程中不可替代性的重要昭示。然而，随着多次产业革命的发生，技术创新的过程日益复杂，高昂的物质投入需要使投资者在发明成果创造过程中的地位与日俱增，并逐渐成为发明创造与技术研发的主导者。而社会分工的日渐深化则使发明创造的物质投入主体和智力投入主体进一步走向分离，以作为物质投入主体的投资者原始取得发明成果专利权的职务发明机制便由此发轫，作为雇员的个人发明人则往往不得不屈服于作为物质投资者之雇主的市场选择，即使雇主在利益驱动下侵夺职务发明成果，囿于物质投入在发明创造与技术研发中的不可或缺性，雇员发明人对雇主的过分权益要求往往也并无还手之力。为此，在专利权益初次分配中，尤其是在职务发明专利权益配置的过程中，应格外重视对处于弱势地位的个人发明人的权益保障，并可以借鉴劳动法律制度中要求雇主作出有利于处于弱势地位的雇员及劳动者之“总体允诺”的做法，在专利权益初次分配中设置权益配

---

〔1〕 James Manyika et al., *Disruptive Technologies: Advances that Will Transform Life, Business, and the Global Economy*, McKinsey & Company, 2013, p. 122 - 132.

〔2〕 See Justin Hughes, *The Philosophy of Intellectual Property*, 77 Georgetown Law Journal 287 (1988).

置必须有利于个人发明主体的伦理限制。[1] 无独有偶，人工智能技术的飞速发展则更使发明创造不再为人类所垄断，人工智能具备了自主的认知、决策与发明的“主体性”特征，在人机交互实践中其能够替代人类完成越来越多的创造性工作，但必须注意，我们发展人工智能旨在增强人类智能而非替代人类，相关发明创造的生成在根本上仍要以人类的伦理诉求与道德判断为出发点，相应专利权益的分配也应以参与人机交互的个人发明人为基础。[2] 因此可以说，在人工智能扮演“发明人”角色的人机交互中，专利权益初次分配中有利于个人发明主体的伦理限制也同样应予适用。

2. 以多元化的专利权益归属机制化解初次分配中的伦理争议

为实现专利权益初次分配的伦理正义，仅仅设置有利于个人发明主体的伦理限制是远远不够的，还需要在这一微观策略的指引下设定多元化的专利权益归属机制，给予发明人、投资者等各方主体以充分的选择权，并以此将专利权益初次分配中的伦理争议予以化解。一般来说，在专利权益初次分配中，这种多元化权益归属是通过各方主体之间平等协商的约定来实现的，各方既可以约定发明成果的专利权归于发明人或投资者等其中任何一方，也可以约定专利权由各方共同共有或按份共有。尤其是在当前市场环境瞬息万变、技术革新持续推进的情况下，发明创造何时使用、何时商业化都与发明人、投资者等相关主体的利益密切相关，通过多元化的专利权益归属，给予各方主体以更多自主性与灵活性来决定专利权益的配置也是必然的发展趋势。[3] 在职务发明关系中，这一趋势往往表

---

〔1〕 参见[德]雷蒙德·瓦尔特曼:《德国劳动法》,沈建峰译,法律出版社 2014 年版,第 85 页。

〔2〕 参见段伟文:《人工智能时代的价值审度与伦理调适》,载《中国人民大学学报》2017 年第 6 期。

〔3〕 See Robert P. Merges, *Individual Creators in the Cultural Commons*, 95 Cornell Law Review 793 (2010).

现得更为突出,雇主与雇员发明人对职务发明创造专利权多元化的约定归属,无疑能够更加契合市场与技术的需要,也能够更加符合双方的利益诉求。也正是这个原因,在职务发明专利权利配置中约定归属是具有效力上的优先性的,只有在当事人没有共同约定或约定失效的情况下,才按照法定的方式分配专利权益。[1] 毋庸置疑,在意思自治的多元化专利权属机制下,各方主体获得了自主分配发明创造专利权益的自由。但是,必须格外注意的是,这种自由也并不是不受限制的自由,同时也不能只注重形式上的自由平等而忽视投资者在权益配置中所固有的优势地位。[2] 因而,为确保专利权益的分配正义,必须对主体间专利权属的约定加以限制,要求相关约定不得损害处于弱势地位的个人发明人的权益,概言之,多元化的专利权益归属机制应当是在专利权益初次分配中有利于个人发明的伦理限制与微观策略之下运行的。而在职务发明专利权属的约定优先模式下,基于雇主与雇员发明人实质上的地位差异,无疑更需要对约定归属的范围加以限制,在意思自治的基础上还需要重视权益配置的公平性。[3] 诚然,在雇主与雇员发明人就职务发明的专利权归属进行约定的过程中,双方在形式上处于平等地位,但实际上对雇员发明人来说该约定却经常是一项单方的"不平等条约",此时的雇员发明人所享有的自由就像劳动合同关系中雇员的"鸟自由"一样,是一种毫无实质意义的自由。[4] 为此,也应将专利权益初次分配中有利于个人发明主体的伦理限制与微观策略在职

---

〔1〕 参见王瑞龙:《知识产权共有的约定优先原则》,载《政法论丛》2014 年第 5 期。

〔2〕 See William P. Hovell, *Patent Ownership: An Employer's Rights to His Employee's Invention*, 58 Notre Dame Law Review 863 (1983).

〔3〕 参见和育东、杨正宇:《中美职务发明限制约定优先原则的比较及启示》,载《苏州大学学报(法学版)》2014 年第 4 期。

〔4〕 雇员的"鸟自由",是指雇员像天空中的飞鸟一样自由,但有随时被射杀的高度危险,因而是一种毫无实质意义的自由。参见[德]汉斯·布洛克斯等:《德国民法总论》(第 33 版),张艳译,中国人民大学出版社 2014 年版,第 19 页。

务发明约定专利权属中予以贯彻，要求双方对职务发明专利权属所作出的约定必须是对雇员发明人有利的，其中任何不利于雇员发明人的约定都应当是无效的。[1]

（二）专利权益再次分配中实现伦理正义的微观策略与具体路径

专利权益的再次分配，则发生于专利权或专利使用权能的流转过程，在这一过程中专利权以及专利使用权能的获取都不是原始性的，而是通过专利转让或许可等交易行为从原有权利人手中继受而来的。[2] 易言之，专利权益的再次分配实质上就是专利权益的交易过程。对于市场主体而言，虽说通过自主创新以原始取得的方式得以在初次分配中获得专利权益，是其掌控并应用相关发明成果最为有效且应长期坚持的方法，但是在很大情况下专利技术研发的超长周期往往并不允许市场主体采用这种方式，而只能通过专利权益的再次分配，从原有专利权手中交易取得专利权或其使用权能以满足在短时间内加强薄弱环节或者改变竞争点的市场竞争需要。[3] 在专利权益再次分配的专利交易过程中，基于专利技术或专利产品的市场稀缺性以及交易双方所掌控专利技术资讯的不对称性，专利权人无疑处于优势地位，掌控着是否交易专利技术以及采用何种方式与价格交易专利技术的主动权，而交易相对人则往往并没有太多的选择机会，尤其是在专利技术或专利产品的替代性较低时这一情况则更为凸显。[4] 一旦专利权人不当利用其优势地位，拒绝专利交易、要求不公平的交易价格或设置不合理的交易条件，则势必会使专利权益的再次分配有悖伦理正义的轨迹。诸如市场竞争中以

---

[1] 参见郑其斌：《论职务发明与非职务发明的区分原则——从专利法和劳动法双重角度的探讨》，载《中国劳动关系学院学报》2009 年第 4 期。

[2] 参见江平主编：《民法学》，中国政法大学出版社 2011 年版，第 306－307 页。

[3] 参见李芬莲：《知识产权的继受取得》，载《电子知识产权》2007 年第 5 期。

[4] 参见邱永清：《专利许可合同法律问题研究》，法律出版社 2010 年版，第 21 页。

标准必要专利权人市场强权为典型代表的技术劫持,以及国际合作中以医药产品专利权人国际强权为典型代表的贸易倾轧等专利权益再次分配中伦理争议的形成诱因,无疑也都是专利权人对其优势交易地位的滥用。因而,要想将专利权益再次分配中的伦理争论予以有效化解,则也应在专利权益分配的基本伦理价值位阶与伦理原则框架的指引下,以兼顾公平与效率的正义价值追求为导向,遵循以与人为善的有益性原则和人为本的主体性原则。一方面,坚持诚实信用与公序良俗等基本法律原则在专利权益再次分配中的实践伦理底线效应,并以此作为专利权益再次分配的微观策略;另一方面,建构多元化的专利权益交易机制,给予专利权人与交易相对人以更多样的具体专利交易路径,降低专利权人滥用其优势地位的可能性,力求使其中的伦理争议都失去自身产生的诱因,进而实现专利权益再次分配的伦理正义。

1. 将诚实信用与公序良俗作为专利权益再次分配的伦理底线

在专利权益再次分配中,诚实信用与公序良俗的要求是专利权人在专利交易活动中不容突破的伦理底线,同时也是实现权益分配伦理正义之微观策略的核心内容。这是因为在以契约机制为主要交易模式的专利权益再次分配实践中,作为民事主体行为基本原则的诚实信用与公序良俗无疑也是专利权或其使用权能流转中不可违背的伦理准则。进言之,诱发专利权益再次分配中伦理争议的契约机制运作失灵,在很大程度上也是由于专利权人在专利交易中对诚实信用与公序良俗的背离。通常而言,法律行为的伦理正义是通过主观价值标准来判断的,即将自由意志作为判断法律行为是否正义的标准,因而自治性基本上就能够满足法律行为伦理性的要求。[1] 在专利权益再次分配的过程中也是一样,不仅专利权人对其权利的让与或权利使用权能的许可应是在自由意志支配下作出

〔1〕 参见易军:《法律行为制度的伦理基础》,载《中国社会科学》2004年第6期。

的，同时交易相对方支付对价的行为也应是在自由意志支配下作出的，双方应坚守最基本的诚实信用理念，实现专利交易契约的公正缔结，并诚信地履行契约义务，尤其是专利权人不得滥用其在缔约过程中的优势地位，进行有违诚信的不当行为。[1] 不仅如此，专利权人与交易相对人就权利或其使用权能移转进行约定的，也不得有违公共秩序与善良风俗的基本要求，即无论是契约的内容还是契约缔结的方式，都不得有损国家利益、社会公益和社会道德秩序。[2] 其中对不违背公序良俗的格外强调，是因为专利法律制度本身系以"人"为本位，"人的互相尊重"即是其伦理基础之所在，而在这一伦理基础之下个人之自由的范围及权利的行使应考虑他人或更高的价值利益，不能仅仅追求自身的价值实现，故自由得因维护公共秩序或善良风俗的必要而受限制，其社会性亦应扩大及于对弱势者的关怀。[3] 专利权益再次分配中的契约自由当然也并不例外，无论是专利权人还是交易相对人，其缔约与履约的自由都应在公序良俗的允许范围内而不得有所僭越，尤其是专利权人更不应利用其地位优势而劫持或倾轧处于弱势的交易相对人。因此，可以说，在专利权益再次分配中，诚实信用与公序良俗都必须被作为伦理准则与道德底线而严格遵守，也只有如此，才能切实保证专利权益再次分配的伦理正义。

2. 以多元化的专利权益交易机制化解再次分配中的伦理争议

为化解专利权益再次分配过程中由契约机制运转失灵所诱发的伦理争议，仅以诚实信用与公序良俗作为交易双方在权益分配的缔约与履约中的伦理准则与道德底线无疑是不够的，在这一微观策略的基础上还需要通过外部干预的方式建构起多元化的专利权益

---

〔1〕 参见王洪亮：《债法总论》，北京大学出版社 2016 年版，第 83 - 85 页。

〔2〕 参见韩世远：《合同法总论》（第 3 版），法律出版社 2011 年版，第 42 - 43 页。

〔3〕 参见王泽鉴：《民法总则》，北京大学出版社 2009 年版，第 28 - 29 页。

交易机制，对契约机制下专利权人对交易相对人的技术劫持与贸易倾轧行为予以必要限制，保证专利权益再次分配的伦理正义。一般来说，在专利权益再次分配中，这种多元化权益交易机制是在政府行政权力的干预下形成的，即在传统的契约机制之外建立起辅助性的专利权益交易方式以弥补契约机制的不足。根据行政权力干预强度的不同，相关的辅助性专利权益交易方式大致可以划分为两种类型：一是以专利当然许可为典型代表的专利技术交易平台化模式，即通过专利技术交易平台的设置使相关专利技术的市场交易由专利权人与交易相对人运行契约机制的逐一交易或打包交易的"专利集市"形式，转变为专利当然许可模式下无需同权利人协商而直接根据专利的当然许可声明实施专利技术的"专利超市"形式；[1] 二是以专利强制许可为典型代表的专利技术强制交易模式，即在关乎公共利益的特定情况下，由政府公权力介入，强制进行专利交易，允许专利权人之外的其他人在没有获得专利权人同意甚至专利权人反对的情况下使用其所创造的专利技术成果。[2] 毋庸置疑，上述两种模式可以在很大程度对专利权益再次分配中的契约机制运行失灵问题予以克服，但二者终归是辅助性的，政府公权力的干预当然也应有所界限。专利技术交易平台的当然许可的模式设计就决定了其适用范围的局限性，在相关专利交易平台之上出现的专利技术大多只是企业的非核心专利技术或者国家政策支持下具有有益性质的专利技术。[3] 而以专利强制许可为代表的专利技术强制交易模式在适用本身具有严格的限制，只有在严重危及公共安全、

---

〔1〕 参见曾学东：《专利当然许可制度的建构逻辑与实施愿景》，载《知识产权》2016年第11期。

〔2〕 参见郭寿康、左晓东：《专利强制许可制度的利益平衡》，载《知识产权》2006年第2期。

〔3〕 参见刘鑫：《专利当然许可的制度定位与规则重构——兼评〈专利法修订草案（送审稿）〉的相关条款》，载《科技进步与对策》2018年第15期。

公共健康等关涉社会公共利益的紧急情况下才能运行。[1] 因此可以说,在多元化的专利权益交易机制之下,专利权人与交易相对人平等协商的契约机制仍然是专利权益再次分配的主要方式,而专利技术交易平台化模式和专利技术的强制交易模式都只有在特定的情况下才能适用。这样一来,不仅使专利权益再次分配中专利权人与交易相对人之间的意思自治得以有效保障,也使诱发伦理争议的契约机制运行失灵问题在行政权力的干预下得以有效控制,从而充分保证了专利权益再次分配的伦理正义。

本章小结

作为专利制度运行的重要环节,专利权益分配既直接决定了各个创新主体与市场主体之间的相互关系,同时也制约了发明创造或技术成果的转化方式与运用范围。相应地,主体之间权益配置公正与否以及专利发明成果的转化运用效果如何,也影响着专利权益分配与伦理正义的契合程度,若有所偏离,则势必会引发专利权益分配实践中的伦理争议。具言之,在专利权益的初次分配中,发明人与投资者等利益相关人之间对于专利权属的争夺是伦理争议的主要表现。从社会分工到机器代工,专利技术研发模式的不断演进,也使伦理争议的焦点不断改变。例如,在社会分工之下的职务发明关系中,相关争议即集中于雇员与雇主之间的职务发明成果专利权属的伦理辩驳;[2] 而在人工智能作为"发明人"的机器代工场景下,相关争议的重点则在于人工智能主体资格缺失情况下专利权属确

---

[1] 参见林秀芹:《中国专利强制许可制度的完善》,载《法学研究》2006 年第 6 期。

[2] See David R. Hannah, *Who Owns Ideas? An Investigation of Employees' Beliefs about the Legal Ownership of Ideas*, 13 Creativity & Innovation Management 216 (2004).

定的伦理纠葛。[1] 在专利权益的再次分配中，伦理争议则主要表现为专利权人在权益交易中对自身优势地位的不当利用。例如，在专利市场竞争中，专利权人往往会利用优势地位展开对交易相对人的技术劫持，尤其是当专利技术上升为技术标准后，专利权人的以技术成果因为基础的市场优势会升级为技术标准为基础的市场强权，而由此引发的专利技术转化运用的阻滞也会使技术劫持面临更为激烈的伦理非议。[2] 而在专利国际合作中，专利权人则会利用优势地位展开对交易相对人的贸易倾轧，尤其是在医药产品的相关专利技术许可中，发达国家的专利权人以关键性专利为筹码对发展中国家广大技术实施者所进行的贸易倾轧，这不仅是对发展中国家技术发展的阻碍，更会使广大发展中国家爆发医药产品供给不足的严重公共健康危机。[3]

无论是专利权益初次分配中发明人与投资者利益相关人之间对专利权属的伦理论争，还是专利权益再次分配中专利权人不当利用自身优势地位所造成的伦理非难，所有伦理争议都并非凭空而来，它们都有自身的形成诱因。具言之，在专利权益初次分配中，伦理争议的形成诱因在于发明人、投资者等相关主体之间的利益失衡。随着专业化分工的深化，研发主体的职能日益细化，而集群式创新的发展，使投资主体地位日渐提升，因而相应的专利权益配置也往往更为偏向投资主体。诚然，与发明人的智力投入相比，投资者的物质投入是无法靠天性的愉悦来推动的，更需要相应的制度给予保障，[4] 但这却无疑会进一步加剧主体间的利益失衡，并诱发严

---

〔1〕 参见吴汉东：《人工智能生成发明的专利法之问》，载《当代法学》2019 年第 4 期。

〔2〕 See Michael Abramowicz, John F. Duffy, *Intellectual Property for Market Experimentation*, 83 New York University Law Review 337 (2008).

〔3〕 See Graham Dutfield, *Delivering Drugs to the Poor: Will the TRIPS Amendment Help*, 34 American Journal of Law & Medicine 107 (2008).

〔4〕 参见李琛：《知识产权法基本功能之重解》，载《知识产权》2014 年第 7 期。

重的伦理争议。例如,在职务发明制度中对投资者的保障就使“雇主优先”和“雇员优先”两种立法模式都呈现了“厚雇主主义”的价值取向。而在专利权益再次分配中,伦理争议的形成诱因则在于实现专利权益流转与交易以及专利制度价值之主要方式的契约机制的运转失灵。[1] 实践中,专利权人在技术交易中往往利用优势地位主导契约内容,其中,过度寻求专利技术许可使用费率或者过度区别对待专利技术被许可人的行为无疑都是不公平且不合理的。而专利联盟内部封闭性交叉许可与对外“一站式”打包许可中契约条款的格式性设定也势必会使被许可人甚至被不合理的条件限制失去应有的选择机会,致使相关伦理争议进一步加剧。

综上,为化解专利权益分配实践中的伦理争议,使专利权益分配的具体实践回归伦理正义的轨道,有必要明确专利权益分配的伦理价值位阶与原则框架,并在此基础上加强专利权益分配规则的设计与实施中的伦理保障。之所以在专利权益初次分配与再次分配实践中会爆发伦理争议,其最为根本的原因在于专利权益分配的伦理价值位阶不明确与伦理原则指引不充分。要想化解这些伦理争议,首先应明确专利权益分配的伦理价值导向与原则指引。在伦理价值的选择中,正义是各种社会制度、法律制度的首要价值,对专利制度也是同样。[2] 而在伦理正义价值之下则需要有效平衡公平与效率两项价值的关系才能保证为专利权益分配实践提供正确的价值导向;而在伦理原则的建构中,生命医学研究发展带来的无害、行善、自主、公正四项伦理原则,是能够适用于所有应用伦理学分支领

---

〔1〕 See Raymond T. Nimmer, *Breaking Barriers: The Relation between Contract and Intellectual Property Law*, 13 Berkeley Technology Law Journal 832 (1998).

〔2〕 See John Rawls, *A Theory of Justice*, Revised Edition, The Belknap Press of Harvard University Press, 1999, p. 10.

域的通用原则，在专利权益分配实践中同样适用。[1] 但根据专利权益分配的具体特征，可以将这四项伦理原则概括为与人为善的有益性原则和以人为本的主体性原则，从而更好地指导实践活动。不仅如此，在明晰伦理价值导向与原则指引的基础上，还应从具体规则设计与实施着手，提出实现专利权益分配伦理正义的微观策略与措施。一方面应将有利于个人发明主体作为专利权益初次分配的伦理限制并以多元化的专利权益归属机制化解初次分配中的伦理争议；另一方面则应将诚实信用与公序良俗作为专利权益再次分配的伦理底线并以多元化的专利权益交易机制化解再次分配中的伦理争议。

---

〔1〕 参见甘绍平、余涌主编：《应用伦理学教程》（第 2 版），企业管理出版社 2017 年版，第 14 页。

第六章　我国应对专利制度伦理问题的相关法律方略

在漫长的历史进程中，人类伦理价值观念的起承转合历经纷繁嬗变，虽说不同的文化传统与风土人情会使其在表现形式上有所差异，但却总是难以逃脱人性化价值的“总的主题”导向、“总的基点”支撑与“总的色调”投射，而作为人类基本行为规范的伦理道德也以越来越人性化的普遍价值使人类服膺，并指导着人类社会的各项实践活动。[1] 在专利制度安排之中，伦理困境的出现无非是其制度设计与制度实践对人性化之普遍价值下基本伦理底线与道德准则的突破与背离。尤其是随着各项专利国际公约的相继缔结，全球专利制度一体化的不断推进以及专利合作、区域专利联盟的出现使国际专利制度供给日益丰富，[2] 相应地，专利制度设计本身与运行实践中所呈现的伦理困境与道德风险往往也会突破地域限制而在全球范围内普遍存在，世界各个国家和地区无一能够幸免。在我国，专利制度虽起步较晚，但却发展迅速，自 20 世纪 80 年代中期我国现代专利制度建立以来，历经数次修改，已形成相对健全且与国际公约要求相符合的制度体系。[3] 相应地，在我国专利制度安排与

---

〔1〕 参见甘绍平：《伦理学的当代建构》，中国发展出版社 2015 年版，第 23－27 页。

〔2〕 参见易继明、初萌：《全球专利格局下的中国专利战略》，载《知识产权》2019 年第 8 期。

〔3〕 参见吴汉东、刘鑫：《改革开放四十年的中国知识产权法》，载《山东大学学报（哲学社会科学版）》2018 年第 3 期。

实践中，也同样衍生了相似的伦理困境与道德风险。不仅如此，由于我国经济社会发展飞快，而保障科技创新的专利制度建立时间较短，专利制度中的伦理问题往往更为凸显。鉴于此，有必要以人性化的普遍伦理价值与道德规范为指引，立足我国历史文化传统与经济社会的发展过程，探究我国专利制度中伦理困境与道德风险涌现的独特缘由，并以此为基础明确我国开展专利制度伦理考量的现实需要，梳理出我国应对专利制度伦理问题的基本路径及化解专利制度伦理问题的具体安排，从而作出我国面对专利制度伦理问题的合理策略选择，实现我国专利制度设计与运行的伦理正义，并以人性化的价值导向与道德指引彰显我国专利制度的伦理理性。

第一节　我国开展专利制度伦理衡量的现实需要

与欧美国家相比，我国专利制度的发展晚了二三百年，从最初在帝国主义"坚船利炮"压制下的被动接受，到中华人民共和国成立和改革开放后的主动调整，专利制度在我国不过百余年，但我国却仅用这短暂的时间、几经波折地完成现代专利制度体系建构，并实现了专利制度与国际接轨。专利制度自清末进入我国以来，经历了从"逼我所用"到"为我所用"的立法变迁和从被动移植到主动创制的政策演进。[1] 改革开放以来，1984年《专利法》的颁布开启了我国专利制度发展的新纪元，使我国专利制度进入了发展的"快车道"，虽说此时专利制度的发展与变革是从我国本土国情出发的，但其中仍有国际社会外部压力的影响。直到进入21世纪，我国专利制度才可以说是相对完善，尤其是2008年《国家知识产权战略纲

---

〔1〕 参见吴汉东：《中国知识产权法制建设的评价与反思》，载《中国法学》2009年第1期。

要》实施以来，专利制度更是被上升到国家战略的高度。然而，在具体的专利制度运行中，却仍然存在这样、那样的问题，与专利制度相关的伦理挑战与道德风险也是层出不穷。而这种情况的出现，与专利制度的短暂发展历史和坎坷发展过程密切相关，本土性的伦理文化根基与体系性的伦理道德指引的缺失，其无疑是专利制度设计与实践中所呈现的伦理问题在我国更为凸显的根本原因所在。由此，为进一步了解我国开展专利制度伦理考量的强烈现实需要，有必要以我国专利制度的独特发展历程为基础，厘清我国缺少本土性的伦理土壤和体系性的伦理指引等客观情形对专利制度伦理困境产生所具有的额外影响，并为我国专利制度伦理问题的解决提供必要参考与创造有利条件。

一、我国专利制度设计缺失本土性的伦理土壤

专利制度在我国是一项“舶来品”，其最初以法律规范在清末出现，但却是帝国主义列强为自身利益施加压力的结果，而并非源于我国本土经济社会发展的原生需要。[1] 不仅如此，在我国传统文化观念与社会价值理念中也并不存在包括专利制度生成与发展的伦理根基。从洪仁玕在《资政新篇》最早提出要建立专利制度的思想，到洋务运动中设立“官督商办”企业的10年专利权，再到维新变法中第一部专利法规《振兴工艺给奖章程》的诞生，专利制度雏形在我国的显现实质是列强外部压力影响下各阶层仁人志士救亡图存的一种尝试。[2] 时至近代，北洋政府1912年颁布的《奖励工艺品暂行章程》，南京国民政府1928年颁布的《奖励工艺品暂行条例》以及1944年颁布的《中华民国专利法》，虽使专利制度在我国初见端

---

〔1〕 参见李永胜：《清末中外修约谈判中的知识产权保护问题》，载《大连大学学报》2012年第4期。

〔2〕 参见徐海燕：《中国近现代专利制度研究（1859～1949）》，知识产权出版社2010年版，第74页。

倪，但囿于当时经济社会发展水平的制约，制度设计上只是被动地生搬硬套西方国家专利制度，并没有结合我国实际需要，致使相关法律规范也只是“徒有其表”，并未获得有效实施。[1] 中华人民共和国成立后，我国经历从专利与奖励双轨制到单一发明奖励机制的缓慢过渡，直到1984年《专利法》颁布与实施才使专利制度真正在我国得以确立。在这之后的三十余年里，我国开启了专利制度的主动调整，数次修改《专利法》，使专利制度逐步成为科技创新的法律保障和经济发展的制度支撑。[2] 诚然如此，专利制度在我国传统文化观念与社会价值理念中伦理根基缺失的问题，并不会随着我国专利制度从被动性接受到主动性调整的转变而立即化解。这是因为传统文化观念与社会价值理念是在长期的历史演进中形成的，要想将其转变也同样需要较长的时间予以磨合，并非像专利制度的调整一样可以立竿见影。鉴于此，为深入了解我国专利制度缺失本土性伦理土壤的具体表征，应分别从我国传统文化观念和社会价值理念入手，使我国专利制度生成与发展中缺少内在伦理基础以及存在外部伦理阻碍的客观情况得以充分展现。

（一）我国传统文化观念中缺少专利制度生成的内在伦理基础

专利制度肇始于西方资本主义商品经济的发展，从文艺复兴到启蒙运动，早期资产阶级个人主义、自由主义、理性主义的思想观念无疑是其生成的伦理基础，在西方早期专利制度文本中，字里行间也无不浸透着自然法学派崇尚权利和个人自由，追求人的理性的伦理价值观念。[3] 然而，在我国传统文化观念中却不存在这样的思

---

〔1〕 参见赵娟霞：《近代中国的知识产权制度安排》，载《江西财经大学学报》2010年第1期。

〔2〕 参见吴汉东、刘鑫：《改革开放四十年的中国知识产权法》，载《山东大学学报（哲学社会科学版）》2018年第3期。

〔3〕 参见吴汉东主编：《中国知识产权理论体系研究》，商务印书馆2018年版，第388－390页。

想观念，相应地，专利制度也并不具备原生的伦理基础。即使通过法律移植将专利制度引入，其个人主义、自由主义、理性主义下的财产权利运行机制也无法获得配套的伦理道德保障。正如孟德斯鸠在论及立法的意图与效果时所谈到的，相似的法律不一定有相似的动机、同时也不一定会有相同的效果。[1] 我国近代曾照搬欧美发达国家的专利制度，但其法律移植的动机却是被动性的，制度实施的效果也与欧美发达国家大相径庭。究其根本，这是因为我国传统文化观念中缺少专利制度生成的内在伦理基础。具言之，以我国传统文化为基础所形成的伦理观念，在实质上是与专利制度生成所需的伦理基础不相契合，甚至相互背离的。如图 6－1 所示，我国传统伦理文化观念是义务本位，相关财产权利的授予及保障也往往是不完全的，[2]而专利制度则发轫于西方对财产权自然权利假说的权利本位理论，虽然 20 世纪初民事法律制度出现了由完全的权利本位向兼顾义务本位的转变，专利制度也开始在保障个人权益的同时兼顾公共利益，[3]但这与我国传统伦理文化中排斥权利的完全性义务本位是有本质差别的。不仅如此，我国传统文化中所蕴含的专制主义价值导向，以及以“三纲五常”“家族宗法”等礼法枷锁之下的人伦理性为基础重义轻利的道德观念，无疑也是与专利制度生成与发展所要求的个人理性导向下的私有财产神圣不可侵犯的思想观念相去甚远的。[4] 由此可见，我国传统文化中义务本位的、专制主义的、人伦理性的伦理观念，是与专利制度生成中权利本位的、自由主义的、个人理性的伦理要求一一对应且又相互对立的，而这也

---

〔1〕 参见[法]孟德斯鸠：《论法的精神》，袁岳编译，中国长安出版社 2010 年版，第 203－204 页。

〔2〕 参见朱勇主编：《中国民法近代化研究》，中国政法大学出版社 2006 年版，第 16－17 页。

〔3〕 参见刘春田主编：《知识产权法》（第 2 版），高等教育出版社 2003 年版，第 146 页。

〔4〕 参见章海山：《中西伦理思想比较研究初探》，载《学术研究》1993 年第 2 期。

正是我国传统文化观念中缺少专利制度生成之内在伦理基础的根源所在。

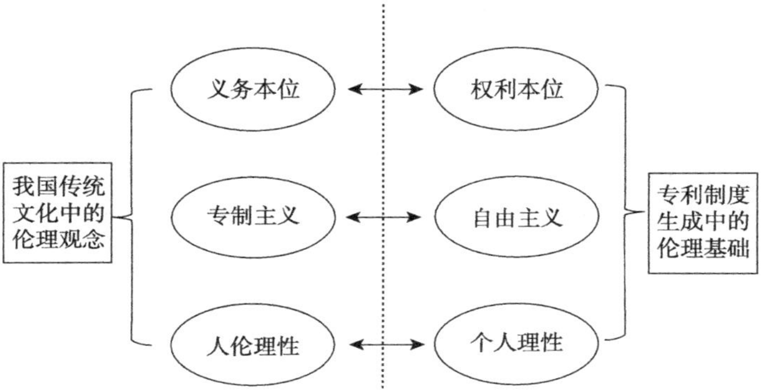

图 6－1　我国传统伦理观念与专利制度伦理基础的对应关系

诚然，由不同文化传统所形成相异伦理道德系统并不是任意的或相对的，它们所调整的很多问题都是具有共性并且在人类社会中普遍存在的，但不容否认的是，在不同传统文化观念影响下所形成的伦理道德系统在价值取向与调整方式上必然有所差异，甚至完全相反。[1] 例如，专利制度就是在西方资产阶级思想观念与伦理道德影响下所形成的鼓励与保护发明创造与技术成果的制度设计。毋庸置疑，发明创造与科技创新是人类社会发展进步的必然趋势，对创新的鼓励以及相关成果的保护也当然是不同伦理道德系统普遍需要调整的共性问题，而在我国长期以来小农经济基础上所形成的以"三纲五常""家族宗法"为核心的传统伦理文化情景下，精神性的荣誉与表彰往往是对发明创造者的最大褒奖。从技术属性来说，这是因为在农业社会，技术基本上都是经验性的，它们并没有任

---

〔1〕 参见王巍：《进化与伦理中的后达尔文式康德主义》，载《哲学研究》2011 年第 7 期。

何经济上的考虑。[1] 但其中更为本质的原因则是小农经济本身自给自足的封闭性,并不存在过多的商品流通,加之家族宗法与纲常伦理对人的严格控制,即使给予发明创造者以相应的独占性财产权利,也并不能起到应有的效果。因而,若将建立在权利本位、自由主义与个人理性的思想基础之上的专利制度移植于我国义务本位、专制主义及人伦理性的传统文化土壤中,势必会出现缺乏制度生成伦理基础的"水土不服"问题。而传统伦理文化所固有的惰性也会使专利制度设计与运行中所存在的伦理难题与争议在我国表现得更为突出。[2] 为此,要想确保专利制度安排的伦理正义,则不仅要从专利制度的具体架构设计与运行实践本身入手,还需要对我国传统伦理文化中缺少专利制度生成的内在伦理基础的客观情况进行进一步综合分析,从而探寻我国专利制度伦理困境的应对之策。

(二)我国社会价值理念中存在专利制度延展的外部伦理阻碍

专利制度在我国虽起始于清末的维新变法,且历经社会变革几易其本,但其真正意义上的出现则是在我国改革开放之后的 1984 年,这一年颁布了《专利法》。在此之前,诸如《振兴工艺给奖章程》《奖励工艺品暂行章程》《奖励工艺品暂行条例》《中华民国专利法》等相关专利法律文本,无一例外地都未与我国社会当时的现实需要相结合,因而它们也都未能被予以充分实施。[3] 之所以这些法律文件会存在这样的问题,在本质上是由于当时我国经济社会发展水平并不能满足专利制度运行的客观条件。受封建社会长期以来重农抑商政策的影响,农业生产是当时社会的经济支撑,土地所有权

〔1〕 参见林毅夫:《制度、技术与中国农业发展》,格致出版社、上海三联书店、上海人民出版社 2014 年版,第 197 页。

〔2〕 参见吴汉东:《知识产权法价值的中国语境解读》,载《中国法学》2013 年第 4 期。

〔3〕 参见南振兴:《中国历史技术演变与知识产品制度变迁的绩效》,载《河北经贸大学学报》2007 年第 1 期。

则是确保粮食生产、人口增长与社会发展的根本需要，与此同时，由于工业生产的极度落后，刺激研究开发并保证社会工业发展的专利财产权无疑也就失去了发展空间，虽说曾存在过短期的民族工业蓬勃发展，但却并未形成规模，无法为专利制度提供发展的土壤。[1] 不仅如此，在农业生产为主的经济模式下的社会结构是一种具有浓厚乡土气息的"生于斯且死于斯"的熟人社会，人与人之间的信任源自相互之间的熟识以及由此而生的一种不假思索的可靠性，而用以维系社会的道德体系也是一种"君君臣臣""父父子子"的差序格局。[2] 在这样的社会结构及伦理道德格局下，专利制度也就自然而然地失去了发展的机会。由于社会结构的相对封闭以及熟人社会中人们信息的完全对称与阶层的长期稳定，人与人之间的交流互动往往依据约定俗成的规矩而无需采用法律强制下的权利话语。[3] 而严格差序格局的社会伦理道德体系也不允许个人以财产权利的形成对发明创造或技术成果予以独占，取而代之的则是由宗族的族长或家长决定给予发明人以一定的表彰与奖励。[4] 因此，可以说，这种农业文明下的熟人社会及其差序格局的道德体系，无疑是近代专利制度在我国发展的一种外部伦理阻碍，其致使专利制度无法在我国得以有效展开，严重制约了专利制度社会效用的发挥。反言之，造成这一情况的原因，其实也在于专利制度与我国近

---

〔1〕 参见[日]加藤雅信：《"所有权"的诞生》，郑芙蓉译，法律出版社2012年版，第137页。

〔2〕 参见费孝通：《乡土中国 生育制度》，北京大学出版社1998年版，第6－11、31－36页。

〔3〕 参见李婷：《"熟人社会"中的农村阶层关系》，载《华南农业大学学报（社会科学版）》2016年第2期。

〔4〕 专利制度从其促进技术创新与技术普惠的制度目标来看是符合伦理理性的，但将其放在差序格局的社会伦理道德体系中却是不具备伦理理性的。正如约翰·罗尔斯所言，"一个或数个具体制度单独地看可能是不合理的，但是，在一个更为完整、更高层次的制度系统中，它却可能是合理的，反之亦然"。参见[美]约翰·罗尔斯：《正义论》，何怀宏等译，中国社会科学出版社1988年版，第53页。

代社会经济状况与社会价值理念的不适应。

随着新民主主义革命的胜利以及中华人民共和国的成立，我国社会发生了翻天覆地的变化，相应的社会价值理念也随之更新。但由于经历了长期的战争洗礼，各行各业百废待兴，社会各界都需要一个过渡的时间，专利法制建设也不例外，1950 年颁布的《保障发明权与专利权暂行条例》即为一个过渡性的法律规范，由于当时苏联对我国社会发展的显著影响，该条例便采用了专利和奖励双轨制的苏联模式，但由于当时人们认为发明创造离不开对国家公有资源的利用，该条例实施后仅仅授予了四项专利。[1] 1963 年出台的《发明奖励条例》则更是取消了对发明创造的专利授权，只采用发明奖励的模式对科技创新予以鼓励，使之前《保障发明权与专利权暂行条例》中具有些许私法意味的权利制度为行政性奖励制度所替代。[2] 这是我国社会主义公有制下发明创造国家所有权的突出反映，但这样的公有制社会形态与价值理念对于专利制度而言却是将其扼杀的决定性力量。改革开放后，我国打破了社会主义公有制的垄断，允许私营经济发展，社会价值理念更为开放、包容，《专利法》也随之于 1984 年出现。虽然当时我国已经开始从计划经济向市场经济过渡，但囿于长期实施计划经济的影响，《专利法》在很大程度上仍然受到公有制社会价值理论的外部影响。以《专利法》总则中所规定的职务发明制度为例，我国《专利法》最初在制定时之所以选择采用“职务发明”这一术语，而没有使用美国、德国等“雇员发明”之称谓，究其根本，是由于在当时公有制的计划经济体制下，我国并

---

〔1〕 参见冯晓青、刘成军：《我国保护发明创造立法和政策文献分析——从〈振兴工艺给奖章程〉到〈中华人民共和国专利法〉》，载《南都学坛》2013 年第 1 期。

〔2〕 参见肖尤丹：《职务发明权属国家所有研究——兼论中国专利法中的国家所有权》，载《中国科技论坛》2018 年第 11 期。

不存在“雇主—雇员”式的劳资关系。[1] 直到1988年《宪法修正案》颁布，我国才第一次承认了“私营经济”的合法地位，而1994年《劳动法》的出台才使“雇主—雇员”式的劳资关系获得了法律的承认与保护，我国的职务发明也才真正实现了与国外雇员发明概念的实质等同。[2] 同样地，《专利法》中“单位”这一术语也是计划经济体制下的产物，所谓的“职务发明人的单位”最初是指“国营单位”或“集体单位”，在此基础上，相应的职务发明专利权也当然由单位所享有，而这也直接决定了我国职务发明权利归属“雇主优先”的制度设计以及“厚雇主主义”的价值选择。[3]

二、我国专利制度实践缺乏体系性的伦理指引

专利制度在我国真正意义上的实施只有三十余年的历史，其中，1984年《专利法》采用与国际通行做法相一致的单一专利证书制度，第一次构建起既符合我国需要，也合乎国际惯例的专利制度。[4] 20世纪90年代初，经济社会的发展与国际社会的施压直接推动1992年《专利法》的第一次修正。[5] 进入21世纪，我国为加入世界贸易组织，适应经济全球化的趋势，于2000年进行了《专利

---

〔1〕参见金海军：《雇员发明制度研究》，载金海军：《知识产权实证分析[Ⅰ]——创新、司法与公众意识》，知识产权出版社2015年版，第27页。

〔2〕参见刘鑫：《我国职务发明权利归属机制的产生与变革》，载《中国发明与专利》2017年第11期。

〔3〕参见胡雪莹：《关于〈职务发明条例草案〉的法律思考》，载《中国发明与专利》2014年第6期。

〔4〕参见黄勤南；《论专利制度和专利法》，载《法学研究》1984年第3期。

〔5〕1992年我国《专利法》第一次修正的主要内容包含增加专利产品的进口保护，扩大专利保护范围，给予化学物质、药品、食品、饮料和调味品以专利权保护，增设本国优先权以及一系列程序性规范等。具体参见文希凯：《中国的专利制度在改革开放中完善》，载《国际贸易》1992年第6期。

法》的第二次修正。[1] 2008年，随着《国家知识产权战略纲要》的出台，《专利法》作出了第三次修正以落实相关的战略目标。[2] 在2020年《专利法》第四次修正中，专利技术的转化运用也被高度重视。此外，为保证《专利法》的有效实施与合理适用，国务院于1985年颁布《专利法实施细则》，并随着《专利法》的修正而对其作出三次修订。与此同时，最高人民法院还针对《专利法》司法适用中出现的问题，先后颁布了多项司法解释，对专利权侵权案件中的具体法律适用问题作出进一步的规定以保证专利司法审判有序运行。

毋庸置疑，随着《专利法》修正及其相关行政法规与司法解释的配套跟进，我国专利制度在这三十余年的发展历程中日臻完善，并逐步成为我国促进科技创新、建设创新型国家的关键法律支持与重要制度保障。但是，也必须要承认的是，我国专利制度在运行中还存在诸多问题，如一些个人和企业不当利用专利制度，为骗取政府奖励或攫取市场暴力而申请垃圾专利，海量的专利产品背后则是严重的市场失序与公共资源浪费。[3] 之所以会出现这种情况，则是因为我国专利制度的实践运行时间相对较短，并未形成相关的伦理道德体系，因而也无法为具体的制度实践提供伦理指引。虽然通过法律法规的修订与解释可以使专利制度在具体设计与适用程式上不断完善，但对于实践中层出不穷的各式各样的具体问题不能都指

---

〔1〕 2000年我国《专利法》第二次修正的主要内容涉及增加有关许诺销售、诉前临时措施、侵权赔偿额计算的规定，重新界定职务发明范畴、明确职务发明奖酬，简化专利审批和维权的程序等。具体参见张耀明：《专利法修改过程中的几个问题》，载《科技与法律》2000年第4期。

〔2〕 2008年我国《专利法》第三次修正的主要内容囊括了提高对侵犯专利权行为的处罚力度，增加对遗传资源利用的专门规定，增设专利强制许可制度等。具体参见郭禾：《创新是社会进步的根本动力——〈专利法〉第三次修订评述》，载《电子知识产权》2009年第3期。

〔3〕 参见吴汉东：《中国知识产权制度发展：法律、政策和文化》，载《中国发明与专利》2018年第8期。

望以法律修订或解释的方式来应对,而应以体系化的伦理道德准则来指引人们在具体实践中的活动,使个人和企业不当利用专利制度的情形被最大限度地消减。由此看来,我国专利制度运行实践中问题频发在很大程度上即是由制度运行实践中伦理指引的缺乏所致。鉴于此,为进一步明确建立体系性的伦理指引对我国专利制度运行实践的重要性,应分别从我国专利授权审查实践和专利权益分配实践出发,对二者之中伦理指引缺乏的具体表现予以剖析与阐述。

(一)我国专利授权审查实践中伦理指引缺乏的具体表现

专利授权审查是专利行政机关依据专利制度所设定的专利授权标准,对专利申请进行形式与实质审查的过程。在我国,这一过程是由国家专利局所主导,而专利授权标准则是由《专利法》及《专利法实施细则》所确定的,其中有关专利申请的伦理考量是以《专利法》第5条的“一般性公序良俗条款”和第25条的“完全列举式的具体性伦理例外规则”的相关规定为基础的。[1] 诚然,《专利法实施细则》对公序良俗条款中违反社会公德、妨害公共利益以及伦理例外规则中所列举的不授予专利权的具体情形都展开了进一步的明确与细化,但是在实践中仍然会出现这样或那样的伦理争议与道德风险。而之所以会产生这种情况,在很大程度上是因为我国在追求片面的专利数量指标的同时,忽视了对于专利的质量保证。[2] 究其根本而言,是因为《专利法》及《专利法实施细则》等法律规范只能以原则或标准的形式对授予专利权的技术方案予以限制,而无法对技术方案中潜在的伦理挑战与道德问题展开考察。例如,我国在对基因技术等高度伦理相关的技术方案的专利授权审查实践中,就往往存在重视法律规范中对具体技术考量的授权标准而忽视其

---

〔1〕 参见尹新天:《中国专利法详解》(缩编版),知识产权出版社2012年版,第34－50、245－256页。

〔2〕 参见朱雪忠:《辨证看待中国专利的数量与质量》,载《中国科学院院刊》2013年第4期。

中伦理问题的情况。具言之,当前我国《专利法》及《专利审查指南(2010)》是将基因技术所生成的基因序列或片段作为"化学物质"来保护的,即无论是从微生物、植物、动物或人体分离获得的基因或DNA片段,还是通过其他手段制备得到的基因或DNA片段,都可以被看作一种化学物质来给予专利保护。[1] 但是,必须格外注意的是,这种"化学物质"的授权方式无疑在很大程度上忽视了基因资源有限性的固有属性及基因技术与社会公共利益的巨大相关性,甚至会进一步加剧基因专利的稀缺性,致使基因专利的保护范围不仅包含基因序列,同时也涉及该基因序列潜在的全部用途,不仅会限制相关技术的后续研发和相关产业的有序发展,更会造成严重的道德风险与伦理危机。[2]

不仅如此,在面对专利技术实施中可能发生的社会危害时,专利授权审查的相关法律原则与规则更是束手无策。例如,在2012年"毒胶囊"事件中,社会舆论对"高铬明胶"专利的伦理诘问,便是一个重要例证。毋庸置疑,其中存在人们对专利授权审查的误解,专利审查中的技术方案与实际产品被混为一谈了。[3] 根据相关法律原则与规则的要求,专利行政机关应对技术方案进行专利性评判,其中包含着对技术方案的伦理考量,但是对实际产品的质量保证则并非专利行政机关职责范畴。[4] 在《保护工业产权巴黎公约》中,其也要求各缔约国不得以专利产品的销售或依专利方法制造的

---

[1] 参见中华人民共和国国家知识产权局制定:《专利审查指南(2010)》,知识产权出版社2010年版,第29-34页。

[2] 参见曹丽荣:《论我国基因专利保护范围的界定》,载《南京理工大学学报(社会科学版)》2015年第2期。

[3] 参见尚广振、唐春:《"上帝的归于上帝,凯撒的归于凯撒"专利法视野下的明胶专利事件辨析》,载《电子知识产权》2012年第5期。

[4] 参见赵永辉:《解读"毒明胶食品"事件中的专利问题》,载《中国发明与专利》2012年第5期。

产品的销售受本国法律限制为由而拒绝授予专利权或使专利无效。[1] 我国作为该公约成员国必须要遵守这一规定，而这也意味着在我国即使授予权利人以专利权，专利权人也并不当然具有实施该项专利的权利，易言之，专利技术实施中可能发生的社会危害也并非专利授权审查乃至专利制度所需考量的内容。但是，不容否认的是，授权专利权的决定无疑是国家专利行政机关对于该技术方案的一种正面评价，即承认了该技术方案对公共利益的无害性以及对社会发展的有益性。[2] 因而，在专利授权审查实践中，不能仅仅拘泥于相关法律原则与规则，而应以更具普适性的伦理道德准则作为指引。虽说这已然超越了专利行政机关的法定职务范畴，但却仍然是其社会伦理责任的要求内容。为此，应尝试有效的衔接机制，将社会伦理准则、相关行业标准作为专利授权审查的参考依据，[3] 并以充分的信息交流增强专利审查员缺少与科学界和伦理界的互动，化解道德风险，提升专利质量，确保专利授权审查实践合理且高效地运行。[4]

（二）我国专利权益分配实践中伦理指引缺乏的具体表现

专利权益分配则是专利权及相关财产权益的配置过程，包括确定权利归属的初次分配和实现权利流转的再次分配两个层面的内容。毫无疑问，在专利权益分配中，无论是初次分配还是再次分配，权益配置的公平性都是最为基本的伦理正义要求，是正当性与合法性的根本指征，而效率则是公平基础上的次级追求。[5] 但在具体

---

〔1〕 参见《保护工业产权巴黎公约》第 4 条之四的规定。

〔2〕 参见刘强：《有害技术专利问题研究》，载《武陵学刊》2013 年第 1 期。

〔3〕 参见赵晶：《专利审查过程中“伦理审查”之初探——由两件明胶专利引发的思考》，载《中国发明与专利》2013 年第 3 期。

〔4〕 See Beth Simone Noveck, *Peer to Patent: Collective Intelligence, Open Review, and Patent Reform*, 20 Harvard Journal of Law & Technology 125 (2006).

〔5〕 参见［古希腊］亚里士多德：《尼各马可伦理学》，廖申白译注，商务印书馆 2003 年版，第 94 页。

的权益配置实践中,基于初次分配与再次分配的不同法律属性,二者公平正义的伦理表征往往不一致,在我国专利权益分配过程中的伦理指引缺乏具体表现里也当然会存在初次分配与再次分配的差异。由此,为使我国专利权益分配实践中伦理指引缺乏的情况得以充分展现,有必要分别从专利权益的初次分配和再次分配入手,对其中伦理指引缺乏的具体表现予以简要的分析与梳理。

1. 我国专利权益初次分配过程中伦理指引缺乏的具体表现

专利权益的初次分配即专利授权后权益归属的确定过程,其中对职务发明专利权属确定的伦理争议尤为突出。基于职务发明中研发主体与投资主体的分离,雇主与雇员发明人在相应的权益配置中都认为自身拥有取得职务发明专利权的合理的法律理由与充分的伦理依据。[1] 在我国"雇主优先"的职务发明专利权属机制下,雇主一般是职务发明成果的专利权人,而雇员发明人则享有获得奖励与报酬的权利。这无疑给予雇主以职务发明成果从研发到应用整个技术流程的决定权,而这也使雇员发明人不得不依附于雇主,其获得奖励和报酬权利的享有往往也是以雇主的专利权等相关财产权利的实现状况为基础的。诚然,我国在2000年的《专利法》修正中引入了职务发明专利权益归属的约定模式,并确定了约定权属的优先效力,但这却使雇主对职务发明创造的支配力越发增强,而雇员发明人却难以通过平等的协商得到其获得奖励和报酬权利的充分满足。[2] 这是因为,作为职务发明进程掌控者的雇主同一般的财产所有者一样,其天生具有一种进一步扩张自我的欲望,而约定模式下的私法自治、契约自由则更是给予了他们非常大的活动空

---

〔1〕 See David R. Hannah, *Who Owns Ideas? An Investigation of Employees' Beliefs about the Legal Ownership of Ideas*, 13 Creativity & Innovation Management 216 (2004).

〔2〕 参见[澳]彼得·德霍斯:《知识财产法哲学》,周林译,商务印书馆2008年版,第99页。

间以获得更大的物质回报。[1] 在这样的情况下，雇员发明人往往也产生相应的自益倾向，刻意模糊职务发明与非职务发明的法律界限，故意对职务发明创造的“履行职务要件”和“利用资源要件”作相反解释，向雇主隐藏职务发明成果，[2]甚至雇员发明人还会不当利用相关的竞业禁止规定，在职务发明创造完成后，刻意向雇主隐瞒，在其离职一年以后，再申请专利。[3] 在我国职务发明专利权益配置的具体实践中，无论是雇主的极度强权还是雇员发明人的自益行为，在实质上都是不道德的，有违职务发明权利归属乃至专利权益初次分配的伦理正义。而这些情况的发生，在很大程度上也都是我国专利权益初次分配过程中伦理指引的缺乏所导致的。

2. 我国专利权益再次分配过程中伦理指引缺乏的具体表现

专利权益的再次分配则是专利权人向他人转让或许可他人使用专利技术的过程，其中影响专利权益顺利流转的障碍主要在于市场与交易的混乱，归根结底源自伦理指引的缺乏。目前，我国专利权益再次分配中所出现的权利人不当利用技术优势与市场地位并以极端不合理的交易条件进行专利转让或许可的情形无疑也都是缘此而生。毋庸置疑，专利权人在权益的再次分配中处于主导地位，但这并不意味着专利权人一定会对交易相对人展开技术劫持与贸易倾轧，而只有在他们不当利用这一主导地位时，相关不道德、有失伦理正义的专利交易情形才会发生。一般而言，专利产品的销售往往会受到市场份额的影响，即使新兴专利产品相对先进，在市场惯性的影响下也不会使率先将其投放市场的人为专利收益所激

[1] 参见韦之：《知识产权论》（第 2 卷），知识产权出版社 2014 年版，第 151 页。

[2] 参见郑昱、王晓先等：《企业职务发明激励机制法律研究》，载《知识产权》2013 年第 8 期。

[3] 参见《专利法实施细则》第 12 条规定。

励。[1] 但在专利权转让或许可使用的专利技术交易中，情况却完全不同，只要专利技术具有一定的市场价值，且交易相对人希望获取该项技术的专利权或其使用权能，专利权人便具备左右这一专利交易的权力，而并不要求专利权人必须拥有难以被替代的关键性专利技术成果。因而在我国海量的专利授权中，专利交易无疑是获取专利技术的普遍方式，相应地，专利权人展开劫持与倾轧等有失伦理正义的情形无疑也会更为多发。当然，若专利权利人掌控核心技术，其对专利交易的主导能力无疑更强，进行技术劫持与贸易倾轧的危险性也更大，尤其是随着企业间“专利竞赛”与“专利圈地”日趋激烈，企业加大核心专利投入的同时，也越发注重周边技术空间的专利抢占。[2] 这也使那些作为行业巨头的大型企业掌控着越来越多的专利技术成果，而在巨大的市场支配力的影响下，专利权人对专利交易的主导力量也随之加持，即使是一般性的非核心技术也很可能会成为其展开技术劫持或贸易倾轧并牟取暴利的工具。这不仅会影响相关专利交易的顺利进行，还会走向专利权益再次分配过程中伦理正义的对立面。

第二节　我国应对专利制度伦理问题的基本路径选择

面对我国专利制度伦理基础与伦理指引先天不足的客观情况，想要化解制度设计与运行中存在的各种伦理难题与争议，必须从我国现实需要出发，探究应对专利制度伦理问题的策略选择。在展开微观层面的具体安排之前，首先应从宏观上明确应对相关伦理难题

〔1〕 See Michael Abramowicz, *The Danger of Underdeveloped Patent Prospects*, 92 Cornell Law Review 1065 (2007).

〔2〕 See Mark A. Lemley, *The Myth of the Sole Inventor*, 110 Michigan Law Review 709 (2012).

与争议的基本路径。正如本杰明·卡多佐在论述司法价值导向时谈到的，“如果不知道道路导向何方，我们就不能智慧地选择路径”[1]。我们应对专利制度伦理挑战的过程也是一样，应有明确的目标指引，只有这样，才能保证路径选择的正确性，而在此基础上也才能真正提出有效的解决方案。为此，基于我国专利制度缺少本土性伦理土壤与体系性伦理指引的现实问题，在基本的路径抉择中，一方面应明确我国专利制度正当性的伦理基础面向，尽力将我国传统文化观念与社会价值理念中缺乏专利制度生成与发展之伦理根基的问题消除，并从我国的传统文化与社会价值的内核中挖掘专利制度建立的伦理正当性根基，为我国专利制度的持续发展建立良好的文化环境与社会氛围；另一方面则应努力构建我国专利制度实施中的伦理指引框架，通过对我国专利制度的道德论证、反思和批判，确定专利制度运行实践应遵循的伦理价值导向与道德行为准则，为我国专利制度的有序运行提供恰当且有效的伦理指引，确保专利制度实践的伦理正义。[2]

一、明确我国专利制度正当性基础的伦理面向

通常而言，法律制度的生成与继受需要以一定社会道德作为基础，并由相应的道德规范为其提供伦理支持。[3] 与此同时，道德的内在底蕴也是每一项法律制度都必须要具备的，没有任何伦理支撑的法律制度是不会存在的。[4] 然而，由于特定历史条件下对西方制度体系的被动移植，包括专利制度在内的很多法律制度在我国的

---

〔1〕［美］本杰明·卡多佐：《司法过程的性质》，苏力译，商务印书馆1997年版，第63页。

〔2〕参见曹刚：《伦理学、应用伦理学和法伦理学》，载《学习与探索》2007年第3期。

〔3〕参见李仁武：《制度伦理研究——探寻公共道德理性的生成路径》，人民出版社2009年版，第284页。

〔4〕参见田文利：《道德与法律之和谐解——道德与法律关系的三维解读》，载《道德与文明》2015年第5期。

创设与发展实质上都是缺少必要的社会道德根基与伦理支撑的，制度运行的“水土不服”问题由此肇生，对我国专利制度正当性的伦理诘问也随之涌现。时下我国经济社会飞速发展，专利制度也成为促进科技创新与经济增长的重要法律保障，但是我国却并未完全形成与专利制度运行相适应的社会伦理基础，专利制度伦理正当性不明确的问题仍然存在。这是因为社会伦理道德的形成是一个长期的过程，受到传统文化与社会价值等多重因素的影响，其往往是根深蒂固的，并不会被轻易改变。在我国伦理道德框架下，不同道德体系间伦理价值上的冲突一直没有化解。[1] 具体到专利制度而言，其虽在我国促进科技创新与社会进步的过程中不可或缺，但在我国的伦理道德体系中却难以找出制度正当性的明确依据，换言之，不同道德体系间的伦理价值冲突延伸到专利制度之上，即造成了制度正当性的摇摆不定与争论不休。长此以往，不加改善，势必会使我国专利制度面临缺乏伦理认同的危机，进而导致专利制度的实施效果大打折扣。为此，有必要从我国现行专利制度的伦理正当性出发，探究专利制度在我国伦理道德体系下的正当性地位，找出其中的不足之处，并以此为基础作出我国专利制度未来发展中的伦理面向选择，实现专利制度在我国道德体系下的伦理自洽。

（一）我国现行专利制度正当性的伦理依据阐释

我国专利制度的演进实质上是以公共政策为线索的，而并非源自私权的逻辑。[2] 从清末的救亡图存到民国时期的外力强加，近代以来专利制度无不是随政策的转变而发展。即使是我国现行专利制度，其也具有鲜明的政策导向，从改革开放后的必要制度建构，到之后 1992 年中美贸易磋商以及 20 世纪末为加入世界贸易组织

---

〔1〕 参见马勇：《伦理道德史话》，社会科学文献出版社 2011 年版，第 6 页。

〔2〕 参见康添雄：《专利法的公共政策研究》，华中科技大学出版社 2019 年版，第 40、48 －58 页。

而进行的制度修改，再到 2008 年贯彻《国家知识产权战略》的制度完善，这一路走来，专利制度的每一次变化都是基于公共政策的影响。[1] 虽说从国家和政府层面来看，专利制度本身就是公共政策体系中的一项专利政策，国家可以根据现实发展状况和未来发展需要作出是否保护专利权、以何种水平保护专利权的公共政策选择和安排，[2]但是制度设计与运行中过于强大的政策导向，无疑会使专利制度失去其作为财产权利所应有的伦理底蕴而沦为我们实现或好或坏的目的时使用的一件单纯的政策工具，[3]相应地，专利制度正当性的伦理依据，也往往不再对其作为财产权的伦理正当性进行证成，却只是注重对政策诉求的回应。我国现行专利制度实质上便是如此，其在立法宗旨上着重强调通过保护专利权、鼓励发明创造并促进其推广应用，进而实现促进科学技术进步和创新的政策目标。[4] 而进一步从专利制度正当性证成中的“道义论”伦理与“功利论”伦理两种不同的伦理面向来看，我国这种公共政策主导的专利制度发展轨迹具有鲜明的实用主义的价值倾向，是为专利制度“功利论”伦理面向的一种重要体现，这是因为促进科学技术进步和创新的政策目标，在某种程度上说无疑是专利制度基于“最大多数

---

〔1〕 参见吴汉东、刘鑫：《改革开放四十年的中国知识产权法》，载《山东大学学报（哲学社会科学版）》2018 年第 3 期。

〔2〕 参见吴汉东：《利弊之间：知识产权制度的政策科学分析》，载《法商研究》2006 年第 5 期。

〔3〕 参见［日］竹中俊子主编：《专利法律与理论——当代研究指南》，彭哲等译，知识产权出版社 2013 年版，第 129 – 147 页。

〔4〕 参见汤宗舜：《专利法解说》（修订版），知识产权出版社 2002 年版，第 11 – 18 页。

人的最大幸福”的“功利论”伦理追求。[1]

之所以我国专利制度会采用“功利论”伦理的基本路径,归根结底是因为专利制度在我国的特殊发展历程。最初被动性的制度移植使我国直接接受了美欧等西方国家以“功利论”伦理面向为基础的专利制度建构,并在现行专利制度中继续应用。毋庸置疑,这样的制度安排更具有目标导向,也更符合现实的规制需要,但在这一过程中我们却往往会忽视一个关键问题,那就是美欧等西方国家采取这种“功利论”伦理面向的专利制度设计虽受到经济利益的巨大驱使,但其是建立在其财产权私有的完备“道义论”伦理根基之上的。然而,由于在不同的文化传统与社会体制下所形成的伦理道德规范往往是有所差异的,人们对某一特定事项或行为的伦理评价与道德判断也是不一致的,[2]正如前文所述,在我国传统文化观念与社会价值理念下所形成的伦理道德体系是完全义务本位的,社会生活依靠家族宗法与纲常人伦来维护,其中并无个人理性主义的财产权利的生长基因。究其根本而言,造成这种情况的原因是我国封建社会长期专制主义的经济社会结构打压了商品经济的发展,也严重拘束了个人财产权的形成,在相应的伦理道德体系下便不会出现像“人格财产学说”与“劳动财产学说”一样的理论基础来证成包含专利制度在内的财产权制度的正当性。由此,可以说,我国专利制度

---

〔1〕 专利制度正当性证成的伦理基础主要有“道义论”与“功利论”两种路径,其中,“道义论”伦理路径关注“制度本身之善”,在该路径下专利制度正当性的理论以“人格财产学说”与“劳动财产学说”为代表,二者原本是证成有形财产权私有之正当性,专利制度出现后往往被延伸到专利权等无形财产权之上,为专利制度提供正当性的伦理依据;而“功利论”伦理路径则关注“制度后果之善”,该路径下专利制度正当性的理论以“专利激励学说”与“专利竞赛学说”为代表,二者由专利制度实践而形成,并随着人们对于专利制度效益的日渐重视而逐步为通行的专利制度提供正当性伦理基础。相关内容的具体论述见本书第三章对于专利制度正当性理论基础的伦理界定。

〔2〕 参见孙海波:《道德难题与立法选择——法律道德主义立场及实践检讨》,载《法律科学(西北政法大学学报)》2014 年第 4 期。

正当性的伦理依据是不完善的，即使是符合我国当前经济社会发展需要的现行专利制度，其也只是具备政策目标下所蕴含的“功利论”伦理理性。而更为根本的“道义论”伦理路径下财产权私有的正当性伦理依据却是相对缺位的。诚然，我国学者纷纷以“道义论”伦理路径下的“人格财产学说”与“劳动财产学说”来证成专利制度的正当性，并逐步使这些理论学说成为我国学界的通说，[1]但学理上的论证究竟能在多大程度上对我国传统文化观念与社会价值理念形成影响往往却难以确定。

（二）我国专利制度未来发展中的伦理面向选择

基于我国现行专利制度在正当性层面上所存在的伦理依据缺位，在我国专利制度的未来发展中，应特别注重“道义论”伦理路径下财产权私有正当性的基本论证，使之与我国专利制度政策目标导向下的“功利论”属性的伦理正当性相配合，并在确保为我国专利制度的持续发展提供“道义论”伦理路径下根基性的正当性依据的基础上，完善“功利论”路径下运行性的正当性依据，使之不仅仅体现于专利制度的政策目标之内，更贯彻于我国专利制度运行的整个实践过程中。专利制度作为一项财产权利制度，其成为获得全体成员尊重的伦理源泉，不仅对权利人自身有利，同时也对公众有利。[2]因而，我国在对专利制度未来发展中的伦理面向选择中，也应充分兼顾保证财产权个人私有的“道义论”伦理与追求最大多数人最大幸福的“功利论”伦理。其中，“道义论”伦理路径下的专利制度正当性是根本性的，是其财产权制度设计本身的正当性；而“功利论”伦理路径下的专利制度正当性则是实践性的，是专利制度运行过程中应具备的正当性。进言之，虽说“功利论”伦理路径是当今世界专

[1] 参见吴汉东：《法哲学家对知识产权法的哲学解读》，载《法商研究》2003年第5期；易继明：《评财产权劳动学说》，载《法学研究》2000年第3期。

[2] 参见[法]卢梭：《社会契约论》，何兆武译，商务印书馆1963年版，第29页。

利制度的价值主导，制度正当性往往也以“功利论”伦理的思维进行挖掘，我国现行专利制度鲜明的“功利论”政策目标也对此形成印证，但我们并不能因此忽视“道义论”伦理对财产权私有提供的先导性与基础性的专利制度正当性伦理依据。[1] 鉴于此，为实现以上目标，应在我国传统文化观念与社会价值理念中缺失“道义论”伦理内核的前提下，通过营造与财产权理论及知识产权制度发展相契合的文化环境与社会氛围，弥补我国现行专利制度正当性层面的伦理依据缺位，使我国专利制度在未来发展中能够建构起以“道义论”伦理理论为基础、以“功利论”伦理目标为追求的全面且充分的正当性伦理依据。

囿于传统文化观念与社会价值理念在人们日常生活中潜移默化的深重影响，要想将其改变，营造与财产权理论及专利制度发展相契合的文化环境与社会氛围并非易事，需要法律、政策等多方面的共同推进。在法律实践中，专利制度的民事财产权利制度属性，在我国早已获得了人们的认可。虽然包括专利权在内的知识产权具有客体非物质性的本质属性，但这并不能否定专利权是财产权利及其作为民事权利的一般特征。[2] 从 1984 年所颁布的《民法通则》到 2017 出台的《民法总则》都毫无例外地将其设置于与物权、债权同一位阶的民事财产权利范畴。[3] 而在政策运行中，2008 年《国家知识产权战略实施纲要》中更是明确提出将“尊重知识、崇尚创新、诚信守法”作为我国专利制度等知识产权制度建设的基本文化支持与社会信条，通过政策的引导与促进逐步打破我国传统文化观

---

〔1〕 参见胡波：《专利法的伦理基础——以生物技术专利问题为例证》，载《法制与社会发展》2008 年第 2 期。

〔2〕 参见刘春田：《知识财产权解析》，载《中国社会科学》2003 年第 4 期；吴汉东：《财产的非物质化革命与革命的非物质财产法》，载《中国社会科学》2003 年第 4 期。

〔3〕 参见刘鑫：《从类型化到法典化：我国知识产权立法的发展与变革——以〈民法总则〉第 123 条为切入点》，载《电子知识产权》2018 年第 4 期。

念与社会价值理念的禁锢，从而营造出与专利制度发展相适应的文化环境与社会氛围。[1] 但是，要想实现我国专利制度正当性在伦理面向与道德依据上的恰当映射，仅仅营造与财产权理论及知识产权制度发展相契合的文化环境与社会氛围还是不够的，还需要在这种良好的文化环境与社会氛围的基础上形成相应的伦理规范与道德准则，以伦理道德在文化与社会中的基本性来保证其作为我国专利制度正当性的伦理依据的全面性与有效性。具言之，一方面应在法律、政策等多种要素所共同营造的文化环境与社会氛围中提炼出与财产权理论相耦合的伦理道德基础，并以此为我国专利制度的持续发展提供"道义论"伦理路径下的正当性依据；另一方面则应在良好的文化环境与社会氛围中挖掘出与专利制度运行及其持续健康发展相符合的道德标准与伦理目标，并以此完善"功利论"路径下我国专利制度的正当性依据，从而使我国专利制度在未来发展中能够真正做到对保证财产权个人私有的"道义论"伦理面向与追求最大多数人最大幸福的"功利论"伦理面向的有效兼顾，确保我国专利制度的伦理正当性，为我国专利制度的运行实践与未来发展提供坚实的正当性基础。

二、构建我国专利制度实施中的伦理指引框架

在我国专利制度安排中，伦理规范与道德准则担负着重要的时代使命，其不仅为我国专利制度的创制与变革提供了正当性的伦理基础，也为我国专利制度实施过程中各个环节内部具体道德向度提供了确定的根据。[2] 一般来说，对某一事项或行为的伦理评判大多是以其与道德价值相符与否来断定其善恶与优劣，即若其与道德

---

〔1〕 参见吴汉东主编：《中国知识产权理论体系研究》，商务印书馆 2018 年版，第 386－387 页。

〔2〕 参见刘云林：《法律伦理的时代使命：为法治建设提供道德保障》，载《道德与文明》2007 年第 4 期。

价值相符,便是为优良或正确,反之若其与道德价值不相符,则是为恶劣或错误。[1] 在专利制度实践中也是同样,某一主体对专利制度实施效果的伦理评判无疑也是以其与制度运行所预设的道德价值追求的相符程度为依据。而展开这一评判的最为根本的要素则在于业已具备与专利制度各个运行环节一一对应的具体道德价值目标,否则,仅仅依靠专利制度笼统的伦理定位无疑是难以作出准确评判的。毋庸置疑,在法律制度的实施中法律规定是优于道德准则的上位规范。[2] 但实践中,由于法律规定明确具体,常常也会出现其难以覆盖的事项,这时便需要更具包容性的道德准则展开伦理性的指引与规制。正如前文所述,在我国专利制度实施过程中,涌现出诸如申请垃圾专利或主导专利交易以牟取利益等很多着实背离制度设立初衷的行为,但从制度规范中往往却又难以找出其错误的确切依据。而由于我国专利制度缺少体系性的伦理指引,这些超越法律规制范畴的行为也无法获得道德准则的有效制约。为此,有必要从我国专利制度的实施现状出发,从价值层面厘清具体制度运行实践中所存在的伦理抉择,并以此为基础进行我国专利制度实施中伦理原则的体系化建构,从而构建起直击我国专利制度运行实践中相关道德难题与争议的伦理指引框架,使我国专利制度的伦理理性在制度实施中得以充分彰显。

(一)我国专利制度实施中所存在的伦理价值抉择

价值抉择是贯穿法律制度运行始终的核心问题,从古至今,在任何一个历史时期,对价值准则的论证、批判以及合乎逻辑的适用都是研究者关注的重点。[3] 在我国专利制度实施中也是同样的,

---

〔1〕 参见王海明:《伦理学原理》(第3版),北京大学出版社2009年版,第3页。

〔2〕 参见田文利:《道德与法律之和谐解——道德与法律关系的三维解读》,载《道德与文明》2015年第5期。

〔3〕 参见[美]罗斯科·庞德:《通过法律的社会控制》,沈宗灵译,商务印书馆1984年版,第55页。

伦理价值的衡量与选择决定着制度运行的效果与走向。一项法律制度的具体安排在本质上都只是实现某种社会价值目标的手段，制度设计是否合理取决于制度运行效果优良与否，而制度运行效果是否优良则要进一步看具体的制度运行实践中所进行的相关伦理价值抉择是否有助于该项法律制度基本价值的实现。[1] 一般来说，正义是包括专利制度在内的所有法律制度乃至宏观性社会政治制度的首要价值追求。[2] 对于我国专利制度而言也是如此，正义是其最为根本，也是最为首要的制度价值目标，在具体运行实践中所进行的伦理抉择无疑也都是以正义价值的实现为根本价值尺度的。[3] 但由于不同制度实施环节中法律关系的体现不同，相应的伦理价值抉择也往往会存在巨大差异，而符合正义导向的价值表征也不免会因具体实践情况的不同而有所区别。例如，专利授权审查中正义即源自严格审查下的专利授权的正确性，而专利权益分配中正义则往往意味着一种投入与获益相互对等的合理回报。[4] 因而，在以正义为首要价值而针对我国专利制度实施所进行的伦理价值抉择中，需要实现的不仅仅是自由或平等等一般意义上为人们所普遍认可的基本正义，更应是一种在专利制度实施语境之下且立足于我国专利制度运行实践的、以公共利益为根本的、以安全与秩序为基础的、兼顾起点与结果的、兼顾公平与效率的伦理性正义。[5]

在我国科学技术与经济社会的发展中，专利制度一直扮演着重

---

〔1〕 参见张文显：《法哲学范畴研究》（修订版），中国政法大学出版社 2001 年版，第 189 页。

〔2〕 参见［美］约翰·罗尔斯：《正义论》，何怀宏等译，中国社会科学出版社 1988 年版，第 3－4 页。

〔3〕 参见罗能生：《产权正义论》，载《山东社会科学》2003 年第 2 期。

〔4〕 参见［美］E. 博登海默：《法理学：法律哲学与法律方法》，邓正来译，中国政法大学出版社 2017 年版，第 266 页。

〔5〕 参见傅鹤鸣：《法律伦理：当代中国制度伦理构建的核心命题》，载《伦理学研究》2016 年第 5 期。

要的角色，它不仅是促进技术创新的法律保障，还是推进产业转型的政策杠杆。由于我国科技与经济快速增长的目标导向以及国际社会从知识经济或创新经济出发所倡导的“亲专利”政策的影响[1]，在具体的制度运行实践中，我国专利制度一直十分注重追求制度的实施效率，一方面可能在专利授权审查中为追求授权的数量而忽视了对专利质量的保障；[2]另一方面则会在专利权益分配中过度强调经济效益，力求以最优专利组合和资源的优化配置来高效地平衡收益并创造价值。[3] 但效率并不等于正义，而且很多时候专利制度的效率追求甚至是完全处于制度正义的对立面的。诚然，在专利制度实施不同环节的伦理价值抉择中，制度正义的价值体现往往不尽相同，但无论怎样，效率都不是也不可能是最为趋近专利制度伦理正义的价值选择。如图 6－2 所示，在我国专利制度首要的正义价值，亦即专利制度实践最为基本的正义价值追求下，无论是在专利授权审查实践中还是在专利权益分配实践中，效率都毫无例外地在伦理价值衡量中处于下风。具言之，在专利授权审查实践中，与效率相比，秩序无疑更符合伦理正义的价值选择。这是因为专利审查是决定是否给予专利授权的关键环节，一旦过度追求审查效率，势必会使授权审查的严谨程度有所下降，若出现一项或几项错误的专利授权决定，往往会给某一特定技术领域或相关产业带来至少 20 年的不利影响，专利授权审查实践的良好秩序往往也会由此被打破，进而造成专利授权的质量失控问题。[4] 而在专利权益分配实践中，与效率相比公平也是更契合伦理正义的价值选

[1] See Jesse T. Richman, *The Political Economy of Congressional Patent Policymaking in the Late 20th Century*, 8 Review of Law and Economics 91 (2012).

[2] 参见毛昊：《中国专利质量提升之路：时代挑战与制度思考》，载《知识产权》2018 年第 3 期。

[3] 参见周寄中、张黎等：《专利制度的效率分析》，载《中国软科学》2006 年第 1 期。

[4] See Beth Simone Noveck, *Peer to Patent: Collective Intelligence, Open Review, and Patent Reform*, 20 Harvard Journal of Law & Technology 124 (2006).

择。这是由于专利权益分配在实践中往往表现为相关主体对于特定利益的争夺，若大肆追逐权益分配的效率，无疑会使原本就由物质主导的专利权益分配实践发生严重的利益失衡，突破目前相对公平的制度构造，使处于弱势地位的相关主体失去获得合理回报的机会，并带给他们遭受不公的道德痛楚。[1]

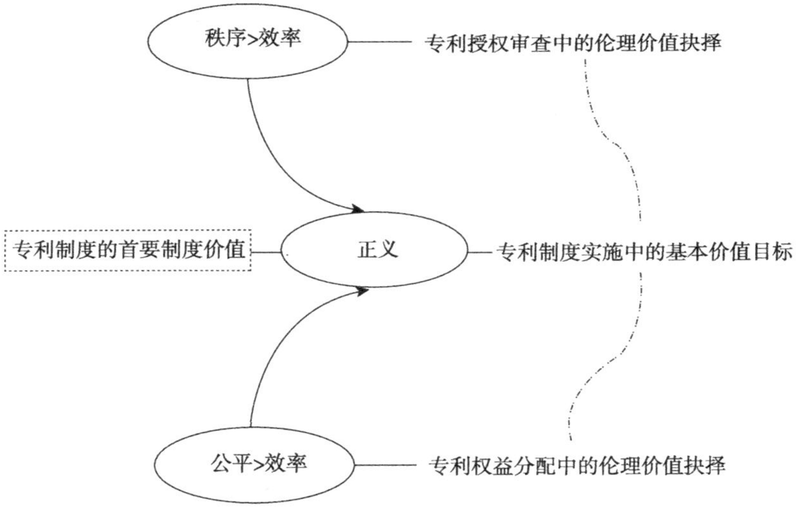

图 6－2　我国专利制度实施中具体的伦理价值抉择

(二)我国专利制度实施中伦理原则的体系化建构

在应用伦理领域中，对具体原则的归纳与总结最早源自美国在生命医学研究所提出的无害(nonmaleficence)、行善(beneficence)、自主(autonomy)、公正(justice)四项基本原则，当前它们已不再局限于生命医学伦理之中而在应用伦理学所有分支领域中都有适用，

〔1〕 参见［德］鲁道夫·冯·耶林：《为权利而斗争》，郑永流译，法律出版社 2012 年版，第 10－12 页。

并逐步成为人们公认的一般性伦理原则。[1] 在我国专利制度的实施过程中所应遵循的伦理原则也无出其右，只是各项原则在专利授权审查及专利权益分配等具体的制度运行实践中都有与之相对应的含义，具体如表 6 – 1 所示。

表 6 – 1　我国专利制度实施中伦理原则的具体内涵总结

伦理原则/制度实践	专利授权审查实践	专利权益分配实践
无害（nonmaleficence）	禁止将有明显危害的发明创造加入专利授权范畴	避免将有不良使用目的的行为人纳入权利配置范畴
行善（beneficence）	坚守发明创造的实用性要求并对显著用途予以倡导	确保专利权益的配置不对他人或公共利益构成损害
自主（autonomy）	发明成果是否进入专利授权审查程序的自主选择	专利权益如何在各利益相关人之间配置的自主决定
公正（justice）	保证所有专利申请及其申请人获得授权的机会均等	推进专利权益配置在各利益相关人之间的实质公平

1. 无害原则在我国专利制度实施中的具体内涵

无害原则作为道德金规则的否定式表述，源自人类基于“不希望被伤害”的本能所形成的基本伦理共识。[2] 这一原则是人类社会秩序得以维持的最为基本的前提条件，一旦其被突破，人类社会无疑将进入霍布斯所称的“战争状态”并与“弱肉强食”的动物世界

〔1〕 参见甘绍平、余涌主编：《应用伦理学教程》（第 2 版），企业管理出版社 2017 年版，第 14 页。

〔2〕 参见秋明：《道德金规则的行为学原则分析》，载《伦理学研究》2012 年第 1 期。

毫无区别。[1] 在专利制度的实施过程中,无害原则无疑也是必须遵守的基本伦理准则。易言之,专利制度的各项运行实践活动也应以无害原则作为伦理前提。这也就要求我们不仅应当在专利授权审查实践中将对人类有明显危害的发明创造或技术成果剥离专利授权的范畴以确保专利技术的无害性,还需要在专利权益分配实践中尽力避免将重要技术的专利权配置给那些具有不良使用目的的行为人以确保专利权益分配的无害性。唯有如此,才能真正实现无害原则在专利制度实施中的充分贯彻,从而有效地保证专利制度在运行实践中的无害性,避免专利制度被不当应用而沦为有害发明成果及利用专利技术实施危害行为的“迷魂药”与“保护伞”。

2. 行善原则在我国专利制度实施中的具体内涵

行善原则则是道德规则的肯定式表达,它源于人的仁慈心理,是基于同情心而对弱者及苦难者予以普遍关怀的一种朴素的高尚情感与善良意志。[2] 这一原则也是包括专利制度在内的整个知识产权制度的指导原则,其确保了专利制度能够始终保持以人为本的基本伦理价值取向。[3] 在专利制度的实施过程中,我们也应时刻秉持行善原则,使专利制度的技术革新之“善”与普惠之“善”得以充分发扬。具言之,在专利授权审查实践中,应坚守发明创造应具有实际应用性的基本要求,并对具有显著或深远效用的发明创造给予高度的伦理支持。虽说专利制度并未在“实用性”标准中要求相关用途必须是显著的或深远的,[4] 但从行善原则出发,对实用价值

---

〔1〕 参见左秋明、何云峰:《“道德金规则”的伦理本质、人性基础与道德理想》,载《江苏社会科学》2019 年第 4 期。

〔2〕 参见丁大同:《行善原则——读穆勒〈功利主义〉》,载《道德与文明》1998 年第 1 期。

〔3〕 参见袁泽清:《知识产权法律制度的基本伦理原则》,载《贵州社会科学》2018 年第 8 期。

〔4〕 参见[美]J. M. 穆勒:《专利法》(第 3 版),沈超等译,知识产权出版社 2013 年版,第 219 页。

更高的发明创造当然应给予更高的伦理评价。而在专利权益分配实践中,则更应与人为善,极力保证权利归属的确定或者权利交易的进行是对他人及社会公众有益的。这是因为只有充分贯彻行善原则,在给予他人与社会公众以必要关怀基础上展开的利益相关人之间的专利权益分配,才是真正合乎伦理的权益配置。

3. 自主原则在我国专利制度实施中的具体内涵

自主原则暗含着西方社会对个体自主权利重视与捍卫的伦理价值判断,一般被认为是生命伦理学的首要原则。[1] 而在更为广泛的应用伦理学领域内,这一原则往往也基于开放、民主的程序方法要求而在应用伦理学准则中被列于首位,对人们提出运用自己的理性去进行识别与行动而不能听任其在权威或传统诱导的要求。[2] 在专利制度的实施过程中,自主原则同样至关重要,其不仅是对私人财产权利的尊重,也是专利授权与使用的根本要求。虽然专利授权审查是由国家专利行政机关依据专利制度所设定的授权标准来进行的,但不容否认的是,发明人或其他拥有发明创造的行为人具有是否向国家专利行政机关递交专利申请,使其发明成果进入专利授权审查程序的自主选择权。与此同时,在专利权益的分配过程中,相关行为人也拥有充分的自主性,不仅在初次分配中智力投入者与物质投入者可以通过协商自主确定专利权属,在实现专利交易的再次分配中专利权利人与交易相对人之间的专利权转让或许可使用一般也是由双方采用契约机制来自主磋商决定的。

4. 公正原则在我国专利制度实施中的具体内涵

公正原则所体现的是一种"与利害自己的行为无关,而完全存在于利害他人"的"人际利害相交换"过程中,以"善有善报、恶有恶

---

〔1〕 参见庄晓平:《西方生命伦理学自主原则"自主"之涵义辨析——从比彻姆、德沃金和奥尼尔的观点看》,载《哲学研究》2014 年第 2 期。

〔2〕 参见甘绍平、余涌主编:《应用伦理学教程》(第 2 版),企业管理出版社 2017 年版,第 16 页。

报”为典型表现形式的“等利害交换”。[1] 对于专利制度而言，只要能够有效地实现人们以正当的“等利害交换”的途径和方式来获取专利财产权，即是与公正原则相契合的。[2] 在具体的制度实施过程中，既需要保证相关规范的公正运转，同时也要塑造个体的公正精神，使公正原则内化为人的德性。[3] 一方面在专利授权审查实践中，应当对所有专利申请及申请人一视同仁，不因专利申请技术领域的不同、专利申请人资历背景的不同而给予差别对待，保证所有专利申请及相应申请人获得授权的机会均等；另一方面在专利权益分配实践中，则更应当强调专利权益在各相关利益主体之间分配的公正性，无论专利权益的初次分配还是专利权益的再次分配，都需要在各相关利益主体形式平等的基础上努力推进专利权益配置的实质公平，使每一个相关主体都能获得其应得的财产权益，从而真正实现专利权益的公正分配。

第三节　我国化解专利制度伦理问题的具体法律安排

为了将我国专利制度设计与运行实践中所暴露的各种伦理问题予以有效化解，仅仅在宏观上明确应对相关伦理难题与争议的基本路径是远远不够的，还需要在此基础上展开微观层面的具体制度安排。一方面应以专利制度的正当性伦理面向和实施中的伦理指引框架为依据，对现行专利制度中的重要内容予以必要释义，确保相关规范在正确的伦理轨迹中适用；另一方面则应立足我国专利制度的实施现状，以正义导向下的伦理价值选择和体系化的伦理原则

---

〔1〕 参见王海明：《试论公正三原则》，载《贵州社会科学》2009 年第 5 期。

〔2〕 参见彭立静：《伦理视野中的知识产权》，知识产权出版社 2010 年版，第 142 页。

〔3〕 参见任者春：《公正：当代伦理的精神指向》，载《山东师范大学学报（人文社会科学版）》2004 年第 4 期。

框架为指引展开制度漏洞的弥补。虽说对于一项法律制度而言，制度的安定性至关重要，直接影响制度的权威与公信力，但制度的妥当性无疑更为关键，若制度实施中发生伦理背离，制度的安定性只会将伦理危机进一步扩大，因而当法律制度的妥当性与安定性不能并存时，唯有牺牲安定性一途。[1] 针对我国专利制度设计与运行实践中伦理难题与争议而进行的微观层面的具体制度安排也正是基于此，即若宏观层面的伦理价值抉择与伦理原则导引不足以将我国专利制度伦理困境完全克服，则需要牺牲我国专利制度的安定性，从微观的制度设计出发，进行必要的修正与完善，从而实现我国专利制度的妥当性，使我国专利制度设计与运行实践中呈现的伦理争议被全面清除。

具体如图6－3所示，为化解专利制度运行中的伦理困境，在微观层面的制度安排中应立足我国专利制度设计本身，分别从专利制度的基本原则与具体规则入手，对我国专利制度中的伦理性法律原则及其专利授权审查与权益分配的具体规则进行必要的法律释义与规则完善，从而确保我国专利制度具体安排与专利制度基本伦理路径要求的一致与契合。毋庸置疑，伦理价值尺度与伦理原则是贯穿整个专利制度运行实践的伦理指引。[2] 微观层面的制度优化与完善工作的展开也当然要以相关的伦理性价值原则为基础，无论是对专利制度中公序良俗、诚实信用等伦理性法律原则条款的适用性提升，还是专利授权审查中对新兴技术伦理考量的强化，以及专利权益分配中对弱势主体的法律保护的增进，这些力图消除我国专利制度设计与运行实践中伦理争议的具体措施的展开，无一例外地也

[1] 参见杨仁寿：《法学方法论》（第2版），中国政法大学出版社2013年版，第345页。

[2] 参见罗能生：《论产权伦理的内涵和构成》，载《求索》2003年第2期。

都应将相应的伦理性价值原则作为道德向度与伦理依据。[1] 为此，有必要从我国专利制度的本体着手，依据我国专利制度实施的伦理指引框架，就如何提高专利制度中伦理性法律原则条款的适用性、如何强化专利授权审查中对于新兴技术的伦理考量以及如何增进专利权益分配中对弱势主体的法律保护三大问题展开深入探究，力争从微观层面明确化解专利制度伦理问题的具体措施，从而实现我国专利制度的具体安排与其基本的伦理价值尺度和伦理原则框架的契合，同时也保证我国专利制度实施的伦理指引框架与具体制度安排能够有效衔接，使我国专利制度的制度设计与运行实践中所存在的各种伦理难题、伦理争议与伦理困境都能被充分消解。

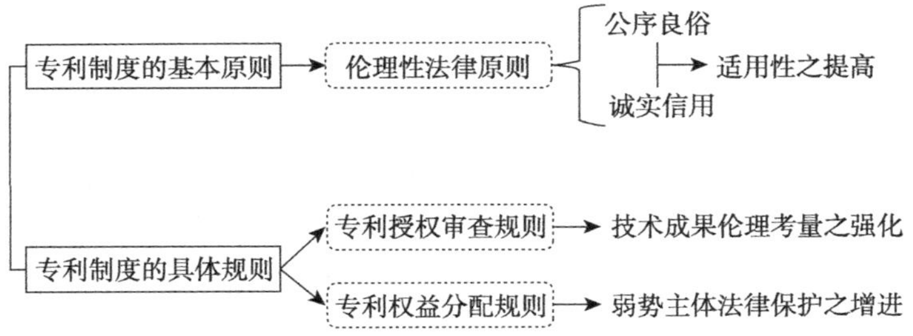

图 6－3　我国化解专利制度伦理问题的具体安排

一、提高专利制度中伦理性法律原则条款的适用性

在我国专利制度中，公序良俗原则与诚实信用原则是两项核心的伦理性法律原则条款，其中，公序良俗原则体现在我国现行《专利法》第 5 条对违反“社会公德与妨害公众利益的发明创造”的相关

---

〔1〕 参见刘云林：《法律伦理的时代使命：为法治建设提供道德保障》，载《道德与文明》2007 年第 4 期。

条款与具体规定之中；[1]而诚实信用原则则在我国《专利法》第四次修正中被专利制度正式纳入，专门新增了“申请专利和行使专利权应当遵循诚实信用原则”的规定，这宣示并确立了诚实信用原则在专利法律制度中的基础地位。[2] 作为民事法律制度的基本原则，公序良俗原则与诚实信用原则均是限制私法自治的道德法律化产物，也都是覆盖包括专利法律制度在内的整个民事法律体系的具有“白纸委任状”性质的基本原则，但是，二者在适用范围与对象上有明确区分，公序良俗原则针对的是对专利法律行为内容所进行的“内容审查”，而诚实信用原则针对的则是对专利权的具体行使行为所进行的“行使审查”。[3] 但是，在实际的专利制度运行中，无论是公序良俗原则还是诚实信用原则，都会因为其自身的原则性表述而引发内涵与外延模糊的具体适用难题，而二者适用性的不足也势必会使原本应由相关伦理性法律原则条款所消除的实践伦理问题不断爆发出来，甚至进一步带来专利制度实施的伦理困境。因而，为了避免由公序良俗和诚实信用等伦理性法律原则条款适用性不足而诱发的专利制度实施中的伦理难题与争议，有必要从我国专利制度运行的具体实践出发，对公序良俗和诚实信用等伦理性法律原则在其中的具体内涵与表征予以充分明确，从而提升伦理性法律原则条款在我国专利制度中的适用性。鉴于此，应分别对公序良俗原则与诚实信用原则在我国专利制度中适用的具体情形展开分析，并从这两个层面出发来探究提高我国专利制度中伦理性法律原则条款适用性的具体手段与方法，力求有效克服相关的潜在伦理困境与挑战。

---

〔1〕 参见汤宗舜：《专利法解说》（修订版），知识产权出版社 2002 年版，第36－40页。

〔2〕 参见易继明：《评中国专利法第四次修订草案》，载《私法》2018 年第 2 期。

〔3〕 参见于飞：《公序良俗原则与诚实信用原则的区分》，载《中国社会科学》2015 年第 11 期。

(一)公序良俗原则在我国专利制度中的适用

公序良俗是源自人类自然理性的一项基本法律原则,在我国古代其实并不存在公序良俗的概念,这一概念是随近代民法的发展而生成的,并于清末的《大清民律草案》中首次出现,其在我国从传统民事法律习惯向近代民法转型的过程中,对传统习惯与现代民法的协调发挥了至关重要的作用。[1] 改革开放以来,随着民事法律体系日趋健全、民事法律活动日益繁荣,由社会公共秩序和生活秩序以及社会全体成员所普遍认可和遵循的道德准则所构成的公序良俗,更是成为覆盖所有民事法律制度的一项基本原则,不仅使中华民族的传统美德在民事法律制度中得以充分彰显,同时也为我国社会的安定有序提供了关键的伦理基础。[2] 毋庸置疑,作为我国民事法律制度体系的重要组成部分,专利制度当然被囊括在公序良俗原则的调整范围之内。然而,在我国专利制度的运行实践中,公序良俗原则往往并不能被予以充分贯彻与有效适用。之所以会发生这种情况,是因为其本身不确定的开放性造成了在适用中的涵摄难题。[3] 虽说我国《专利法》第5条从公序良俗原则出发,明确规定对违反社会公德与妨害公众利益的发明创造不予专利授权,我国《专利法实施细则》也对相关违反社会公德与妨害公众利益的具体情形进行了更为细致与明确的界定。[4] 但是与科学技术日新月异的飞速发展相比,任何法律规范都是滞后的,无论对具体实施情况界定得如何详细总会有所遗漏,难以将最新的伦理问题充分涵盖,有时这种精细的概念界定,甚至还会影响公序良俗原则本身的开放

---

〔1〕 参见郑显文:《公序良俗原则在中国近代民法转型中的价值》,载《法学》2017年第11期。

〔2〕 参见王利明:《论习惯作为民法渊源》,载《法学杂志》2016年第11期。

〔3〕 参见王泽鉴:《民法总则》,北京大学出版社2009年版,第277页。

〔4〕 参见尹新天:《中国专利法详解》(缩编版),知识产权出版社2012年版,第34-50页。

性优势,使一些本身在公序良俗原则调整范畴内的问题被排除。因此,要想保证公序良俗原则在我国专利制度中的充分适用,仅仅依靠《专利法》的规定与《专利法实施细则》的具体界定是不够的,还需要提升公序良俗原则在整个专利制度中的体系性影响,使公序良俗原则真正在制度的运行实践中被高度重视,并以具体化、动态化的概念界定与固定化、专门化的评价机制来实现我国专利制度对公序良俗原则的高度贯彻与适用。

(二)诚实信用原则在我国专利制度中的适用

诚实信用是一项具有伦理价值的法律原则,也是一项帝王条款。[1] 在我国传统文化中诚实信用也被认为是一种美德,如《论语·为政》曰:"人而无信,不知其可也",讲诚信是一个人在社会上的立身之本。[2] 因而,在我国民事法律制度中,通过道德准则的法律化,将本质上属于市场经济活动中的道德要求的诚实信用作为一项基本法律原则无疑也是理所当然的。[3] 然而,在我国专利制度中却一直没有关于诚实信用原则的明示规定。虽说在专利制度运行实践中诚实信用的要求是约定俗成的,而且在市场竞争中专利权人若存在滥用市场支配地位的拒绝许可、价格歧视、掠夺性定价等违背诚实信用的专利权利滥用行为,反垄断法也可以对其予以有效规制,[4]但必须格外注意的是,并不是所有违背诚实信用的专利权利滥用行为都会因构成对市场支配地位的滥用而被纳入反垄断法的调整范围。而在很多情况下违背诚实信用的不当行为只是存在于专利制度运行实践框架之中,并未形成对市场竞争的不利影响,

---

[1] 参见王泽鉴:《民法总则》(增订新版),台北,新学林出版股份有限公司2014年版,第624-625页。

[2] 参见袁庆德:《论语通释》,吉林大学出版社2009年版,第133页。

[3] 参见梁慧星:《民法总论》(第3版),法律出版社2007年版,第262页。

[4] 参见王先林:《知识产权与反垄断法:知识产权滥用的反垄断问题研究》,法律出版社2008年版,第225-262页。

这时便需要从专利制度本身出发来解决问题，我国专利制度中诚实信用原则具体设定的缺失也就成为制约相关问题有效解决的一大阻碍。为此，我国在2021年《专利法》中专门对诚实信用原则予以明确规定，肯定了其对专利制度运行伦理价值指引的基础性作用。但是，要想保证诚实信用原则在我国专利制度中得到充分适用并使相关的专利权利滥用行为得以有效规制，仅仅依靠专利制度中的原则性规定还是远远不够的，还需将诚实信用原则贯彻专利授权审查实践、专利权益分配实践等专利制度运行实践的全程，并通过在专利制度中引入不正当行为抗辩等具体的制度设计来确保诚实信用原则的有效实施，[1]使专利制度有效规制专利权利滥用行为，从而真正确立诚实信用原则在专利制度中伦理性指引的基础性地位。

二、强化专利授权审查中对于新兴技术的伦理考量

在我国专利授权审查实践中，伦理难题突出表现为新兴技术发展对专利授权审查机制的道德冲击与伦理挑战，其在根源上是技术伦理问题在我国专利授权审查过程中的一种延伸，在实践中却又往往为我国长期以来片面追求专利授权审查效率的做法所进一步诱发。[2] 为此，有必要立足我国专利法律制度的基本框架设计，从我国专利授权审查实践的具体状况出发，强化专利授权审查中对新兴技术的伦理考量，消除专利制度与新兴技术方案之间的伦理障碍，使生物技术、人工智能技术等对我国未来发展极其重要的新兴技术成果能够在与伦理洽合的前提下顺利通过专利审查并获得专利授权，实现我国专利授权审查实践与新兴技术发展之间的充分契合。科学技术的发展进步在本质上就是一个从简单到复杂的积累过程，

---

[1] 参见徐棣枫：《不正当行为抗辩制度之移植可行性及设计构想——基于〈专利法〉第四次修改中的“诚实信用原则”》，载《东方法学》2018年第6期。

[2] 相关内容的具体论述见本书第四章对于专利授权审查实践中伦理难题的分析。

涵盖人类全部生活环境与未来愿景并对其打上深深的烙印。[1] 当前,新兴技术的不断涌现正是人类科技突飞猛进的表现,而相关技术的先进性则意味着技术方案的复杂性,这不仅是对原有技术成果的显著提升,也是对现有社会秩序与道德伦理的巨大挑战。在这样一个科技日新月异而社会伦理体系却备受冲击的时代背景下,我们别无选择,必须积极面对,通过对新兴科技成果的伦理评价,明确这些新兴技术运作的伦理底线,使之造福社会、造福人类。具体到专利授权审查实践而言,则应在现行制度框架下提升对新兴技术成果专利授权审查中的伦理考量,同时,必须打破思维定式,积极运用新兴技术成果辅助对发明创造的伦理考量。

(一)提升对新兴技术成果专利授权审查中的伦理考量

进入 20 世纪以来,人类社会在短短一百余年的时间里经历了三次科技革命,相关的发明创造逐步从传统的工业成果转变为诸如生物技术、人工智能技术等具有高度社会福利同时也蕴含高度伦理风险的新兴技术成果。相应地,作为给予发明创造以法律保护的专利制度无疑也应与时俱进,在给予新兴技术成果予以专利权的同时,更应注重伦理风险的控制,及时将科研活动中"能做什么"和"应做什么"的伦理衡量纳入专利授权审查实践的伦理考量之中,对相关新兴技术成果展开"能否授权"以及"如何授权"的法律判断与伦理抉择。[2] 我国由于近代以来的巨大社会变革错过了第二次与第三次科技革命的发展红利。自改革开放以来我国奋起直追、飞速发展,虽仍然落后于欧美发达国家,但已取得的成绩可圈可点,尤其是在生物技术、人工智能技术等新兴技术的研发中成果斐然。然

---

〔1〕 参见[德]阿明·格伦瓦尔德主编:《技术伦理学手册》,吴宁译,社会科学文献出版社 2017 年版,第 26 页。

〔2〕 参见陈爱华:《科学伦理的哲学审思——基于认识论维度的追问》,载单继刚、甘绍平、容敏德主编:《应用伦理:经济、科技与文化》,人民出版社 2008 年版,第 107 页。

而,面对这些伦理风险异常突出的新兴技术,我国专利制度却显得有些准备不足。而之所以会这样,在很大程度是因为我国专利制度的发展历程短暂,虽说自 1984 年制度创设以来,几经调整,制度体系日益健全、具体规则不断完善,但是在具有高度伦理相关性的新兴技术面前,专利授权审查等运行机制明显力不从心,仍需不断推进制度的现代化进程,实现制度框架与技术发展之间的契合。[1] 与此同时,以促进技术成果的市场流通与扩散、推进发明创造产业化为基础的制度目标,[2] 也使我国专利授权审查实践中实用主义倾向日趋严重,甚至出现了向新兴技术背后的经济利益妥协的情况,而且一个关键问题被忽视了,即对生物技术等新兴技术成果的专利授权审查,提高产业发展并不是评判的唯一标准,更需要进行必要的伦理限制。[3] 由此,为提升我国对新兴技术成果专利授权审查中的伦理考量,应首先从内容层面出发对发明创造的伦理考量予以细化,明确公序良俗条款以及伦理例外规则中例外情形在不同技术领域中的具体含义与表现,在此基础上还应进一步完善我国在发明创造专利授权审查中对发明创造或技术成果进行伦理考察与道德衡量的具体程序,通过常态化的伦理考察环节设定与专门化的道德衡量机构设置,确保专利授权审查中对新兴技术成果的充分伦理考量,从而以此真正实现我国专利授权审查中伦理考量机制的有序运行。

---

〔1〕 参见吴汉东、刘鑫:《改革开放四十年的中国知识产权法》,载《山东大学学报(哲学社会科学版)》2018 年第 3 期。

〔2〕 参见[苏丹]卡米尔·伊德里斯:《知识产权:推动经济增长的有力工具》,曾燕妮译,知识产权出版社 2008 年版,第 28 页。

〔3〕 See Emanuela Arezzo, Gustavo Ghidini, *Biotechnology and Software Patent Law*, Edward Elgar Publishing Limited, 2011, p. 87.

（二）运用新兴技术成果辅助对于发明创造的伦理考量

技术具有两面性，既可以产生问题，也可以用来解决问题。[1] 新兴技术成果不断涌现，急剧增大专利授权审查实践中伦理考察与道德衡量压力的同时，也可以被用来辅助对相关发明创造与技术成果的伦理考量，这一点在人工智能技术中表现得尤为突出。一方面，人工智能技术的独特属性给我国专利授权审查中的相关伦理考量带来了巨大挑战。人工智能脱离人类控制与干预自主生成发明创造的能力，使其与传统技术相比存在根本性的区别，同时这也带来了技术后果难以预见、不易控制的伦理风险。[2] 而人工智能主体资格的缺失，使事实上扮演"发明人"角色的人工智能，既无法自己申请专利，也无法自己行使专利权，这无疑会进一步带来有关责任由谁承担的伦理难题。[3] 另一方面，人工智能技术在对发明创造或技术成果的专利授权审查中也具有突出的辅助作用。目前，在专利检索、专利翻译，发明创造的新颖性、创造性等实质性授权标准的判断中，人工智能技术的影子随处可见。[4] 即使是处理专利纠纷的司法过程，人工智能也开始参与其中，当前我国司法机关中所出现的人工智能办案系统便是明证。该技术不仅方便了社会公众，也使办案效率大幅提升。[5] 对发明创造或技术成果专利授权审查

---

〔1〕 参见吴汉东：《人工智能生成发明的专利法之问》，载《当代法学》2019 年第 4 期。

〔2〕 See Matthew U. Scherer, *Regulating Artificial Intelligence Systems: Risks, Challenges, Competencies, and Strategies*, 29 Harvard Journal of Law & Technology 363 (2016).

〔3〕 See Liza Vertinsky, Todd M. Rice, *Thinking about Thinking Machines: Implications of Machine Inventors for Patent Law*, 8 Boston University Journal of Science & Technology Law 585 (2002).

〔4〕 See Ryan Abbott, *I Think, Therefore I Invent: Creative Computers and the Future of Patent Law*, 57 Boston College Law Review 1079 (2016).

〔5〕 参见程凡卿：《我国司法人工智能建设的问题与应对》，载《东方法学》2018 年第 3 期。

中的伦理衡量，人工智能技术也可起到极大的辅助作用，虽目前并无实践，但不容否认的是，人工智能技术“算法驱动＋数据保障”的运作模式对发明创造与技术成果中伦理问题的识别与判断也当然会是准确且高效的。因而，为提升我国对新兴技术成果专利授权审查中的伦理考量，我们不妨运用人工智能等新兴技术成果来实现这一目标，将人工智能引入新兴技术成果专利授权审查的伦理考量过程之中，以大数据和强算法对相关技术成果的伦理风险进行初步甄别，为专利审查员展开进一步的实质性伦理考量提供支持。这样一来，不仅提升了对新兴技术伦理考量的效率，同时专利审查员的实质性伦理考量也使人工智能数据与算法运作的局限性得以有效化解，从而运用人工智能这一新兴技术成果辅助由新兴技术发展所带来的专利授权审查中伦理考量难题的解决。

三、增进专利权益分配中对弱势主体的法律保护

在我国专利权益分配实践中，伦理争议主要源自不同主体之间对专利财产权益的相互争夺，在具体实践中处于优势地位的投资主体或专利权人往往会利用自身的优势地位展开对弱势主体的打压，这样虽可以有效地保证专利权益分配的效率，但却往往有失公平，相应的伦理争议也由此愈演愈烈。[1] 为此，有必要立足我国专利法律制度的基本框架设计，从我国专利权益实践的具体状况出发，增进专利权益初次分配与再次分配中对弱势主体的法律保护，化解专利权益配置过程中各相关主体对专利权属的伦理争议，使其中的弱势主体不至于备受不正当的劫持与倾轧而并无丝毫还手之力，以不损害且有利于弱势主体的伦理底线确保我国专利权益分配的伦理正义。在专利权益分配实践中，无论是初次分配还是再次分配，

〔1〕 相关内容的具体论述见本书第五章对专利权益分配实践中伦理争议的阐释。

效率与公平之间的伦理矛盾是必须解决但又难以解决的永恒主题。[1] 毋庸置疑，在当前物质主导的专利权益分配机制下效率是最为直接的价值追求，但这也往往会使处于优势地位的相关主体为获取更多利益而展开对弱势主体的打压，致使专利权益分配的公平有失。而若失去了专利权益分配的最基本公平性，在伦理正义的视野下专利权益分配的效率便会没有任何意义，沦为空谈。因而，为充分确保我国专利权益分配的伦理正义，在专利权益初次分配和再次分配中都应极力增进对弱势主体的法律保护，从而使我国专利制度的伦理理性得以充分彰显。

（一）我国专利权益初次分配中对弱势主体的法律保护

在我国专利权益的初次分配过程中，物质投资主体对技术研发方向与内容的主导无疑使投入脑力劳动的发明人处于弱势地位，并因沦为专利权益配置中的弱势主体而备受挤压，有关专利权益初次分配公平性的伦理争议也往往由此触发，尤其是在职务发明关系中这一问题表现得最为突出，相关的伦理争议也在其中最为凸显。由此，为实现我国专利权益初次分配的伦理正义，必须加强对弱势主体的法律保护以确保权益配置的公平性。由于约定权属模式任意性在很多时候会演变为优势主体的肆意性，职务发明单位在利益的驱动下，不免会利用其优势地位作出有悖公平正义的权属约定，并造成对发明人的合法权益损害。为此，我国应借鉴德国、法国等同样采用“雇主优先”职务发明权利配置模式国家的做法，在职务发明权属机制中设置保障雇员发明人合法权益的专门条款，在现有规定的基础上，增加有利于发明人的限制性条款，规定“单位与发明人或者设计人对申请专利的权利和专利权的归属等事项所进行的约定，应是公平合理且不损害社会公共利益以及发明人或者设计人合法

---

〔1〕 参见刘星：《西窗法雨》，法律出版社2013年版，第125页。

权益的”。[1]

(二)我国专利权益再次分配中对弱势主体的法律保护

在我国专利权益的再次分配过程中,专利权人对发明创造与技术成果的独占性掌控无疑会给予其在专利转让或许可使用的权益再次分配中的主导地位,而交易相对人则处于较为被动的弱势地位。至于专利权人在专利交易中能在多大程度上支配权益的再次分配,则取决于专利技术成果本身的稀缺性以及专利权人所占有的市场份额。一旦专利权人以技术优势掌控市场,交易相对人的弱势地位将更为凸显,在专利转让或许可使用的协商之中并无半分议价能力,即使是明显有失公平的“不平等条约”,碍于技术获取的强烈需要,交易相对人也不得不接受。进言之,在市场竞争中专利权人对交易相对人展开技术劫持,而在国际合作中专利权人对交易相对人进行贸易倾轧等被伦理非难的现实情形也往往由此而来。虽说如若专利权人构成对市场支配地位的滥用,即可通过反垄断法对其行为予以限制,但在实践中专利权人却并不总能拥有形成市场支配地位的足够市场份额,因而相应的技术劫持与贸易倾轧也就不能被直接纳入反垄断法的规制范畴。[2] 由此,为实现我国专利权益再次分配的伦理正义,有必要增强对弱势主体的法律保护以有效规避专利权人技术劫持或贸易倾轧所造成的公平有失风险。基于契约机制在专利权益再次分配中的核心作用,要想确保专利交易相对于弱势主体的公平性,则应先从专利转让或许可使用的现实情况出发,以动态系统论的立场对契约及契约条款展开显失公平的判定。[3]

---

[1] 参见刘鑫:《职务发明权利归属的立法变革与制度安排——兼评〈专利法修订草案(送审稿)〉第6条》,载《法学杂志》2018年第2期。

[2] 参见王先林:《知识产权与反垄断法:知识产权滥用的反垄断问题研究》,法律出版社2008年版,第211-217页。

[3] 参见贺剑:《〈合同法〉第54条第1款第2项(显失公平制度)评注》,载《法学家》2017年第1期。

在此基础上，我国还应针对特殊的市场背景与国际环境，通过对专利权人的必要约束来确保专利权益再次分配的伦理正义，一方面，在市场竞争中应以公平、合理、无歧视作为专利交易的原则指引，尤其是对标准必要专利权人而言，公平、合理、无歧视的伦理原则应被更为充分地贯彻，使专利技术市场运营中专利权人技术劫持恶化的标准劫持的情况得以有效规避，同时也使处于弱势地位的标准实施者的权益能够获得充分保障；[1]另一方面，在国际合作中应以互惠共赢作为专利交易的原则指引，尤其是对与社会公共利益密切相关的专利技术，我国作为处于弱势地位的发展中国家更应与发达国家的专利权人积极进行国际磋商以保证专利交易的顺利进行，如在《TRIPS 协定》的多哈回合谈判中，广大发展中国家便因公共健康诉求在国际合作中增加了对药品专利保护例外的设置，对发达国家的专利权人的行为予以必要限制，从而实现了对处于弱势地位的广大发展中国家交易相对人的必要保护和社会公共健康的有力维护。[2]

本章小结

从对外来制度“内化”和“吸收”的本土化，到以制度创新推动创新发展的现代化，再到融入并推进国际保护体系发展的一体化，我国专利法律制度自 1984 年以来，与改革开放并肩前行，目前已进行过 1992 年、2000 年、2008 年、2020 年四次修改，其中既有中美知识产权谈判和加入世界贸易组织等外来压力的制约，也有建立专利

[1] 参见黄菁茹：《论 FRAND 原则对标准必要专利权行使的限制》，载《知识产权》2016 年第 1 期。

[2] 参见魏森：《从“多哈宣言”看药品知识产权保护与公共健康利益间的平衡》，载《兰州学刊》2004 年第 2 期。

制度促进科技创新内生动力的助推。[1] 三十余年来，我国专利制度日趋完善，并日渐成为经济社会发展的关键性制度支撑，但在充分肯定我国专利制度所取得的瞩目成就的同时，也必须看到我国专利制度在具体运行中所存在的诸多伦理挑战与道德风险。一方面，在我国传统文化中严重缺乏有关专利财产权的伦理意识，无论是相关的价值观还是伦理观，我国传统文化中的体系与范畴几乎是与现代专利财产权的建立基础完全对立的；[2] 另一方面，在我国封建社会长期以来社会差序格局的伦理道德体系影响下，专利制度无疑也是与我国社会人伦道德的传统价值理念不相契合的。[3] 在我国专利制度的实践中，包括专利授权审查、专利权益分配等各个制度运行环节，都缺少明确的伦理价值导向与道德原则指引。诚然，在某些情况下不设限制地实施专利制度会使特定的制度效用得以充分发挥，但专利制度的肆意运行，却也意味着伦理水准的倒退，这也势必会在我国专利制度实践中引发更为严重的伦理挑战与道德风险。[4]

鉴于此，为使我国专利制度设计与运行中所呈现的各种伦理难题与争议得以充分化解，应先从宏观的伦理路径选择出发，明确我国专利制度正当性基础的伦理面向，即应在我国传统文化观念与社会价值理念中缺失财产权私有的个人自由主义“道义论”伦理内核的前提下，通过营造与财产权理论及知识产权制度发展相契合的文化环境与社会氛围，弥补我国现行专利制度正当性层面的伦理依据

---

〔1〕 参见吴汉东：《中国知识产权法律变迁的基本面向》，载《中国社会科学》2018 年第 8 期。

〔2〕 参见彭立静：《伦理视野中的知识产权》，知识产权出版社 2010 年版，第 10 – 11 页。

〔3〕 参见费孝通：《乡土中国 生育制度》，北京大学出版社 1998 年版，第 31 – 36 页。

〔4〕 参见［德］鲁德格·霍内费尔德：《科学和伦理：面临生物学、基因技术和医学挑战我们肩负的责任》，载单继刚、甘绍平、容敏德主编：《应用伦理：经济、科技与文化》，人民出版社 2008 年版，第 88 页。

缺位，使我国专利制度在未来发展中能够建构起以“道义论”伦理理论为基础、以“功利论”伦理目标为追求的全面且充分的正当性伦理依据。[1] 从专利制度的动态运行来看，则需要进一步明确我国专利制度在不同实施环节中最为恰当的伦理价值抉择，即在首要的正义价值追求下厘清我国专利制度运行实践中的伦理价值次序，尤其在当今效率当先的“亲专利”政策导向下，更应强调效率之上最趋近于专利制度伦理正义的价值选择。与此同时，还应从应用伦理学无害、行善、自主、公正四项基本原则出发，梳理出它们在我国专利制度实施场景下的具体内涵以指引实践活动。此外，必须格外注意的是，面对新兴科技成果不断涌现以及专利制度运行中人为造成的伦理风险日益突出的现实情况，[2] 仅仅在宏观上明确应对相关伦理难题与争议的基本路径是远远不够的，还需要在此基础上展开微观层面的具体制度安排，一方面应提高专利制度中针对专利法律行为内容进行“内容审查”的公序良俗原则和针对专利权的具体行使行为进行“行使审查”的诚实信用原则等伦理性法律原则条款的适用性；[3] 另一方面则应立足专利制度具体运行规则的优化与完善，通过强化专利授权审查中对新兴技术的伦理考量和增进专利权益分配中对弱势主体的法律保护等具体措施，将我国专利制度运行实践中所呈现的伦理难题与争议全面消除，从而确保我国专利制度的伦理正义的有效实现，使伦理理性在我国专利制度的设计与运行中得以充分彰显。[4]

---

〔1〕 参见胡波：《专利法的伦理基础——以生物技术专利问题为例证》，载《法制与社会发展》2008 年第 2 期。

〔2〕 参见吴翠丽：《科技伦理：风险社会治理的应对之策》，载单继刚、甘绍平、容敏德主编：《应用伦理：经济、科技与文化》，人民出版社 2008 年版，第 142 页。

〔3〕 参见于飞：《公序良俗原则与诚实信用原则的区分》，载《中国社会科学》2015 年第 11 期。

〔4〕 参见刘云林：《法律伦理的时代使命：为法治建设提供道德保障》，载《道德与文明》2007 年第 4 期。

结　　语

在人类社会的发展进程中，技术创新是推进社会进步的不竭动力，倘若先进的科学技术没有被研发与运用，人类的未来则将一片黑暗且危机四伏。[1] 专利制度作为科学技术研发与运用的法律保障无疑在其中具有举足轻重的作用，但在实践中，专利制度却往往由于价值的迷失与导向的模糊而陷入伦理困境，层出不穷的伦理难题与道德争议困住了专利制度的“手脚”，使其难以发挥应有的效用。正如在经济学中，脱离了伦理的价值基础与原则指引的内容会变得贫乏，[2] 专利制度失去了伦理的规训也同样难以找到正确的发展方向。虽说专利法律制度与伦理道德隶属不同的规范体系，但在专利制度的设计与运行中不免会与伦理道德规范存在诸多的交叉与冲突，相关的伦理困境大多便源自制度安排与实施的伦理偏差与道德背离。毋庸置疑，做出道德恶行的行为人具有不可推卸的责任，但对于专利制度的伦理困境而言，最为重要的并不是做出道德恶行的人，而是专利制度设计本身的伦理正当性以及专利制度运行

---

〔1〕 See J. H. Reichman, David Lange, *Bargaining around the TRIPS Agreement: The Case for Ongoing Public—Private Initiatives to Facilitate Worldwide Intellectual Property Transactions*, 9 Duke Journal of Comparative & International Law 11, 11 - 68 (1998).

〔2〕 参见[印度]阿马蒂亚·森:《伦理学与经济学》，王宇、王文玉译，商务印书馆2018年版，第59页。

实践的合伦理理性。[1] 进言之,在科技革命与产业革新的双重驱动下,现代社会趋于多元,凝聚某种道德共识来维系社会有序运转的需要更为迫切。[2] 相应地,专利制度正当性的伦理诘问和实施中的伦理难题、伦理争议也更为突出,亟需在这种社会道德共识的基础上确立起专利制度正当性的伦理基础和实践中的伦理指引。

作为促进与保护科技创新成果的重要法律机制,专利制度的目标不仅仅在于激发个体的技术创新热情,更在于实现技术信息的社会效应。为此,在具体的设计与安排中专利制度形成了"权利独占"与"技术公开"的基本架构,运用契约思维将专利技术向公众的公开作为发明人取得垄断权利的交换筹码,有效兼顾个人权益与公共利益,发扬专利制度的技术革新之"善"与技术普惠之"善",[3] 这既是专利制度设计的基本价值目标,也是人们对专利制度的基本认同与伦理共识。法的一切效力都是当时历史的总体状况的产物和缩影,[4] 专利法律制度在不同的历史时期与社会环境下也必然会有不同的目标导向与价值衡量,与此同时,在技术革新之"善"与技术普惠之"善"的伦理共识之下,人们对专利制度的伦理正当性也当然会有不同的解读。例如,从专利制度运行效果之伦理追求出发的"专利激励学说"与"专利竞赛学说",对专利制度正当性的证成即是一种"功利论"路径下的伦理诠释;而从专利制度私有财产权制度本质展开的"劳动财产学说"与"人格财产学说",对专利制度正当性的证成即是一种"道义论"路径下的伦理阐释。各种不同的理论

---

〔1〕 参见[德]克里斯托夫·吕特格:《市场经济和伦理:秩序伦理和企业伦理》,载单继刚、甘绍平、容敏德主编:《应用伦理:经济、科技与文化》,人民出版社 2008 年版,第 6 页。

〔2〕 参见何怀宏:《伦理学是什么》,北京大学出版社 2015 年版,第 102 页。

〔3〕 See Arthur R. Miller, Michael H. Davis, *Intellectual Property: Patents, Trademarks, and Copyright in a Nutshell*, 5th edition, Thomson Reuters, 2012, p. 11.

〔4〕 参见[德]伯恩·魏德士:《法理学》,丁晓春、吴越译,法律出版社 2013 年版,第 275 页。

学说在某种程度上都能实现逻辑自洽,但也都存在缺陷与不足,它们并无对错之分,只是伦理面向有所差异。[1] 因而,要实现对专利制度正当性的充分伦理论证,就不能拘泥于某一理论学说或某一伦理面向,而应结合各自专利制度正当性学说的不同侧重,将不同的伦理路径整合起来,建构起以"道义论"伦理路径为哲学根基、以"功利论"伦理路径为运行原则的专利制度正当性伦理框架。

专利制度的生命力在于实施。[2] 专利制度的实践不仅是发挥其制度价值的重要手段,也是实现其制度目标的本质方式。法律既能让风俗变得更好,也会使淳朴的风俗变得更坏。[3] 专利法律制度也同样是一把"双刃剑",既能使社会创新活力得到充分激发,也会带来阻碍创新的负面影响。[4] 毫无疑问,我们设立专利制度的目的在于发扬其促进技术革新与推进技术普惠的制度之"善",但在专利授权审查、专利权益分配等实际的制度运行中所产生的制度效果往往并不尽如人意,甚至在很多时候走向了伦理追求的对立面,突破道德底线,沦为阻碍技术革新与妨害技术普惠之"恶"。之所以会发生这种情况,究其根本,是因为专利制度实施缺乏恰当的伦理价值尺度与道德准则制约,制度的具体运行实践没有确定的伦理方向。为此,亟需在专利制度实施中建立明确的伦理指引,并在以公共效用为核心追求的正义价值导向下,根据专利制度各运行环节的不同特点而进行相应调整,使制度的积极效用得以最大限度地发挥,将其中的不良影响予以有效控制,保证专利制度运行实践的伦

---

〔1〕 See Mark A. Lemley, *Faith – Based Intellectual Property*, 62 UCLA Law Review 1328 (2015).

〔2〕 吴汉东:《专利法实施的目标任务与保障体系》,载《知识产权》2015 年第 4 期。

〔3〕 参见[法]孟德斯鸠:《论法的精神》,袁岳编译,中国长安出版社 2010 年版,第 129 页。

〔4〕 See Mark A. Lemley, *Reconceiving Patents in the Age of Venture Capital*, 4 Journal of Small and Emerging Business Law 139 (2000).

理正义。[1] 例如,在专利授权审查实践中,安全与秩序的价值追求即意味着伦理正义;而在专利权益分配实践中,公平与效率的价值兼顾则是契合正义的伦理选择。只有在面向制度正义的伦理价值与原则的指引下,展开合理的法律释义与进行必要的规则完善,才能真正将专利制度运行实践中所呈现的各种伦理难题、伦理争议都予以有效化解,保证专利授权审查、专利权益分配等制度环节都能有序地运行,从而实现专利制度运行的伦理正义,并以制度的充分实施使之焕发无尽的生命力。

---

〔1〕“公共的效用是正义的唯一起源,对这一德性有益后果的反思是其价值的唯一基础。”参见[英]休谟:《道德原则研究》,曾晓平译,商务印书馆 2001 年版,第 35 页。

参考文献

一、中文文献

(一)中文著述

1. 程炼编著:《伦理学关键词》,北京师范大学出版社 2007 年版。
2. 崔国斌:《专利法:原理与案例》(第 2 版),北京大学出版社 2016 年版。
3. 单继刚、甘绍平等主编:《应用伦理:经济、科技与文化》,人民出版社 2008 年版。
4. 甘绍平:《伦理学的当代建构》,中国发展出版社 2015 年版。
5. 龚群:《现代伦理学》,中国人民大学出版社 2010 年版。
6. 韩世远:《合同法总论》(第 3 版),法律出版社 2011 年版。
7. 何怀宏:《伦理学是什么》,北京大学出版社 2015 年版。
8. 胡波:《专利法的伦理基础》,华中科技大学出版社 2011 年版。
9. 金海军:《知识产权实证分析[Ⅰ]——创新、司法与公众意识》,知识产权出版社 2015 年版。
10. 康添雄:《专利法的公共政策研究》,华中科技大学出版社 2019 年版。
11. 李明德:《美国知识产权法》(第 2 版),法律出版社 2014 年版。
12. 李仁武:《制度伦理研究——探寻公共道德理性的生成路径》,人民出版社 2009 年版。
13. 李扬主编:《知识产权的合理性、危机及其未来模式》,法律出版社 2003 年版。
14. 梁慧星:《民法解释学》(第 4 版),法律出版社 2015 年版。
15. 梁志文:《论专利公开》,知识产权出版社 2012 年版。
16. 刘星:《西窗法雨》,法律出版社 2013 年版。

17. 龙文懋:《知识产权法哲学初论》,人民出版社 2003 年版。
18. 马勇:《伦理道德史话》,社会科学文献出版社 2011 年版。
19. 梅仲协:《民法要义》,中国政法大学出版社 2004 年版。
20. 彭立静:《伦理视野中的知识产权》,知识产权出版社 2010 年版。
21. 彭萍:《翻译伦理学》,中央编译出版社 2013 年版。
22. 沈宗灵:《现代西方法理学》,北京大学出版社 1992 年版。
23. 史尚宽:《民法总论》,中国政法大学出版社 2000 年版。
24. 苏永钦:《寻找新民法》,北京大学出版社 2012 年版。
25. 汤宗舜:《专利法解说》(修订版),知识产权出版社 2002 年版。
26. 王海明:《伦理学原理》(第 3 版),北京大学出版社 2009 年版。
27. 王洪亮:《债法总论》,北京大学出版社 2016 年版。
28. 王太平:《知识经济时代专利适格标的研究》,知识产权出版社 2015 年版。
29. 王卫国主编:《基础医学概论——基础医学课程的整合》,人民卫生出版社 2008 年版。
30. 王先林:《知识产权与反垄断法——知识产权滥用的反垄断问题研究》,法律出版社 2008 年版。
31. 王泽鉴:《民法物权》(第 2 版),北京大学出版社 2010 年版。
32. 王泽鉴:《债法原理》(第 2 版),北京大学出版社 2013 年版。
33. 吴汉东:《无形财产权基本问题研究》(第 3 版),中国人民大学出版社 2013 年版。
34. 吴汉东主编:《中国知识产权理论体系研究》,商务印书馆 2018 年版。
35. 熊秉元:《正义的成本——当法律遇上经济学》,东方出版社 2014 年版。
36. 徐海燕:《中国近现代专利制度研究(1859 ~ 1949)》,知识产权出版社 2010 年版。
37. 徐士英:《竞争法论》,世界图书出版公司 2007 年版。
38. 徐瑄:《知识产权的对价理论》,法律出版社 2014 年版。
39. 颜厥安:《鼠肝与虫臂的管制——法理学与生命伦理探究》,北京大学出版社 2006 年版。
40. 杨立新:《中国民法总则研究》(上卷),中国人民大学出版社 2017 年版。
41. 杨仁寿:《法学方法论》(第 2 版),中国政法大学出版社 2013 年版。

42. 尹新天:《中国专利法详解》(缩编版),知识产权出版社 2012 年版。
43. 詹映:《专利池管理与诉讼》,知识产权出版社 2013 年版。
44. 张平主编:《冲突与共赢——技术标准中的私权保护》,北京大学出版社 2011 年版。
45. 张文显:《法哲学范畴研究》(修订版),中国政法大学出版社 2001 年版。
46. 肇旭:《生物技术专利授权要件研究》,法律出版社 2014 年版。
47. 郑成思:《知识产权论》(第 3 版),法律出版社 2007 年版。

(二)中文译著

1. [澳]彼得·德霍斯:《知识财产法哲学》,周林译,商务印书馆 2008 年版。
2. [德]阿明·格伦瓦尔德主编:《技术伦理学手册》,吴宁译,社会科学文献出版社 2017 年版。
3. [德]伯恩·魏德士:《法理学》,丁晓春、吴越译,法律出版社 2003 年版。
4. [德]汉斯·布洛克斯、沃尔夫·迪特里希·瓦尔克:《德国民法总论》(第 33 版),张艳译,中国人民大学出版社 2014 年版。
5. [德]黑格尔:《法哲学原理》,范扬、张企泰译,商务印书馆 1961 年版。
6. [德]卡尔·拉伦茨:《法学方法论》,陈爱娥译,商务印书馆 2003 年版。
7. [德]康德:《法的形而上学原理——权利的科学》,沈叔平译,商务印书馆 1991 年版。
8. [德]库尔特·拜尔茨:《基因伦理学:人的繁殖技术化带来的问题》,马怀琪译,华夏出版社 2000 年版。
9. [德]鲁道夫·冯·耶林:《为权利而斗争》,郑永流译,法律出版社 2012 年版。
10. [德]尼采:《论道德的谱系》,赵千帆译,商务印书馆 2018 年版。
11. [德]朋霍费尔:《伦理学》,胡其鼎译,商务印书馆 2012 年版。
12. [法]居斯塔夫·勒庞:《乌合之众——群体心理研究》,胡小跃译,浙江文艺出版社 2015 年版。
13. [法]克洛德·贝尔纳:《实验医学研究导论》,夏康农、管光东译,商务印书馆 1991 年版。
14. [法]卢梭:《社会契约论》,何兆武译,商务印书馆 1963 年版。

15. [法]孟德斯鸠:《论法的精神》,袁岳编译,中国长安出版社 2010 年版。
16. [古希腊]亚里士多德:《尼各马可伦理学》,廖申白译注,商务印书馆 2003 年版。
17. [古希腊]亚里士多德:《政治学》,吴寿彭译,商务印书馆 1965 年版。
18. [荷兰]斯宾诺莎:《伦理学》,贺麟译,商务印书馆 1983 年版。
19. [美]J. M. 穆勒:《专利法》(第 3 版),沈超等译,知识产权出版社 2013 年版。
20. [美]本杰明·卡多佐:《司法过程的性质》,苏力译,商务印书馆 1997 年版。
21. [美]弗兰克·梯利:《伦理学导论》,何意译,广西师范大学出版社 2002 年版。
22. [美]富勒:《法律的道德性》,郑戈译,商务印书馆 2005 年版。
23. [美]约翰·罗尔斯:《正义论》,何怀宏等译,中国社会科学出版社 1988 年版。
24. [美]罗尔斯·庞德:《法律与道德》,陈林林译,中国政法大学出版社 2003 年版。
25. [美]尼尔·波斯曼:《技术垄断:文化向技术的投降》,何道宽译,北京大学出版社 2007 年版。
26. [美]史蒂文·卢坡尔:《伦理学导论》,陈燕译,中国人民大学出版社 2008 年版。
27. [美]休·拉福莱特主编:《伦理学理论》,龚群主译,中国人民大学出版社 2008 年版。
28. [日]富田彻男:《市场竞争中的知识产权》,廖正衡等译,商务印书馆 2000 年版。
29. [日]荒井寿光:《知识产权革命》,夏雨译,知识产权出版社 2017 年版。
30. [日]加藤雅信:《“所有权”的诞生》,郑芙蓉译,法律出版社 2012 年版。
31. [日] 田村善之:《田村善之论知识产权》,李扬等译,中国人民大学出版社 2013 年版。
32. [日]我妻荣:《我妻荣民法讲义Ⅰ:新订民法总则》,于敏译,中国法制出版社 2008 年版。

33. [日]我妻荣:《我妻荣民法讲义V1:债权各论》(上卷),徐慧译,中国法制出版社2008年版。
34. [日]竹中俊子主编:《专利法律与理论——当代研究指南》,彭哲等译,知识产权出版社2013年版。
35. [苏丹]卡米尔·伊德里斯:《知识产权:推动经济增长的有力工具》,曾燕妮译,知识产权出版社2008年版。
36. [意]彼德罗·彭梵得:《罗马法教科书》(修订版),黄风译,中国政法大学出版社2005年版。
37. [印度]阿马蒂亚·森:《伦理学与经济学》,王宇、王文玉译,商务印书馆2018年版。
38. [英]B.威廉斯:《伦理学与哲学的限度》,陈嘉映译,商务印书馆2018年版。
39. [英]G.E.摩尔:《伦理学原理》,陈德中译,商务印书馆2018年版。
40. [英]边沁:《道德与立法原理导论》,时殷弘译,商务印书馆2000年版。
41. [英]哈特:《法律的概念》,张文显等译,中国大百科全书出版社1996年版。
42. [英]霍布斯:《利维坦》,黎思复、黎廷弼译,商务印书馆1985年版。
43. [英]洛克:《政府论》(下篇),叶启芳、瞿菊农译,商务印书馆1964年版。
44. [英]休谟:《道德原则研究》,曾晓平译,商务印书馆2001年版。
45. [英]约翰·密尔:《论自由》,许宝骙译,商务印书馆2005年版。
46. [英]约翰·穆勒:《功利主义》,徐大建译,商务印书馆2014年版。

(三)中文期刊

1. 蔡唱:《公序良俗在我国的司法适用研究》,载《中国法学》2016年第6期。
2. 曹新明:《知识产权法哲学理论反思——以重构知识产权制度为视角》,载《法制与社会发展》2004年第6期。
3. 曾学东:《专利当然许可制度的建构逻辑与实施愿景》,载《知识产权》2016年第11期。
4. 程凡卿:《我国司法人工智能建设的问题与应对》,载《东方法学》2018年第3期。

5. 戴孟勇:《论公序良俗的判断标准》,载《法制与社会发展》2006 年第 3 期。
6. 方军:《制度伦理与制度创新》,载《中国社会科学》1997 年第 3 期。
7. 费多益:《意志自由的心灵根基》,载《中国社会科学》2015 年第 12 期。
8. 冯洁涵:《全球公共健康危机、知识产权国际保护与 WTO 多哈宣言》,载《法学评论》2003 年第 2 期。
9. 傅鹤鸣:《法律伦理:当代中国制度伦理构建的核心命题》,载《伦理学研究》2016 年第 5 期。
10. 甘绍平:《道德共识的形成机制》,载《哲学动态》2002 年第 8 期。
11. 甘绍平:《科技伦理:一个有争议的课题》,载《哲学动态》2000 年第 10 期。
12. 甘绍平:《论契约主义伦理学》,载《哲学研究》2010 年第 3 期。
13. 甘绍平:《应用伦理学的论证问题》,载《中国社会科学》2006 年第 1 期。
14. 高兆明:《制度伦理与制度"善"》,载《中国社会科学》2007 年第 6 期。
15. 郭寿康、左晓东:《专利强制许可制度的利益平衡》,载《知识产权》2006 年第 2 期。
16. 何敏:《职员发明财产权利归属正义》,载《法学研究》2007 年第 5 期。
17. 和育东:《从权利到功利:知识产权扩张的逻辑转换》,载《知识产权》2014 年第 5 期。
18. 胡波:《专利法的伦理基础——以生物技术专利问题为例证》,载《法制与社会发展》2008 年第 2 期。
19. 胡加祥:《转基因食品安全性的法律思辨——"无罪推定"还是"有罪推定"》,载《法学》2015 年第 12 期。
20. 胡玉鸿:《正确理解弱者权利保护中的社会公平原则》,载《法学》2015 年第 1 期。
21. 黄菁茹:《论 FRAND 原则对标准必要专利权行使的限制》,载《知识产权》2016 年第 1 期。
22. 黄玉烨:《知识产权利益衡量论——兼论后 TRIPs 时代知识产权国际保护的新发展》,载《法商研究》2004 年第 5 期。
23. 蒋功成:《伪科学,坏科学?——优生学所受到的批判及其分析》,载《科学技术与辩证法》2007 年第 5 期。
24. 金泳锋、黄钰:《专利丛林困境的解决之道》,载《知识产权》2013 年第

11 期。
25. 李琛:《知识产权法基本功能之重解》,载《知识产权》2014 年第 7 期。
26. 李琛:《质疑知识产权之“人格财产一体性”》,载《中国社会科学》2004 年第 2 期。
27. 李崇僖:《再探基因专利问题:美国经验省思》,载《月旦法学杂志》2014 年第 224 期。
28. 李光辉、文学平:《实然与应然——法律伦理之可能》,载《现代法学》2004 年第 5 期。
29. 李宏伟:《现代生物技术伦理价值冲突的哲学思考》,载《自然辩证法通讯》2005 年第 6 期。
30. 李双元、杨德群:《论公序良俗原则的司法适用》,载《法商研究》2014 年第 3 期。
31. 李岩:《公序良俗原则的司法乱象与本相——兼论公序良俗原则适用的类型化》,载《法学》2015 年第 11 期。
32. 李真真、董永亮等:《设计生命:合成生物学的安全风险与伦理挑战》,载《中国科学院院刊》2018 年第 11 期。
33. 梁志文:《专利价值之谜及其理论求解》,载《法制与社会发展》2012 年第 2 期。
34. 林秀芹:《中国专利强制许可制度的完善》,载《法学研究》2006 年第 6 期。
35. 刘春田:《知识财产权解析》,载《中国社会科学》2003 年第 4 期。
36. 刘华:《法律与伦理的关系新论》,载《政治与法律》2002 年第 3 期。
37. 刘坤、赵万一:《财产权制度的存在基础》,载《现代法学》2004 年第 5 期。
38. 刘强:《人工智能算法发明可专利性问题研究》,载《时代法学》2019 年第 4 期。
39. 刘云林:《法律伦理的时代使命:为法治建设提供道德保障》,载《道德与文明》2007 年第 4 期。
40. 龙文懋:《人工智能法律主体地位的法哲学思考》,载《法律科学(西北政法大学学报)》2018 年第 5 期。
41. 罗娇:《论标准必要专利诉讼的“公平、合理、无歧视”许可——内涵、费率与适用》,载《法学家》2015 年第 3 期。

42. 罗能生:《产权安排是社会道德的基础》,载《伦理学研究》2005 年第 6 期。
43. 罗能生:《产权伦理初论》,载《道德与文明》2001 年第 1 期。
44. 罗能生:《市场经济、道德权利与产权伦理》,载《伦理学研究》2003 年第 2 期。
45. 吕明瑜、张严:《基因专利冲突及其治理路径分析》,载《知识产权》2017 年第 4 期。
46. 马一德:《知识产权法与民法的关系——以公序良俗为连接点》,载《知识产权》2015 年第 10 期。
47. 毛昊:《中国专利质量提升之路:时代挑战与制度思考》,载《知识产权》2018 年第 3 期。
48. 毛新志:《基因专利的伦理审视》,载《自然辩证法通讯》2008 年第 1 期。
49. 宁立志、周围:《专利许可中差异化许可价格的反垄断法分析》,载《法商研究》2014 年第 4 期。
50. 彭定光:《论制度伦理的立论基础》,载《哲学研究》2011 年第 2 期。
51. 彭立静:《论“专利流氓”之恶》,载《伦理学研究》2017 年第 2 期。
52. 漆苏:《非专利实施主体研究》,载《知识产权》2019 年第 6 期。
53. 强昌文、马新福:《契约伦理价值与权利走向》,载《法制与社会发展》2005 年第 3 期。
54. 秋明:《道德金规则的行为学原则分析》,载《伦理学研究》2012 年第 1 期。
55. 屈永华:《从儒家孝道的法律化看法律维护道德的限度》,载《法商研究》2013 年第 5 期。
56. 桑本谦:《法律教义是怎样产生的——基于后果主义视角的分析》,载《法学家》2019 年第 4 期。
57. 沈宗灵:《法 · 正义 · 利益》,载《中外法学》1993 年第 5 期。
58. 孙海波:《道德难题与立法选择——法律道德主义立场及实践检讨》,载《法律科学(西北政法大学学报)》2014 年第 4 期。
59. 田文利:《道德与法律之和谐解——道德与法律关系的三维解读》,载《道德与文明》2015 年第 5 期。
60. 童世骏:《关于“重叠共识”的“重叠共识”》,载《中国社会科学》2008 年第 6 期。

61. 王方玉:《权利的内在伦理解析——基于新兴权利引发权利泛化现象的反思》,载《法商研究》2018 年第 4 期。
62. 王利明:《论习惯作为民法渊源》,载《法学杂志》2016 年第 11 期。
63. 王瑞龙:《知识产权共有的约定优先原则》,载《政法论丛》2014 年第 5 期。
64. 王淑芹:《道德法律化正当性的法哲学分析》,载《哲学动态》2007 年第 9 期。
65. 王巍:《进化与伦理中的后达尔文式康德主义》,载《哲学研究》2011 年第 7 期。
66. 王延光:《优生学与克隆技术研究的伦理争议》,载《哲学动态》2000 年第 8 期。
67. 文家春:《专利审查行为对技术创新的影响机理研究》,载《科学学研究》2012 年第 6 期。
68. 文正邦:《公平与效率:人类社会的基本价值矛盾》,载《政治与法律》2008 年第 1 期。
69. 吴汉东:《财产的非物质化革命与革命的非物质财产法》,载《中国社会科学》2003 年第 4 期。
70. 吴汉东:《科技、经济、法律协调机制中的知识产权法》,载《法学研究》2001 年第 6 期。
71. 吴汉东:《人工智能时代的制度安排与法律规制》,载《法律科学(西北政法大学学报)》2017 年第 5 期。
72. 吴汉东:《知识产权的制度风险与法律控制》,载《法学研究》2012 年第 4 期。
73. 吴汉东:《知识产权法价值的中国语境解读》,载《中国法学》2013 年第 4 期。
74. 吴汉东:《中国知识产权法律变迁的基本面向》,载《中国社会科学》2018 年第 8 期。
75. 吴红:《二十世纪以来发明人群体变化研究》,载《自然辩证法研究》2018 年第 9 期。
76. 谢光旗:《遏制专利蟑螂:美国专利诉讼费用移转规则的新发展》,载《法律科学(西北政法大学学报)》2017 年第 1 期。

77. 谢潇:《公序良俗与私法自治:原则冲突与位阶的妥当性安置》,载《法制与社会发展》2015 年第 6 期。
78. 严存生:《道德性:法律的人性之维——兼论法与道德的关系》,载《法律科学(西北政法大学学报)》2007 年第 1 期。
79. 杨华:《马克思主义视域下的"公序良俗"及其时代性》,载《现代法学》2018 年第 4 期。
80. 杨巧:《民法理论在知识产权中的运用》,载《政法论坛》2004 年第 4 期。
81. 杨中楷、徐梦真等:《论发明人的"个体选择"》,载《科学学研究》2014 年第 8 期。
82. 姚大志:《公平与契约主义》,载《哲学动态》2017 年第 5 期。
83. 易继明:《遏制专利蟑螂——评美国专利新政及其对中国的启示》,载《法律科学(西北政法大学学报)》2014 年第 2 期。
84. 易继明:《评财产权劳动学说》,载《法学研究》2000 年第 3 期。
85. 易军:《法律行为制度的伦理基础》,载《中国社会科学》2004 年第 6 期。
86. 易军:《民法上公序良俗条款的政治哲学思考——以私人自治的维护为中心》,载《法商研究》2005 年第 6 期。
87. 于飞:《公序良俗原则与诚实信用原则的区分》,载《中国社会科学》2015 年第 11 期。
88. 于飞:《民法基本原则:理论反思与法典表达》,载《法学研究》2016 年第 3 期。
89. 赵万一:《论民法的伦理性价值》,载《法商研究》2003 年第 6 期。
90. 郑显文:《公序良俗原则在中国近代民法转型中的价值》,载《法学》2017 年第 11 期。
91. 郑玉双:《道德争议的治理难题——以法律道德主义为中心》,载《法学》2016 年第 10 期。
92. 周俊强:《与公共健康危机有关的知识产权国际保护》,载《中国法学》2005 年第 1 期。
93. 朱庆育:《权利的非伦理化:客观权利理论及其在中国的命运》,载《比较法研究》2001 年第 3 期。
94. 庄晓平:《西方生命伦理学自主原则"自主"之涵义辨析——从比彻姆、德沃金和奥尼尔的观点看》,载《哲学研究》2014 年第 2 期。

二、外文文献

(一)外文著述

1. Amy L. Landers, *Understanding Patent Law*, Matthew Bender & Company, 2008.

2. Arthur R. Miller et al. , *Intellectual Property: Patents, Trademarks and Copyright in a Nutshell*, 5th edition, Thomson Reuters, 2012.

3. E. Richard Gold, Bartha Maria Knoppers, *Biotechnology IP & Ethics*, Lexis-Nexis Canada Inc. , 2009.

4. Emanuela Arezzo, Gustavo Ghidini, *Biotechnology and Software Patent Law*, Edward Elgar Publishing Limited, 2011.

5. Graham Dutfield, *Intellectual Property, Biogenetic Resources and Traditional Knowledge*, Earthscan Press, 2004.

6. Hugh Breakey, *Intellectual Liberty: Natural Rights and Intellectual Property*, Routledge, 2016.

7. Jocelyn E. Krebs, Elliott S. Goldstein & Stephen T. Kilpat - rick, *Lewin's Genes X*, Jones and Bartlett Publishers, 2009.

8. John Rawls, *A Theory of Justice*, Revised Edition, The Belknap Press of Harvard University Press, 1999.

9. Kali Murray, *A Politics of Patent Law: Crafting the Participatory Patent Bargain*, Routledge, 2012.

10. Lydia P. Loren, Joseph S. Miller, *Intellectual Property Law: Cases & Materials*, Semaphore Press, 2010.

11. Marta Díaz Pozo, *Patenting Genes*, Edward Elgar Publishing, 2017.

12. Neil Postman, *Amusing Ourselves to Death: Public Discourse in the Age of Show Business*, 20th edition, Penguin Books Ltd. , 2006.

13. Oliver W. Holmes, *The Common Law*, Little, Brown and Company, 1933.

14. Peter Drahos, *A Philosophy of Intellectual Property*, Ashgate Publishing Limited, 1996.

15. Robert P. Merges, John F. Duffy, *Patent Law and Policy: Cases and Materials*, Matthew Bender & Company Inc., 2002.

16. Robert P. Merges, Peter S. Menell & Mark A. Lemley, *Intellectual Property in the New Technological Age*, 6th edition, Aspen Publishers, 2012.

17. Robert P. Merges, *Justifying Intellectual Property*, Harvard University Press, 2011.

18. Sreenivasa Murthy, Syamala Kandadai, *Biotechnology and Genomics vis – à – vis Patent Law*, Satyam Law International, 2018.

19. Toneman, P. ed., *Handbook of the Economics of Innovation and Technological Change*, Blackwell Publishers, 1995.

20. Willian R. Cornish, David Llewelyn & Tanya F. Aplin, *Intellectual Property: Patents, Copyrights, Trade Marks and Allied Rights*, Sweet & Maxwell, 2010.

（二）外文论文

1. Aakash Kaushik Shah, Jonathan Warsh & Aaron S. Kesselheim, *The Ethics of Intellectual Property Rights in an Era of Globalization*, 41 Journal of Law, Medicine and Ethics 841 (2013).

2. Adam Mossoff, *Rethinking the Development of Patents: An Intellectual History, 1550 – 1800*, 52 Hastings Law Journal 1255 (2001).

3. Adriane Scola, *Uncommon Genes, Unpatentable Subject Matter*, 34 Seattle University Law Review 909 (2011).

4. Alan Devlin, *The Misunderstood Function of Disclosure in Patent Law*, 23 Harvard Journal of Law & Technology, 403 (2010).

5. Arti Kaur Rai, *Evolving Scientific Norms and Intellectual Property Rights: A Reply to Kieff*, 95 Northwestern University Law Review 709 (2001).

6. Ben Hattenbach, Joshua Glucoft, *Patents in an Era of Infinite Monkeys and Artificial Intelligence*, 19 Stanford Technology Law Review 32(2015).

7. Ben Johnson, *Public Standards and Patent Damages*, 14 John Marshall Review of Intellectual Property Law 200 (2015).

8. Beth Simone Noveck, *Peer to Patent: Collective Intelligence, Open Review, and Patent Reform*, 20 Harvard Journal of Law & Technology 123 (2006).

9. Carl Shapiro, *Navigating the Patent Thicket: Cross Licenses, Patent Pools, and Standard Setting*, 1 Chapter in NBER book Innovation Policy and the E-conomy 119 (2000).

10. Chris Dent, *Generally Inconvenient: The 1624 Statute of Monopolies as Political Compromise*, 33 Melbourne University Law Review 415 (2009).

11. Clarisa Long, *Patent Signals*, 69 University of Chicago Law Review 625 (2002).

12. Colin R. Davies, *An Evolutionary Step in Intellectual Property Rights - Artificial Intelligence and Intellectual Property*, 27 Computer Law & Security Review 601 (2011).

13. Daniel J. Hemel, Lisa Larrimore Ouellette, *Beyond the Patents - Prizes Debate*, 92 Texas Law Review 303 (2013).

14. David R. Hannah, *Who Owns Ideas? An Investigation of Employees' Beliefs about the legal Ownership of Ideas*, 13 Creativity & Innovation Management 216 (2010).

15. Dennis W. Carlton, Allan L. Shampine, *An Economic Interpretation of Frand*, 9 Journal of Competition Law and Economics 531 (2013).

16. Douglas G. Baird, *Common Law Intellectual Property and the Legacy of International News Service v. Associated Press*, 50 University of Chicago Law Review 413 (1983).

17. Edmund W. Kitch, *The Nature and Function of the Patent System*, 20 Journal of Law & Economics 265 (1977).

18. Elizabeth Howe, *Normative Ethics in Planning*, 5 Journal of Planning Literature 123 (1990).

19. Erica Fraser, *Computers as Inventors—Legal and Policy Implications of Artificial Intelligence on Patent Law*, 13 Scripted: A Journal of Law, Technology and Society 305 (2016).

20. Evelyn D. Pisegna - Cook, *Ownership Rights of Employee Inventions: The*

Role of Preinvention Assignment Agreements and State Statutes, 2 University of Baltimore Intellectual Property Law Journal 163 (1994).

21. F. Scott Kieff, *Coordination, Property, and Intellectual Property: An Unconventional Approach to Anticompetitive Effects and Downstream Access*, 56 Emory Law Journal 344 (2006).

22. Graham Dutfield, *Delivering Drugs to the Poor: Will the TRIPS Amendment Help*, 34 American Journal of Law & Medicine 107 (2008).

23. Hannah Mosby, *Biotechnology's Great Divide: Strengthening the Relationship between Patent Law and Bioethics in the Age of CRISPR - Cas9*, 19 Minnesota Journal of Law, Science and Technology 565 (2018).

24. James Bessen, Eric Maskin, *Sequential Innovation, Patents, and Imitation*, 40 Rand Journal of Economics 613 (2009).

25. James Boyle, *The Second Enclosure Movement and the Construction of the Public Domain*, 66 Law and Contemporary Problems 33 (2003).

26. James Q. Whitman, *The Two Western Cultures of Privacy: Dignity Versus Liberty*, 113 Yale Law Journal 1151 (2004).

27. Jason Rantanen, *Patent Law's Disclosure Requirement*, 45 Loyola University Chicago Law Journal 369 (2013).

28. Jay Jr. Dratler, *Incentives for People: The Forgotten Purpose of the Patent System*, 16 Harvard Journal on Legislation 129 (1979).

29. Jeanne C. Fromer, *Dynamic Patent Disclosure*, 69 Vanderbilt Law Review 1716 (2016).

30. Jeanne C. Fromer, *Expressive Incentives in Intellectual Property*, 98 Virginia Law Review 1745 (2012).

31. Jeanne C. Fromer, *Patent Disclosure*, 94 Iowa Law Review 545 (2009).

32. Jesse T. Richman, *The Political Economy of Congressional Patent Policymaking in the Late 20th Century*, 8 Review of Law and Economics 91 (2012).

33. John F. Duffy, *Rethinking the Prospect Theory of Patents*, 71 University of Chicago Law Review 438 (2004).

34. John M. Golden, *Innovation Dynamics, Patents, and Dynamic—Elasticity Tests for the Promotion of Progress*, 24 Harvard Journal of Law & Technology 47 (2010).

35. John M. Golden, *Patent Trolls and Patent Remedies*, 85 Texas Law Review 2111 (2007).

36. John M. Murray, *Antitrust and Patent License Agreements: A New Look at the Grantback Clause in High Technology Markets*, 3 Case Western Reserve Journal of Law, Technology & the Internet 299 (2012).

37. John R. Allison, Mark A. Lemley, *Who's Patenting What? —An Empirical Exploration of Patent Prosecution*, 53 Vanderbilt Law Review 2099 (2000).

38. John R. Koza, *Human – Competitive Results Produced by Genetic Programming*, 11 Genetic Programming & Evolvable Machines 251 (2010).

39. Josh Lerner, Marcin Strojwas, Jean Tirole, *The Design of Patent Pools: The Determinants of Licensing Rules*, 38 Rand Journal of Economics 610 (2007).

40. Jurgen Habermas, *Reconciliation Through the Public Use of Reason: Remarks on John Rawls's Political Liberalism*, 92 The Journal of Philosophy 109 (1995).

41. Justin Hughes, *The Philosophy of Intellectual Property*, 77 Georgetown Law Journal 287 (1988).

42. Keith Aoki, *Authors, Inventors and Trademark Owners: Private Intellectual Property and the Public Domain – Part II*, 18 Columbia – VLA Journal of Law & the Arts 213 (1994).

43. Lara E. Ewens, *Seed Wars: Biotechnology, Intellectual Property, and the Quest for High Yield Seeds*, 23 Boston College International and Comparative Law Review 285 (2000).

44. Lisa Larrimore Oullette, *Do Patents Disclose Useful Information?* 25 Harvard Journal of Law & Technology 566 (2012).

45. Liza Vertinsky, Todd M. Rice, *Thinking About Thinking Machines: Impli-*

cations of Machine Inventors for Patent Law, 8 Boston University Journal of Science & Techndogy Law 585 (2002).

46. Mark A. Lemley, A. Douglas Melamed, *Missing the Forest for the Trolls*, 113 Columbia Law Review 2117 (2013).

47. Mark A. Lemley, Carl Shapiro, *Patent Holdup and Royalty Stacking*, 85 Texas Law Review 1991 (2007).

48. Mark A. Lemley, Carl Shapiro, *Probabilistic Patents*, 19 Journal of Economic Perspectives 75 (2005).

49. Mark A. Lemley, Mark P. McKenna, *Owning Mark(et)s*, 109 Michigan Law Review 137 (2010).

50. Mark A. Lemley, *A New Balance between IP and Antitrust*, 13 Southwestern Journal of Law and Trade in the Americas 237 (2007).

51. Mark A. Lemley, *Are Universities Patent Trolls?* 18 Fordham Intellectual Property, Media & Entertainment Law Journal 611 (2008).

52. Mark A. Lemley, *Ex Ante Versus Ex Post Justifications for Intellectual Property*, 71 University of Chicago Law Review 129 (2004).

53. Mark A. Lemley, *Faith – Based Intellectual Property*, 62 UCLA Law Review 1328 (2015).

54. Mark A. Lemley, *Reconceiving Patents in the Age of Venture Capital*, 4 Journal of Small and Emerging Business Law 139 (2000).

55. Mark A. Lemley, *Ten Things to Do about Patent Holdup of Standards (and One Not To)*, 48 Boston College Law Review 149 (2007).

56. Matthew U. Scherer, *Regulating Artificial Intelligence Systems: Risks, Challenges, Competencies, and Strategies*, 29 Havard Journal of Law & Technology 363 (2016).

57. Matthias Herdegen, *Patents on Parts of the Human Body: Salient Issues under EC and WTO Law*, 5 The Journal of World Intellectual Property 151 (2002).

58. Michael A. Heller, *The Tragedy of the Anticommons: Property in the Transition from Marx to Markets*, 111 Harvard Law Review 621 (1998).

59. Michael Abramowicz, John F. Duffy, *Intellectual Property for Market Experimentation*, 83 New York University Law Review 337 (2008).

60. Michael Abramowicz, *The Danger of Underdeveloped Patent Prospects*, 92 Cornell Law Review 1065 (2007).

61. Parker A. Howell, *Whose Invention is it Anyway – Employee Invention – Assignment Agreements and Their Limits*, 8 Washington Journal of Law, Technology & Arts 79 (2012).

62. Paul M. Schwartz, *Property, Privacy, and Personal Data*, 117 Harvard Law Review 2056 (2004).

63. P. Peter Huber, *Safety and the Second Best: The Hazards of Public Risk Management in the Court*, 85 Columbia Law Review 277 (1985).

64. Peter K. Yu, *Virotech Patents, Viropiracy, and Viral Sovereignty*, 45 Arizona State Law Journal 1563 (2013).

65. R. Polk Wagner, *Understanding Patent—Quality Mechanisms*, 157 University of Pennsylvania Law Review 2135 (2009).

66. Reiko Aoki, Sadao Nagaoka, *The Consortium Standard and Patent Pools*, 55 The Economic Review 345 (2004).

67. Richard A. Kamprath, *Patent Reversion: An Employee – Inventor's Second Bite at the Apple*, 11 Chicago – Kent Journal of Intellectual Property 186 (2012).

68. Robert P. Merges, *Individual Creators in the Cultural Commons*, 95 Cornell Law Review 793 (2010).

69. Robert P. Merges, *The Law and Economics of Employee Inventions*, 13 Harvard Journal of Law and Technology 10 (1999).

70. Roberta Rosenthal Kwall, *Originality in Context*, 44 Houston Law Review 874 (2007).

71. Rosa Maria Ballardin, *The Software Patent Thicket: A Matter of Disclosure*, 6 Scripted 207 (2009).

72. Ryan Abbott, *I Think, Therefore I Invent: Creative Computers and the Future of Patent Law*, 57 Boston College Law Review 1085 (2016).

73. Ryan Lampe, Petra Moser, *Patent Pools and Innovation in Substitute Technologies—Evidence from the 19th – century Sewing Machine Industry*, 44 The Rand Journal of Economics 757 (2013).

74. Shelly Kagan, *The Structure of Normative Ethics*, 6 Philosophical Perspectives 223 (1992).

75. Stephen H. Schilling, *DNA as Patentable Subject Matter and a Narrow Framework for Addressing the Perceived Problems Caused by Gene Patents*, 61 Duke Law Journal 731 (2011).

76. Tom G. Palmer, *Are Patents and Copyrights Morally Justified—The Philosophy of Property Rights and Ideal Objects*, 13 Harvard Journal of Law & Public Policy 817 (1990).

77. Wilfred Schoenmakers, Geert Duysters, *The Technological Origins of Radical Inventions*, 39 Research Policy 1051 (2010).

后　记

专利制度的伦理问题是一个常谈常新的话题。从最基础的专利排他权的伦理理性到新兴技术成果专利授权的伦理争议，伦理问题在专利制度中贯穿始终。我最初关注到这一问题是在2018年5月和恩师吴汉东教授对基因技术与人工智能技术专利保护的简短探讨中，吴老师很支持我对专利伦理问题的思考，鼓励我将专利制度伦理问题这块“难啃的骨头”啃下来，并尝试以此为题来完成自己的博士论文。当时，我即将出发前往德国慕尼黑马克斯·普朗克创新与竞争研究所进行访学，因急忙收拾行装，没能进一步向恩师请教。初到德国，我虽物质生活有些困顿，但精神生活异常充实，常沉浸在专利制度伦理问题的思考与辨析中。接下来一年多的时日，我大量阅读相关文献，努力梳理专利制度与伦理学之间的关系，但在进行专利制度正当性伦理思想的梳理以及对专利制度运行中伦理价值与原则进行辨析时，还是遇到了不小的困难。在一个个无眠的夜晚，面对专利制度伦理理性，我曾产生过一次次自我怀疑，好在难题与困境最终都被克服。回头看去，从选题时的犹豫不决到开题时的争议重重，再到写作中的焦头烂额，本书的形成过程可谓一波三折。作为我博士阶段最为重要的研究成果，本书为我的学生生涯画上了一个句号，但我更愿意将其作为自己的一个起点，为今后的科研工作确立一个方向。

本书虽为我独立创作完成，但在学习研究的过程中离不开师长和亲友给予我的帮助与鼓励。没有他们的支持，我无法全身心地投入三年的博士学习之中，更无法心无旁骛地开展对专利制度伦理问题的探究。

首先要感谢的是我的恩师吴汉东教授。本科初识知识产权法之时，用的便是恩师主编的教材。当初立志考研，我也毫不犹豫地选择了恩师任教的中南财经政法大学，研究生入学后更是为恩师渊博的学识、严谨的态度所深深吸引。在硕士阶段担任恩师助手的近两年时间里，我无论是在学术研究上，还是在为人处事上，都有了巨大的进步。每每看到他老人家在认真地思考、专心地写作，我都不禁为他的勤奋所感动。我也时刻激励自己要以恩师为榜样，刻苦钻研、不懈努力。进入博士阶段后，恩师鼓励我对专利制度进行更深入的研究，并为我定下了明确的学习目标与科研规划。在日常的研究和生活中，我屡屡犯错，恩师给予我最大的宽容和真诚的教诲，使我能够不断地进步、不断地成长。希望本书能对得起恩师对我的期望与付出。

其次，最应当感谢的是我的父亲和母亲。他们含辛茹苦地将我养育成人，竭尽全力地将我培养成才。在任何时候，他们都会无条件地给予我最大的支持。当初，决定读研之时，父母希望我能离家近些，选一个北京的学校。但是，当知道我选择了要来武汉学习知识产权法的时候，他们也没有反对，而是鼓励我要坚持自己的选择。后来，我决定继续攻读博士，他们还是一如既往地支持，支持我为实现自己的人生目标而不懈努力。正是父母无私的关心与爱护，为我的学习和生活提供了坚实的保障；也正是父母持续的支持与鼓励，为我的进步和成长提供了不竭的动力。忝为人子，无以为报。希望即将步入晚年的他们能够身体健康、生活幸福。

在硕、博六年的学习生活中，我有幸得到了中南财经政法大学知识产权研究中心的曹新明教授、赵家仪教授、胡开忠教授、黄玉烨教授、彭学龙教授、詹映教授、肖志远副教授、何华副教授、代高洁老师、徐小奔老师、吕品老师、姜珊玫老师、吉宇老师等的指导与帮助。在此，对诸位师长致以我最真挚的感谢。

我还必须要在此感谢熊琦老师。六年来，他亦师亦友，在日常的学习和生活中给予了我极大的鼓励与帮助。每当我在学习和研究中遇到困难时，熊琦老师总会及时地给予有效的指点和大力的支持。

感谢德国马克斯·普朗克创新与竞争研究所访学期间结识的各位师长与朋友，很荣幸也很开心能与郑友德教授、马忠法教授、邱洪华教授、李陶师兄、魏立舟师兄、厉彦冰师姐、郑敏渝、孙晋洲、许祥、曾俊、张浩然等各位师友在德国相遇，谢谢你们让我的访学生活丰富多彩。

感谢王超政师兄、锁福涛师兄、张颖师姐、张继文师兄、刘智鹏师兄、夏淑萍师姐、李静恬师姐、杨晓丽师姐、何荣华师姐、秦健师兄、李睿师姐、孙松师兄、宋戈师兄、陈小茹师姐、廖斯师弟、王洪涛师弟、姚天黎师妹、周澎师妹、司马航师弟、李安师弟、刘博怀师弟、李红锦师妹、万俊师弟、姚叶师妹、宋涵师妹、王舒婷师妹、魏宵林师弟、校郁钧师弟、张倩师妹、高婧师妹、覃楚翔师弟、周其威师弟、许茂恒师弟、林妍池师妹、关春媛师妹、博士同学米拉、硕士同学陈卿舒和李潇璇等同门兄弟姐妹，以及我的博士同班同学石超、王正中、苏冬冬、王子涵、谢晶、叶霖、胡相龙、唐新华给予我的鼓励与支持；感谢我的博士舍友杨馥华师兄、万其龙师兄，硕士舍友娄艳阳、高鹏友，以及好友赵丹对我的包容与帮助。

最后，需要特别感谢的是我的妻子付丽霞博士。同窗六年，相恋三年，我们结伴同行，走过了我们的博士生涯。2018 年，我们共同前往德国马克斯·普朗克创新与竞争研究所访学，一同经历了初到德国居无定所、略显拮据的日常窘境以及获得马克斯·普朗克奖学金后相对安稳的幸福生活。回国后，我们一同进入了博士论文攻坚阶段，在这段简单而稍有烦躁的日子里，幸亏有她相伴，让我总能保持乐观积极的心态，让我在欢快的生活中完成了对专利制度伦理问题的枯燥探究。

刘　鑫

二〇二一年初秋

于武汉津发寓所